打造城市夢想：
都市規劃與管理

鍾起岱◎著

由規劃及管理兩個角度來研究都市，
豐富，非常具有可讀性，是從事都市
與市政管理極為有用的參考書籍。

序

都市是人類文明累積的結果，如果說都市是人類文明的象徵，大概很多人都不會反對。亞里斯多德（Aristotle）曾說：城市是人們為了一個崇高的目的所聚居的地方。幼力皮底斯（Euripides）則說：人生幸福的第一條件是住在一個著名的都市。都市的成長，代表人類文明進化的一個重要里程。

都市計畫（Urban planning）係就都市有關居民生活之經濟、交通、衛生、保安、國防、文教、康樂等重要設施及土地使用合理之規劃。其目的在於改善都市居民之生活環境，並促進市、鎮、鄉街有計畫的均衡發展。因此，都市計畫是一個都市長遠發展的藍圖，影響居民的生活福祉至為深遠。都市研究通常包括：人口問題、經濟發展、社會研究、政治研究、民意研究、都市設計、交通運輸、土地開發、公共設施、都市行政、地理資訊系統、環境生態、都市工程等等。

從都市的組成結構分析，如果說一個國家的構成包括領土、主權與人民三要素；一個都市的構成也有三要素，那就是區域、市民與自治權。都市管理（Urban Management）主要研究有關都市政權組織與管理的學科。行政學者常說市政學是行政學的分支學科，都市計畫學者則說市政學是都市計畫學的分支科學。事實上，它既非行政學的一個分支學科，也非都市計畫學的分支科學，它是融合政治學、行政學、地政學、財政學、社會學、經濟學、統計學與都市計畫學等等學科的綜合性科學。

本書以規劃及管理兩個角度來研究都市，全書共約十八萬字，分為十六章，第一章概說，介紹都市的出現、都市的概念、都市化的概念與本書基本架構；第二章都市的基礎研究，探討都市的發展、都市的影響因素、都市的人口研究、都市的界說；第三章都市計畫概論，探討都市計畫的意義、都市計畫的種類、都市計畫的內容與都市計畫的體系；第四章土地使用計畫，第五章交通運輸計畫，第六章公共設施計畫；第七章都市管理概論，第八章探討都市管理與規劃工具，第九章研究都市空間結構；第十章研究臺灣都市與土地開發，第十一章探討區域計畫，第十二章都會區計畫，第十三章國土計畫，第十四章縣（市）政計畫；第十五章臺灣空間計畫體系的變革，第十六章國內外都市實例研究，內容包括：中興新村、臺中市、鹿港鎮、集集鎮、新竹科學園區、巴賽隆那等六個不同都市的簡單研究。

筆者於 1984-1988 年間曾於逢甲大學講授《都市計畫實習》，1995 年以後，又於東海大學講授《都市計畫學》，作為一個都市研究者，未能出版有關都市規劃的書籍，終是憾事，這本《打造城市夢想：都市規劃與管理》得以出版，首先要感謝秀威資訊宋發行人政坤、李協理坤城及張編輯慧雯的協助；其次東海大學的小學妹李仰璧同學協助部分的圖表編輯，亦一併致謝。

筆者求學時代幾位恩師，包括成功大學都市計畫系與逢甲大學都市計畫系的創系主任王濟昌教授；曾經擔任中國文化大學實業計畫研究所所長及建築暨都市設計系主任的蔡添璧教授與曹奮平教授，曾經擔任內政部建築研究所首任所長的張世典教授，曾經擔任台北大學都市計畫研究所長的辛晚教教授、李瑞麟教授、錢學陶教授與謝潮儀教授；曾經擔任政治大學社會系所主任與社科學院院長陳小紅教授，現任營建署長的柯鄉黨教授，都令人十分難忘；此外，曾經擔任東海大學公共行政系所主任與都市計畫學程主任的吳介英教授的提攜，也必須要藉此一角表達由衷的感佩。本書如果有任何值得一讀的地方，完全是這幾位師長前輩的教誨與指導。最後，由於個人才疏學淺，本書疏漏、不足之處，必然不少，尚期各界先進、方家給予教正。

鍾起岱 謹識

西元二〇〇四年二月

目　次

第一章 概說

第一節 都市的出現

人類文明的發展，大抵由游牧而農耕，然後由商業而工業而資訊，隨著科技與文化的進步，文明的內涵也由我族中心論（ethnocentrism）進步到文化相對論（culture relativism）；在這個長達一萬年的人類發展歷史中，都市扮演著很重要的角色，事實上，都市也以多樣而多彩多姿的面貌出現、發展、成長、衰退、甚至消失、死亡。

不同的時代，都市（urban）有不同的名稱，古老的原始都市我們稱為部落或聚落（settlement），居住者我們稱為居民（settler）；封建時代的都市四周有城郭、河流保護，我們稱為城市（city），居住者稱為市民（citizen）；十八世紀，工業革命以後所形成的新都市，我們稱為都市（urban），居住者我們稱為都市人（urbanite）；二次世界大戰以後，產生了許多超過一百萬人口以上的大都市，我們稱為都會（metropolis），居住者我們稱為都會人（metropolitan）；二十一世紀以後，地球將出現許多超過一千萬人的超大都會區，我們稱為世界之都或國際都市（cosmopolis）；居住者稱為世界公民（cosmopolitan）。

人類第一個可考的城市，出現在紀元前七千年，中東伊拉克與巴勒斯坦的約律哥（Jericho）與雅莫（Jarmo），考古學家在這兩個遺址發掘出，泥磚築成的房舍，二十呎高的城牆，估計約可養活 3000 人口的農業生產，象徵著農業革命（the agricultural revoluation）的成功（註一），城市的出現改變了人類的生活方式，也改變了人類的空間利用行為，從游牧的《行國》時代進入農業定居的《居國》時代，也展開長達數千年的戰爭爭伐與文化交流。

公元前三千年的埃及王朝，所謂的法老王（pharoah），法老的本意是城市內最大的大房子或王宮之意，城市成為統治的象徵；希臘半島上，紀元前八世紀的斯巴達（Sparta）與雅典（Athens）

則開創了民主政治的先河，也創造了共和（republic）與民主（democracy）政體；十二世紀以後，由富有商人與工匠所組成商人基爾特（Merchant Guild）與工匠基爾特（Craft Guild）所統治的特許自由市（chartered free city）更成為封建時代的繁榮都市；而遠在東方中國，公元第六世紀，由隋朝建築師宇文愷（註二）所設計建造的長安大城，更以兩百萬人口的規模造就了隋唐盛世，長安城也成為當時世界第一大都市。

因此，如果說城市是人類文明的象徵，大概很多人多不會反對。亞里斯多德（Aristotle）曾說：城市是人們為了一個崇高的目的所聚居的地方。幼力皮底斯（Euripides）則說：人生幸福的第一條件是住在一個著名的都市。時至今日，許多都市都有美麗的別名，有水都《威尼斯》、花都《巴黎》、蘋果市《紐約》、柑橘市《洛杉磯》、女王城《辛辛那提》、王者之城《孟斐斯》、帝王之都《北京》、摩天之都《芝加哥》、東方之珠《上海》、北方威尼斯《斯得哥爾摩》、風城《新竹》、雨都《基隆》、港都《高雄》、山城《埔里》等等，不一而足。雖然每個城市都有獨特的風格，但都具有至少六個共同的特色：(1)一個地方；(2)一個經濟單元；(3)人口聚集之地；(4)一個社會或社交結構；(5)一個政府；(6)一個象徵。

第二節　都市的概念

一、都市的形成

都市是人口、產業、活動、交易聚集之地；都市也是人口聚居，而可從事貨物買賣的地方。「都」的含義很多，通常有三種涵義，第一是人口聚居之地稱「都」，如史記：以其德高而人樂與同處，其所居一年成聚，二年成邑，三年成都。意旨人口聚集至相當規模始稱「都」。第二種涵義是「首都」，釋名稱：國都曰都，都者，國君所居之地。第三種為同宗繁衍之地的尊稱，左傳說：凡邑有宗廟先君之主曰都。「市」則為貨物交易之地的通稱；如易繫辭記：日中為市，致天下之民，聚天下之貨，交易而退，各得其所。國語稱：爭利於市。

就文字的形成而言，城市的起源似較都市為晚，因為都市人口聚居後，為保護聚居人口，基於軍事目的，於都市周圍建造城池，因而形成。「城」指的是以土石建成，用以保護人民，防禦敵國侵襲之地，如戰國策：古者，四海之內，分為萬國，城雖大，無過三百丈者，人雖眾，無過三千家者；千丈之城，萬家之邑而相望也。

其後文字混淆使用，人口聚集的地方或稱「都」，或稱「市」、或稱「城」，名稱不同，其意大同小異。現代「都市（city, urban）」一詞的含義大抵相對於「鄉村」而言，係指在一定區域或地區內聚集一定數量的人口或人口密度超過某一基準，有相當的具有工作能力之人口從事於都市型職業，而該地政府能提供居民最低都市生活所必須之設施，此一地區稱為都市。我國土地法則將傳統市鎮稱城市區域（第九十條）；新建設地區為新設都市（第九十二條）。

二、都市的涵義

都市在西方早期的空間地圖中，是一個圓圈包圍著一個“+”即“⊕”，“+”可能是代表鐵路、公路、道路，其中劃分為若干不同的區域與活動場所，“○”可能表示城堡的壕溝或圍牆，防範著居住在周圍的野蠻民族可能造成的攻擊。中國古代“城”與“市”原是代表著兩個不同的地域；“城”是指都邑四週作防禦用的牆垣。一般有兩重，內者為城，外者為郭《管子‧度地》。都與城相連稱都城。春秋戰國的封建時代，都城的規模有嚴格的等級規定，最大的都城稱為國都，為天子所居，下屬的大 、中、小都城，嚴格規定不得超過它的三分之一、五分之一、九分之一。

現代都市從實質面來說，都市土地利用的集約度比非都市高很多，包括居住、運輸、教育、娛樂導設施建築物，也相對密集，人口也多；其次從政治層面來說，都市是區域政治、經濟、文化的中心，所以隨著經濟的繁榮、文化的進步，政治地位也會提高；

例如直轄市、省轄市、縣轄市分別與省、縣政治地位相等；第三從經濟層面來說，都市經濟活動主要以二、三級產業為主，由於區位的優越性，以及專業化的分工，使得都市的生產力較高，而都市所提供的財貨與勞務，除了供應都市本身之外，也提供周圍地區人民的需要。第四就社會層面來說，由於都市生活緊張、金錢的關係代替了原始的人際關係，親族感情淡薄，都市家庭規模普遍以兩代的小家庭為主，人口自然成長相對於社會成長可能更低。

三、都市的特徵

都和市聚於一體稱都市，是隨著社會經濟的發展而出現的。大量異質性居民聚居以非農業職業為主、具有綜合功能的社會共同體，又稱都會、城市。都市中有較多的、集中居住的、不同職業身分的居民，大部分居民從事非農業勞動，某些居民具有專業技能。都市具備市場功能、至少具備局部的調節功能和以法律為基礎的「社會契約」功能。可以說，都市是都市人口、都市活動與都市設施的綜合體，它係指在一定地域內，聚集著一定密度或一定數量的人口，具有超過 50%以上具有工作能力的人口，從事都市型職業，且該地市政當局能提供居民滿足最低都市生活所必要的設施。在這樣的認知下，都市通常具有以下特徵：

1. 都市須有一特定之範圍，此範圍包括市中心（或中心商業區 contral business district，簡稱 CBD），及市郊（sub-urban）之土地或空間。
2. 有密集的人口，並達到某一標準的人口密度，其標準視當時之觀念而定。
3. 須有一定比例（如百分之五十以上）具有工作能力（能工作並有工作時間）之人口從事以二、三級產業為主體的都市型職業。
4. 須有供應該地區居民最低都市生活所須的設施。

第三節　都市化的概念

一、都市化的意義

都市化（urbanization）意指某一地域社區，隨著文明的進步與時間的變化，在人口組成、社會結構、人際關係、社會價值、社會規範與社會制度上都發生急劇變化，而展現與傳統社區截然不同風貌的過程。在這樣的概念下，都市化幾乎與現代化（modernization）同義；我們可以說，如果現代化是追求進步的過程，都市化則是這個過程最重要的特徵與結果。都市化代表著一個城市的進步、工商業的繁榮，但另一方面，似乎也象徵著傳統的逐漸遠去，古蹟與歷史建築的沒落與消失。造成都市化的城市開發，勢必形成對有歷史的人或物的傳統空間社會帶來衝擊，如臺北的北門與迪化街，舊有的建築物孤零零的佇立在現代化的臺北街頭，顯得很不相稱，而比迪化街更早期、更有特色的建築物，已不復見。如何大氣魄的保留傳統街區作為歷史保存區，成為現代都市的重要課題。

《在都市化的過程中，許多古老城市的城牆埋沒在現代都市叢林當中》

二、都市化理論

城市的都市化過程，通常具有規則性（regularization）、隨機性（stochastics）與不可回復性（disrecovery），都市化的研究也因此有許多不同的學派，這些學派提供都市化的解釋基礎，其論述的重點，大抵是強調人口、活動及地域間的相互關係。分述如下：

1. **區位學派**（ecological approach）：區位學派本質上屬於都市決定論（urban determinism），也有學者稱為社會心理學派（socio-psychological theory），主張的學者包括：Louis Wirth、George Simnel 等人，區位學派認為都市是現代社會問題的根源，在都市社會裡由於具有三種特質：(1)眾多的人口（large population size）；(2)高密度的人口（high population density）；(3)高人口異質性（heterogeneity），使都市社區產生許多無人格（inpersonal）、膚淺（superficial）、短暫過渡（transitory）、感情維繫脆弱（weak bands of sentimant）等特性。這樣的都市社會背景之下，金錢與利益的關係取代了傳統的人際關係，這種金錢與利益關係可以說是次級關係（secondary relation），如消費者與生產者、同業團體、異業團體、利益團體、政治團體等均屬於此種次級關係，而非傳統社會所重視的人倫的初級關係（primary relation），如父子、兄弟、朋友、師生、鄰里等初級關係。初級關係支配傳統原鄉與鄉村的社會關係；次級關係則支配了現代都市社會的發展。在都市社會裡，各別的努力往往是無效的，必須借助於有組織的團體行動，才能產生效果。在複雜的都市社會裡，都市化的結果，人似乎失去了改變與控制環境的能力，為了避免過度的感官與心理負擔，鄉村化或郊區化（suburbanization）似乎成為變化氣質的唯一途徑。
2. **規範學派**（normative approach）：規範學派強調人口與活動兩者間的互動關係（interaction）。都市社區居民代表著一種與鄉村不同的生活方式，而都市化則為此一生活方式的傳播過程（delivery process）。因此，都市社區的居民往往因被此參與各種不同之活動，而逐漸建立一套相同的規範（如高移動性、世俗化、專業化、理性化等）。

3. **位置學派**（locational approach）：位置學派著重探討都市化地域與活動之關係，亦即探討經濟、社會、政治等人文因素在都市空間的分佈情形。都市社區代表地域活動的中樞位置，而都市化將使都市人文活動趨向於集中性、廣泛性、複雜性與科層性。也就是位置學派認為都市社區代表著區域上或地理上的活動中樞，而都市化則是這些活動的傳播過程。
4. **互動學派**（interactional approach）：互動學派乃討論人口性質與活動關係為重心。此一學派特別注重都市地區的居民如何由各種不同的活動建立人際關係，都市社區是社區居民參與各種不同的活動所建立的社群網（social network），都市化可說是都市社區社群網結構的的變遷過程，都市化愈深，社群網的廣度（network range）愈增加，而其密度（network density）則相對的減低（註三）。
5. **統合學派**（holistic approach）：統合學派認為都市社區乃是人類文明的總合結果，其特質與變遷，皆其社會中其他社區（如鄉村區、郊區）發生密不可分的關係。都市化即指人類社會由民俗社會轉變到封建社會，再由封建社會變到都市社會的過程。
6. **生態學派**（human ecology approach）：生態學派認為人類聚落與生物聚落一樣，具有同性質相吸引、不同性質相排斥的特性，但人類社會顯然更加複雜，都市化是人類空間行為的生態複合（eological complex）、競爭性的合作關係（competitive comperation），產生集中化（concentration）、中心化（centralization）、分離（seperation）、侵入（invasion）、承繼（succession）等一連串的過程。

7. **制度學派**（institution approach）：制度學派認為都市形成與人類社會相關的生活制度有關，這些制度包括宗教的、法律的、軍事的、經濟的、社會的原因而形成。
8. **綜合學派**（integrated approach）：為上述各種學派的總合，都市化包含下列意義：(1)都市化代表大量人口集中的過程；(2)都市化表示社會結構的專門化與複雜化；(3)都市化暗示著社區凝聚力的逐漸衰退，社會控制力的逐漸減弱及社會問題的逐漸增加；(4)都市化表示移居都市的人民逐漸放棄傳統的鄉村生活方式而適應都市生活的過程；(5)都市化是都市發展或都市文化擴展的過程。而圖 1-1 顯示各種學派的解釋重點。

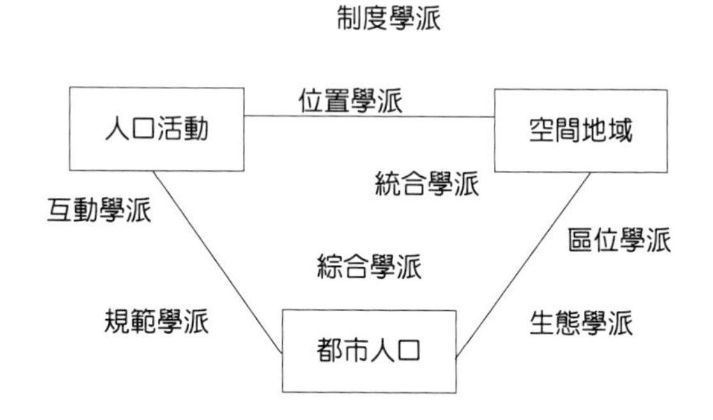

第四節　本書的基本架構

都市是人類社會創造文明累積的結果，因此，都市的成長，代表人類文明進化的一個重要象徵。都市計畫係就都市有關居民生活之經濟、交通、衛生、保安、國防、文教、康樂等重要設施及土地使用合理之規劃。其目的在於改善都市居民之生活環境，並促進市、鎮、鄉街有計畫的均衡發展。因此，都市計畫是一個都市長遠發展的藍圖，影響居民的生活福祉至為深遠。都市研究通常包括：人口問題、經濟發展、社會研究、政治研究、民意研究、都市設計、交通運輸、土地開發、公共設施、都市行政、地理資訊系統、環境生態、都市工程等等；而與都市計畫的相關學科至少包括：社會學、政治學、行政學、經濟學、地理學、建築學、工程學、法律學、管理學等，本書主要以規劃及管理兩個角度，來研究都市，全書共分為十六章，章節安排如下：

第一章　概說，介紹都市的出現、都市的概念、都市化的概念與本書基本架構。

第二章　都市的基礎研究，探討都市的發展、都市的影響因素、都市的人口研究、都市的界說。

第三章　都市計畫概論，探討都市計畫的意義、都市計畫的種類、都市計畫的內容與都市計畫的體系。

第四章　土地使用計畫，土地使用計畫係都市計畫中最重要的三大計畫之一，本章主要探討所有權與土地使用計畫、土地使用決定論、土地使用理論基礎、土地使用關鍵系統及土地使用計畫規劃程序。

第五章　交通運輸計畫，交通運輸計畫係都市計畫中最重要的三大計畫之二，本章主要探討：運輸學的研究範圍、交通運輸需求模式、交通研究與運輸政策、都市運輸問題與解決等。

第六章　公共設施計畫，公共設施計畫計畫係都市計畫中最重要的三大計畫之三，本章主要探討：公共設施的意義、公共設施的分類、公共設施的標準、公共設施的取得與公共設施的多目標使用。

第七章　都市管理概論，探討都市管理、都市基本論述、都市政府、都市自治與都市財政。

第八章　探討都市管理與規劃工具，包括：都市政策工具、都市土地使用管制、都市管制工具、都市特別管制技術及都市更新。

第九章　研究都市空間結構，包括：都市空間理論基礎、空間理論的演進、都市空間結構理論、都市空間理論評估。

第十章　研究臺灣都市與土地開發，包括：原住民墾獵時期、漢人移民時期、荷西殖民時期、明鄭時期、滿清時期、日據時期及光復以後等不同階段的都市發展與土地開發。

第十一章　探討區域計畫，包括：區域與區域計畫、區域計畫的目標與功能、區域計畫的實施機構、區域計畫的實施、區域使用管制。

第十二章　都會區計畫，內容包括：都會區的意義、都會區計畫的層次、都會區計畫體制、都會區建設法令。

第十三章　國土計畫，內容包括：國土計畫的意義、國土計畫的目標、國土開發論、國土計畫的規劃方法。

第十四章　縣(市)政計畫，內容包括：縣（市）政計畫的功能、縣（市）政計畫的範疇、縣市政計畫的系統觀、縣市政計畫的系統設計、指導系統設計步驟與縣市政計畫的整合。

第十五章　臺灣空間計畫體系的變革，內容包括：成長管理的興起、我國施政規劃制度、空間規劃的功能、空間計畫觀念的演變。

第十六章　國內外都市實例研究，內容包括：中興新村、臺中市、鹿港鎮、集集鎮、新竹科學園區、巴賽隆那等六個不同都市的研究。

註釋：

一、王曾才（2000）：世界通史。臺北。三民書局。24 頁。

二、參見 http://www.chiculture.net/0210/html/0210b10/0210b10.html

三、社群網的廣度（Network Range）意指一社群中相關聯的人數，即社群網的大小；社群網之密度（Network Density）指社群網中，個人的實際人際關係與所有可能人際關係之比例，ND=實際人際關係數／所有可能人際關係（=Cn2）。

第二章　都市的基礎研究

第一節　都市的發展

一、我國的都市發展

（一）遠古時代

易經繫辭：神農氏日中為市，致天下之民，聚天下之貨，交易而退，各得其所。這敘述中國最原始的商業行為，《市》只不過是一時交易的場所。中華民族的共同始祖黃帝，屬於遊牧民族的共主，因為史記記載，黃帝曾東至海，西至空峒，南至江，北至釜山，建都城於喙鹿山。此四至大約是華夏民族的游牧範圍，而堯都平陽、舜都蒲阪，皆有多次遷徙的痕跡，應該屬於半農、半牧的生活型態。其後夏代，約在紀元前二千年，文化已頗發達。《左傳》宣公三年載『昔夏之方有德也，遠方圖物，貢金九牧，鑄鼎象物，百物而為之備』，《墨子》也提到夏代鑄九鼎之事，看起來來中國自夏代始已由石器時代步入銅器時代，以《定居》取代《游牧》的生活方式，是很有可能的事；傳說夏代國君禹的父親鯀，具有《築城以衛君，造郭之守民》的能力，此即為城郭之始。

（二）上古時代

商朝的貴族階級為了加強統治能力，於是有城牆及紀念牌的建築。到了周朝，以宗法制度來劃分社會階層，封疆建藩，形成封建制度，因而形成國、都、宗第三層次都市體系（urban hierachy）。管子乘馬篇：聚者為市，無市則民乏。揆度篇：百乘之國，中而立市，東西南北度五十里。也大致勾勒出原始都市的雛形。

上古時期的都市多發生於沿海、濱水之區，這些地區具有土地肥沃、交通便利、氣候溫和、適於耕種及交易之地。西方世界包括尼羅河、幼發拉底河、底格里斯河、愛琴海諸島；中國則包括黃河、長江、珠江等區域。紀元前三世紀，歷史進入了專制統一的帝制時代，秦漢兩朝統一中國後，大建城池，秦始皇為了要繁榮京師，為了要就近監視，將天下豪富之家，盡遷咸陽、洛陽，其中咸陽結集的人口超過 30 萬人，為當時世界第一大城市。

（三）中古時代

封建中國的名城，包括：洛陽、邯鄲、臨淄、姑蘇、咸陽、長安等；十二世紀以後，中國由於封建、郡國制度的交替及軍事防禦的需求，大都市逐漸興起，包括洛陽、長安、成都、北京、南京、開封、揚州、廣州、大都等重要都市漸次興起，長安的人口甚至一度超過 200 萬人。

根據鄭樵通志略都邑：建邦設都，皆馮險阻，山川者，天之險阻也，城池者，人之險阻也。考察封建中國，其所以大興城池，主要原因有三：(1)人口急速增加，各種民生需求紛紛跨越需求門檻，產生聚集的經濟效益；(2)農業技術與生產效率的改進，使得糧食供應不虞匱乏；(3)抵禦盜賊為患的侵擾與防禦北方的匈奴等遊牧民族的南下牧馬；人口聚居是當時最好的防禦策略。

隋唐兩宋時代，由於工商發達，民生富裕，東西交通暢通，往來頻繁，長安城居民超過八萬戶，人口聚集超過兩百萬人，是當時最大都市，市內街道井然有序、店鋪林立、商賈雲集，經由絲路而來的外國人非常眾多，經濟繁榮可以想見。北宋時期國勢稍弱，但都城東京〈汴京，今河南開封〉，人口最多時也達 150～170 萬。

由於都市成為逐利之地，都市的諸種弊害亦漸顯露，所以隋志地志云：京兆王都所在，俗具五方人物混淆，華戎雜錯，去農從商，爭朝夕之利，游手為事，競錐刀之末，貴者崇侈靡，賤者薄仁義，豪強者縱橫，貧窮者窘蹙，桴鼓屢驚，盜賊不禁，此乃古今所同焉。

（四）近古時代

元、明、清三代，由於對外貿易及商業繁盛，形成商業城市的大量發展，泉州甚至一度成為世界最大貿易港口。十九世紀中葉以後，中國由於通商及不平等條約，上海、廣州、重慶、天津、淡水、臺北、杭州、福州、廈門、青島、哈爾濱、瀋陽等快速興起。

十九世紀以前的中國城市起源於政治、經濟與社會的需要，而都市發展在起源、目的與結構上都有其連貫性。同時，由於中國領土甚為遼闊，農村過著《日出而作，日落而息》的生活，雖然艱困但亦為自給自足的型態，一般都市成為京都的輔助單位。

二、歐美都市的發展

（一）遠古時代

都市是一種歷史現象，它是社會經濟發展到一定階段的產物，也是人類科學工藝技術突破的表徵，更是人類文化發展的象徵。約 8000～10000 年前，即奴隸社會初期，世界上最早的都市分別產生於底格里斯河和幼發拉底河下游，以及尼羅河、印度河和黃河流域。最初，在歐亞大陸的少數地區，人類隨著從採集和漁獵的生產過渡到農耕和馴養牲畜的生產，由不穩定的遊牧生活過渡到穩定的生活，出現了定居點——村落。此後，農業、畜牧業和手工業的分工，剩餘產品的出現，在一些地方出現了物產集散、商隊往來和規劃灌溉系統的中心。

（二）上古時代

奴隸主階級為了保護自己的特權制度，加強對社會的控制和對外防禦，在固定的居住地不斷修築城池，建造供奉神靈的廟宇。隨著這樣的社會控制中心的形成，出現了最早的市或稱城市。正如馬克思和恩格斯在《德意志意識形態》（1845～1846）一書中所說：「某一民族內部的分工引起工商業勞動和農業勞動的分離，從而也引起城鄉的分離和城鄉利益的對立。」

西方世界中的古代都市是奴隸制國家的首府，在奴隸制國家興盛期，估計它們的居民曾達 10～25 萬人。尼尼微在公元前 650 年有 12 萬人，巴比倫在公元前有 25 萬人，孟菲斯有 10 萬人。

（三）中古時代

公元 450～650 年，世界上最大的而後來衰落了的都市東羅馬帝國的都城君士坦丁堡，大約有 50 萬人。進入封建社會，社會生產力進一步發展，社會分工不斷擴大，商品的生產、流通、交換也愈加頻繁，都市有所發展，規模有所擴大。歐洲中世紀的城市也有不同程度的發展。十五世紀的歐洲最大都市是巴黎，有居民 27.5 萬人。同時期，在非洲最大的都市是開羅，約 45 萬人。都市已開始發展成為政治、經濟和文化的中心。

當西羅馬帝國由於蠻族（包括日爾曼、斯拉夫、芬蘭、克爾特、阿拉伯等民族）入侵，而逐漸衰微，造成東羅馬帝國君士坦丁堡（Constantinople）的興起；基督教文明發展形成耶路撒冷（Jeruslen）、伯利恒（Bethlehem）、拿薩勒（Nazarath）等宗教名城；十字軍東征、文藝復興的衝擊，造成那不勒斯、馬賽（Marseilles）、科隆（Cologns）、威尼斯（Venice）、倫敦（London）、約克（York）等新市鎮的興起。這個時期，城市開始擁有有限的自治權。

三、近代都市的發展

十九世紀曾是歐洲都市大發展的時期，始於十八世紀中葉的工業革命是都市發展的主要原因。1765 年瓦特（James Watt）發明蒸汽機，工業革命的結果，人口由農村大量而快速的移向都市，工業都市（urban）快速興起，包括曼徹斯特（Manchester）、利茲（Leeds）、底特律（Detroit）等，資本主義生產關系的確立與發展，以機器生產為基礎的都市工業迅速崛起，大工商業都市、國際貿易中心逐漸形成，新興都市急劇增加，大批農村人口湧入都市，出現了所謂近代都市革命。如英國倫敦 1400 年有居民 4.5 萬人，經過 400 年的發展，至 1800 年居民才達到 86.5 萬人，而到 1900 年，僅相距 100 年的時間就猛增到 453.6 萬人，成為當時世界最大的都市，英國在工業革命進程中興起了一大批工商業都市。

此一時期，歐洲各國的都市發展也呈現出直線上昇的趨勢。與此同時，帝國主義發動的掠奪戰爭和對外的商品傾銷，在一定程度上加速了殖民地或半殖民地國家的都市發展，到了 20 世紀，特別是第二次世界大戰後，各國生產力高速發展，世界進入了現代化都市發展時代。1950 年世界都市人口占全世界總人口的 28.2%，為 1900 年的兩倍多，到 1986 年則上昇到 43%。現代都市通過強有力的政權、雄厚的經濟實力、便利的交通運輸和郵電信息網絡、強大而迅速的大眾傳播媒介系統及其他先進設施，對其他地區施加重大的影響。它們已成為一個國家或地區的經濟、政治、科學、教育、文化、信息和服務中心。而按照功能的不同，政治型、商業型、工業型、軍事型、文教型、觀光型都市逐漸形成。

二十世紀以後，都市的大量增加及快速的成長，都會都市（metropolis）與國際都市（cosmopolis）的誕生，形成都會區與國際都市的原因，是工業革命以後，城市地區工商業發展極快，吸引鄉村人口遷往都市，而海運的開通也吸引了來自世界各國的移民，從公元 1800 年至 1950 年一個半世紀中，全球人口增加約二倍半，但都市人口則增加 30 倍（以 5000 人以上之都市人口計算），其原因有四：(1)生育或出生率的急速增加；(2)死亡率的急速下降；(3)移入居民比移出居民多很多；(4)交通運輸的改善。都市的興起，已然成為現代文明的表徵。

一國都市體系也可以依據人口規模，區分為兩種極端的型態，第一種稱為首要都市型（prime city pattern），一國之內只有一個獨大型的首都都市，其餘多屬微不足道的小城市或小聚落，傳統中央集權國家與發展中的第三世界國家，常常呈獻此一型態；第二種稱為等級都市型態（rank-size distribution pattern），一國都市從大到小，井然有序，形成完整的都市體系，工業先進國家與已發展國家常常呈現此一型態。各別都市人口規模形成等級分配（$P_r = P_1/r$）的型態，在這個都市體系之中，最高級的都市稱為中樞管理中心，其後依序稱為區域中心、次區域中心、地方中心、一般市鎮與農村中心。通常都市的功能越高，人口就越多，規模就越大，形成都市位階。克里斯泰勒（Christaller）的都市中地理論（central place theory，註一）為理想的都市體系提供了一個充滿想像的空間圖像。

四、臺灣的都市發展

（一）移民都市的興起

臺灣是一個移民社會，明、清兩代，大量來自中國大陸沿海的漢民族，湧入臺灣，成為臺灣的主要族群，從公元 1662 至 1895 年之間，在日據時代以前，臺灣都市發展大概被臺南、鹿港及萬華三個地方所囊括，併稱「一府二鹿三艋舺」，這三都市的興起，似乎和移民有關，三個都市都是海港，分佈在北、中、南三地區，奠定臺灣社會地域均衡發展的基礎。

（二）殖民都市的發展

日治時期的都市（公元 1895 至 1945 年），日治時期的都市主要有臺北、臺中、高雄、臺南、基隆五大都市，此時期，由於大陸移民被禁止，加上港口水土保持不良大多汙塞。原來之都市有成廢墟者，但來自日本先進的農業科技及熟練技術人員的湧進，農村的生產力大幅提昇，醫療衛生的進步，居民的平均餘命也得到提高，加上鐵、公路的修築，發展了臺灣的內陸都市，但仍以西部沼海地區為主。

（三）現代都市的發展

光復以後（公元 1945 年至今），光復以後，臺灣的都市化過程，有極特殊的意義，一方面追隨國民政府由大陸來台的兩百萬軍民的移入，大大的增加都市的需求，其次土地改革的成功，奠定初步工業化的基礎，使都市人口不斷的增口，慢慢的吞蝕了鄉村的人口。第三，從 50 年代開始的均衡發展政策，使得都市與鄉村的差距有效的控制，60 年代的十大建設，更加速鄉村的現代化和工業發達，甚至有迎頭趕上之勢，教育機會的平等與低學費政策，使鄉村赤貧階級也有受教育的機會，人才集中都市之趨勢已有減少之傾向；第四由於都市中心的昂貴生活水準，從事於非農業人口，逐漸由中心都市向外擴散，形成臺北、臺中、高雄三大都會區域。民國 45 年，臺灣人口約有 943 萬人，人口密度每平方公里 261 人，民國 78 年臺灣人口首度超過 2000 萬人，人口密度每平方公里 557 人，民國 83 年臺灣人口 2117 萬人，人口密度每平方公里 585 人，民國 89 年臺灣人口 2221 萬人，人口密度每平方公里 617 人，而當年臺北市的人口密度每平方公里高達 9737 人，高雄市人口密度每平方公里亦有 9704 人，而當年臺灣全島共有 443 個都市計畫地區，面積占全台面積 12.3%，人口卻占全台 77.1%，都市化的程度，可見一般。

五、現代都市發展的類型

在歷史上，一些地理學家、經濟學家和社會學家，根據定量（quantity）和定性（attribution）或二者相結合的不同標準，將都市劃分為不同的種類。通常的分類有六種：

第一種是根據都市人口規模分類，不同國家有不同的標準。如根據人口數量分為特大都市（或稱特大城市，100 萬人以上）、大都市（或稱大城市，50～100 萬人）、中等都市（或稱中等城市，20～50 萬人）和小都市（或稱小城市，20 萬人以下）四類。

第二種是按都市的主要社會功能分類，分為工業都市、商業都市、工商業都市、港口都市、文化都市、軍事都市、宗教都市和綜合多功能都市等。

第三種是依照都市作用的範圍分為國際性都市、全國性都市和地區性都市。

第四種分類是從都市所處的地理位置分為中心都市、沿海都市、內陸都市和邊陲都市。

第五種是根據都市產生的歷史情況分為歷史名城和新興都市。

第六種是依照不同產業分為第一、二、三級產業都市和中間型都市四類。

《工業革命之後的十九世紀由於航海技術的發達與海權主義的興起，港口城市成為炙手可熱的新興都市》

第二節　都市環境研究

一、適宜性分析

當都市進行建設與土地開發時，必須考慮土地空間的供需問題，在需求面（demand side）主要是活動對於空間的區位要求與需求量；在供給面（supply side）主要是土地的總空間供給量扣除不適宜開發使用的空間數量。為了要清楚的界定供需的關係，土地適宜性分析（land suitability analysis）成為一項重要的評估工具，土地適宜性分析的重點，在於評估土地自然特性與開發行為之間相容性，這種評估在開發之前須先進行。

土地適宜性的分析方法，係先針對各種特定土地使用類別加以分析，透過自然環境的分析、研判與比較，得到最適宜開發的特定土地使用區位與面積。通常包括：發展潛力分析及發展限制分析，發潛力分析主要是分析土地開發或使用行為的需求，及其與環境潛能的關係，並據以瞭解環境特性對不同土地使用開發所具有的發展潛力條件；發展限制分析主要是分析土地開發活動與使用行為與環境的關係，及其所造成的環境影響，並據以瞭解環境特性對不同土地使用開發的限制。

第二是分析規劃範圍內環境潛能與環境限制分布，界定所需的環境資料、環境潛能、環境敏感地分布圖，作為資源管理策略的依據；第三是研擬發展潛力與發展限制分析評鑑方法與準則，以利疊圖作業的進行；最後是進行適宜性疊圖分析及適宜性程度分級，疊圖分析所需要的圖包括：發展潛力分析圖、發展限制分析圖、土地使用適宜性等級圖等。

二、環境因子分析

都市發展除了人類本身的活動需要外，很大的部分也受限於環境，這些環境因子，包括地質、氣候、水、能源、生物、土壤、地形等等，分述如下：

（一）地質

地質研究主要探討地球內部之組成、構造、活動，以及解釋地表作用所產生之各種現象。構成地殼最主要者為岩石，地質知識主要由岩石研究中獲得，岩石之種類依其生長過程可分為三類：火成岩、沉積岩、變質岩，其他如：地震、斷層、坡地、地層下陷等情況，對都市土地開發也有重大影響。特別是在都市的發展過程中，常常因為不自覺或有意忽略的原因，隱藏在建築物底層地底之下的斷層等地質因素，成為不定時的炸彈，都市防災儼然成為現代都市規劃與管理不能不重視的課題。

（二）氣候

氣候通常指一地區之降水、風、日照、溫度、溼度等自然現象，地理因素會影響氣候，緯度高低也會影響當地平均氣溫及日照長短，高度則影響氣溫及氣壓，距海洋或沙漠之遠近影響降雨及溫、溼度，可見影響氣候因子很多。都市內部大面積的建築物及不透水層舖面，相對的造成植物覆蓋比例較少。日間在陽光的照射下，建物之表面會反射陽光輻射，而也會吸收及釋放陽光的能量，而都市空氣污染物排放，受限於自然擴散能力，使都市所產生之空氣污染相對嚴重。這些能量將轉化成「熱」的形式釋放出來，使都市地區溫度較郊區為高，形成《熱島效應》，日夜溫差也會因此而加劇。

（三）水

水是萬物賴以維生不可或缺的資源之一。在自然界中，水提供動物攝取與植物之成長；在人類社會中，水可供人類飲用、農業灌溉、漁業養殖及工業生產等用途。給水、供水、廢水排放，均為都市建設的重要課題。而大部分的都市開發行為在初期作業，經常會先剷除地表植物，由於植物對於降雨有截留、頁面蒸發、儲存水份及緩和地表逕流之速度等功能，地表植物被伐除時，水的地表逕流量將增加（有時甚至高達 90%），另一方面土地的滲水能力也將大幅降低（甚至低於 10%），影響所及，前者將造成土壤容易受到沖刷，增加都市排水的困難度與水患的相對壓力；後者使得地下水位下降，形成地層下陷。

（四）能源

人類所使用能源當中最主要為化石能源（石油或天然氣）。而過去未使用化石能源時，所使用的主要為木材及煤炭，而目前使用的能源不僅於此，包括水利、核能、風力、潮汐、地熱及太陽能等。人類在都市化後大量使用汽車、飛機使得地球能源需求極度地擴張，土地開發加速都市周圍農地、林地、山坡地變更為都市使用，此種情況則又加速能源消耗。

（五）生物

生物可區分為無核原生物界、原生生物界、真菌生物界、植物界及動物界等五界，都市進行土地開發時，地表之植物將被移除，直接受到衝擊的是不能移動之植物，間接受到影響的則是依靠這些植物而生存的動物。雖然動物因有移動之能力，可以另外尋找適合之居處而存活下來，但實際上大部份的動物有其固定的生活型態，並不是任何地方皆適合，因此當賴以生存的棲息地遭受破壞後，野生動物也可能跟著滅絕。

（六）土壤

土壤指地球表層未固結之部份，土壤形成一方面是岩石經風化與雨水沖蝕而成，一方面則是動植物死亡或排遺物腐化堆積而成。土壤組成因素主要包括空氣、水、無機礦物及有機質等四部分。土地開發時，地表土壤常因地表逕流沖刷等因素而流失，造成植物生長不易，也造成地表水流污染物增加。

（七）地形

地形控制人類的開發活動，然而人類也會依自己所能來改變地形。山坡地開發受地形坡度之限制，開發者為使地形能夠平坦以適合開發使用，必須進行挖填、整地、護坡等工程，稍有不慎就造成地盤滑落。

第三節　都市人口研究

一、人口研究

人民是立國三要素之一，市民則是都市的主要肇基者、使用者與活動者。人口研究成為都市管理與都市規劃最重要的課題與對象之一。人口（population）研究，從主題來說，主要有數量（quantitative）與品質（qualitative）兩個面向，包括一特定地區，人類存活的數量與品質，這特定地區，通常以國家、區域、城鎮、或其它行政轄區為範圍；從方法來說，有分析與預測兩種，都市是人口的集中地，人口研究可以說是研訂都市計畫的基礎。

都市規劃師與市政工作者對都市人口的理解至少應該包括人口結構、人口分布、人口素質、人口性別比、人口規模、人口經濟結構、設施人口標準等等，可以說都是都市計畫不可缺少的輔助標準。某一時期或時點的都市人口通常包括已知的過去人口數字再加增加存活人口的數目（出生和遷入）和減去離開人口的數目（死亡和遷出）而變化的人口總和。而判別都市與鄉村區別的最低人口標準，稱為臨界都市化人口（marginal urbanizational population），所謂臨界都市化人口是指在一定人口（例如 2500 人）集居範圍內，其都市活動人口空隙不超過 300-500 公尺，有明顯的公眾運輸最低水準及都市生活所必須的最低設施，在此範圍內的地區稱為臨界都市化地區，此一地區的人口總和，稱為臨界都市化人口。

人類常因不同的研究需要而有不同的分類，如依人種的來源有：一種說、多種說、風俗說、宗教說、膚色說、毛髮說等學說，依其不同的表示法有絕對法、相對法、性別比（sex ratio）、年齡組合（age composition）、家口數（household size）、教育程度（educational level）、各行業人口比等說法；依其性質又有居住人口、就業人口、及業《產業》人口、學生人口等說法。

二、人口理論

人類自然增加的人口數，如果不討論醫療、克服死亡、技術進步、增加生產能量或以節育控制生育等因素，在一定地理環境中，人口數量其實處於與動物相似的地位，通常會因自然資源條件的限制，而有一個穩定的總量，也就是當人口增長到一定階段或達到飽和狀態時，死亡率就會提高、出生率也會下降，而自然平衡。如果人口相對於生存資源較少，也會表現在人口的擴增上。依據這樣的假設基礎所提出人口理論，主要有三種不同理論。

第一種是以英國工業革命後由於生產技術的進步、土地的改革、醫療衛生的改善為立論基礎的樂觀人口理論（optimistic population theory）；第二種是以生產的邊際報酬遞減律、糧食增加不及人口增加為立論的法國馬爾薩斯（Thomas Malthus）悲觀人口理論（pessimistic population theory）；第三種是以資源的平衡利用為立論的最適人口理論（optimal population theory）；在這三種理論中，以馬爾薩斯悲觀人口理論，影響最為深遠；而對城鄉人口移動提出解釋則有城鄉人口推拉理論（push-pull theory）、人口遷移中的主流與回流。

三、人口變化

都市人口研究不能單看其數量總和，更應探討人口品質與人口結構的變化，包括：年齡、性別、職業、所得、教育以及各種定性的體質和智力分布。人口數據及相關數據（如人口密度、人口變化率）在都市問題及計畫學的領域內，是衡量問題及預測的重要指標性工具，指標人口計畫可視為承續人口政策而來的行動方案，其目的在達成人口政策所訂目標，包括：家庭規模（family size）、人力品質、衛生醫療的問題與解決對策；國土計畫、相關的區域計畫及都市計畫則在設計人口適當分布、合理人口密度；以及國家自然資源、人力資源與實質建設（公共設施）及在空間上互相調配，以緩和過高或過低人口密度所產生的問題。

四、人口調查

都市人口調查最重要是人口普查（census）。人口普查是執政當局對一國的人民及其生活條件、資源及相關資料的正式、週期性的記錄。最早的人口普查源於羅馬時代，當時羅馬政府定期登錄成年男子及其財產，以作為徵稅、服兵役及授與政治地位之用。現代的人口普查直到 17 世紀才開始發展起來。現代的人口普查主要有三個特點：(1)為科學研究和政治管理的目的，而進行全國範圍的統計調查。(2)不斷改進普查活動的權益分際，包括從法律上保證被調查者提供的資料實行保密。(3)更深入、系統地對所獲資料進行分類，以促進資料的有效利用及爾後普查項目與普查方式的改進。

現代的人口普查已經成為一個國家的最豐富的人力情報源泉；人口普查資料不僅能揭示人口變化的基本趨勢，而且能提供這個國家的職業結構，生活水準、教育、就業及該國各地區與城鄉之間差異等方面的演變情況。定期的人口普查使我們能夠對未來的發展作出預測。一般進行普查時，人口的分布按照人們的睡眠地點（夜間人口）而不是工作地點（白晝人口）來計算。根據聯合國統計委員會及人口委員會在 1960 年戶口普查調查事項擬定最低項目十七項為：普查時所在地、常住地、戶長或戶量、性別、年齡、婚姻、出生地、國籍、經濟活動種類、職業、行業、從業身份、語言、種族、識字率、教育水準、子女人數。

五、人口分布

人口分佈（population distribution）是人口居住或工作的集散情形，也就是人口在地表上所佔的位置以及人口與土地的分配關係。人口分佈不均衡的原因大都為自然環境因素，視自然環境因素為人類生存的資源，而資源的有限性與資源的不均勻分布都造成人口分佈的不均衡，這些因素諸如，氣候、地形、土壤、植物等等。其次影響人口分佈不均衡的原因為社會文化、交通、運輸及政治經濟因素，自產業革命以後這些自然環境以外的因素對局部地區人口分佈不均衡有加速的作用。都市化或都會化現象中城鄉移民的原因主要即在於政治經濟因素。理論上如果人口密度過高，此社會便會有較高的失業率、犯罪率、死亡率，人們便會感覺居住的代價及風險過高，而產生向外移民，但事實上人口密度過高（以都市為代表）往往較人口密度過低（以鄉間為代表）更具吸引力，而產生向內移民（或城鄉移民）。人是都市的主體，故都市化最顯著的特徵即為都市人口的快速成長及集中。人口增加促進地區的發展，人口的減少則帶來社區的萎縮；同樣的，繁榮地區吸引外來的移民，落後地區促使居民遷出。

六、人口發展

翻開臺灣的歷史，1906 年臺灣男子的平均壽命只有 27.7 歲、女子只有 29 歲，1940 年臺灣男子的平均壽命只有 41.1 歲、女子只有 45.7 歲，而到了 1995 年臺灣男子的平均壽命為 71.85 歲、女子則有 77.74 歲。從這個經驗裡，我們可以從一個國家的出生率與死亡率來檢視這個國家的發展狀況，高出生率、高死亡率是低度開發國家或未開發國家的人口特色；高出生率、低死亡率是中度開發國家或開發中國家的人口特色；低出生率、低死亡率是高度開發國家或為已開發國家的人口特色；通常聯合國會採用一些包括：不調和指數（unharmonious index）、兩性關係發展指數（gender-related development index）、人類發展指數（human development index）、兩性人力指數（gender empowerment messure）等指標，來評估各國的人口發展狀況。

從 1990 年開始，聯合國每五年都會發表《Human Development Report》，用來提醒世人注意包括公平、貧窮、福祉等議題的重視。根據聯合國在 1995 年的報告，在全球一七四個國家當中，只有二十四個國家是屬於所謂《developed country》，其餘均屬《developing country》。在這份報告中提出四點結論：

第一，從 1960 到 1992 年三十年之間，開發中國家的人口發展，幾乎達已開發國家過去一百年努力的成果；包括他們的人口平均餘命平均增加了十七歲，也就是三分之一以上，有三十個國家人口平均壽命甚至高達七十歲以上，包括他們的教育水準成長了一點五倍，成人的識字率高達 81%。

第二，在這個過程當中，同一時間人類發展的危機也潛藏於開發中國家及已開發國家。在開發中國家當中，全球每年有一千七百萬人死於痢疾、瘧疾及肺結核；同一時間全球人口成長與食物增加率超過了百分之二十，同樣的，有八億人口處於飢餓之中，有五億人口處於營養不良之中，平均每三個人就有一個是處於飢餓之中。在同一時間，農業及工業以每年百分之三的比率成長，有幾乎三分之一的人口也就是十三億人口生活在貧窮線以下。至於在二十四個已開發國家當中，其平均年齡高達七十五歲以上，但超過一百五十萬人感染愛滋病，雖然三十年間 GNP 成長了百分之四十六，但平均失業人口超過百分之八。雖然普遍實施社會保險制度，但仍有超過一億人口生存於飢餓之中。公元兩千年，遠東都市化人口約達百分之七十九，但都市設備卻只有百分之三十六。

第三，由於快速的人口成長，使得能源危機或與能源相關的環境危機，已經超越國家的界限，而成為國際的問題。包括如何減少軍備的競賽浪費、如何更充份有效利用資源，如何減縮政府支出，成為重要議題。

第四，21 紀的人口發展議題，無可避免的必然是全球性的議題，包括人口成長、社會保險、就業安全、環境議題、消除貿易與關稅壁壘等等，都將成為全球性的議題。

七、都市人口

居住在都市的人口，我們稱為都市人口，居住在都市以外的人口，我們稱為鄉村人口。事實上，由於都市與鄉村並不如想像中的那麼涇渭分明，因此，又有許多不同的標準與分類，常見的標準與分類有兩種，第一是以行政區域為標準，只要居住在都市行政區域之中者，統統歸類為都市人口，例如我國戶口普查資料對都市人口的定義，即是以行政區域為準；第二是以集居人口（agglomerated population）規模為標準，只要集居人口達到所定的標準，就稱為都市人口，而不問其行政單位如何，通常學術界的研究即是採用此一標準。

二十世紀曾經歷了都市數量大增以及聚集於都市的人口比例快速成長的階段。估計到西元 2010 年，大概有一半以上的世界人口是都市地區人口，這將是是世界人口分布的一項重要發展。在此趨勢下，大型都市人口仍然會持續增加，而且這類都市的數量也會繼續成長。近年來，人口湧向都市，造成都市環境急速的變化，尤其是用水、排水、交通、近鄰噪音、空氣品質、日照、氣溫、垃圾等等問題，且能源日益不足，各種資源的依賴，都市環境生態也大為變化。故如何規劃人口，控制人口的數量及提高人口素質並配合資原合理利用，乃是今日人口理論及國土發展所應解決的重點問題。都市計畫通常是為未來 25 年作計畫，它是長期性的而對人口的預計亦應包括在內，都市的人口對都市計畫有重要性的影響，它影響到交通、經濟發展、土地開發利用及公共設施的分佈等等問題，故在作規劃的同時亦應對該都市人口的分佈、結構及未來性作一綜合研究方可為一完整有效的計畫。

八、人口預測

一個地區隨著時間的推移產生人口的變動，通常可以用推估的方法求得，從短期的觀點，影響人口成長率的因素，有生育率、生殖率（註一）、移民、就業等因素；從長期來看，影響人口成長率的因素，有環境品質、經濟榮景、空間容受能力、公共設施與設備等。人口預測方法，主要有：

1. **圖形法**（graphical method）；基本上市假設各種空間經濟行為，在一般的情況下，如就業、產量、產值、附加價值、人口等等資料都會有朝同一方向進行的特性，這種《朝同一方向進行的特性》就是趨勢，這種趨勢可以在圖面上表達，換言之，如果我們可以將這些資料依某一基準（如時間）展現在圖面上，我們就可以大致推測未來的可能，圖形法依其運用方法，又可以區分為散布圖法（scatter diagram）、趨勢線法（trend method）、平均移動圖形法（average moving method）。
2. **數學法**（methmatic method），又可區分為：等差級數法（arithmetic progression）、等比級數法（geometric progression）。
3. **最小平方法**（the method of least squares），又可區分為簡單線形法（simple linear method）、二次多項式、三次多項式、對數線形法、漸進線法等。
4. **就業機會法**（job opportunity model），人口之所以增加，除了自然成長外，主要是基於經濟的成長狀況與就業機會的增加，因此，如果經濟活動力不變的情況下，我們可以由就業機會增加，來推求增加的人數總數。
5. **比例法**（proportion method）**及分配法**（apportion method），比例法與分配法主要是基於較小地區空間的個體經濟活動與其更大地區整體經濟活動常有一種比例的函數關係；因此，任何較小地區的人口變遷與其較大地區人口變遷常有一函數關係，例如板橋市的人口變遷與臺北都會區的人口變遷必然有關，因此我們可以利用臺北都會區的人口變遷來推求板橋市的人口變遷。如果不考慮閉合差的平差問題，稱為比例法，如果考慮閉合差的平差問題，則稱為分配法。

6. **世代生存法**（cohort survival method），世代生存法是利用年齡世代平均每一年均長一歲的特性，估算個年齡層的生存率、婦女生育率、嬰兒存活率、嬰兒性別比、移民等因素，利用矩陣來求得未來人口的方法。
7. **矩陣法**（matrix method），通常視之為世代生存法的數學模式，也就是以數學矩陣的方法，計算世代生存的方法。
8. **人口遷移法**（migration method），有境內〈國內〉遷移法、經驗法、遷入遷出預測法、就業機會法、境外〈國際〉遷移法等方法。
9. **成長組合分析法**(growth and combinational analysis)，以人口的性別組合、年齡組合、行業組合等等，推估未來人口數量的方法。

第四節　都市的界說

一、人口數量說

以人口數量之多寡作為區分都市與鄉村的標準，凡人口總數達到某種標準之地方謂之市；否則為鄉。以此為標準，不同的國家有不同的標準，例如冰島以 300 人為都市的最小規模；古巴、智利、委內瑞拉、蘇格蘭、加拿大，以 1000 人為都市最小規模；巴拿馬、愛爾蘭以 1500 人為都市的最小規模；阿根廷、澳洲、捷克、法國、德國、希臘、葡萄牙、西班牙以 2000 人為都市的最小規模；美國、墨西哥以 2500 人為都市的最小規模；比利時、印度、斯里蘭卡以 5000 人為都市的最小規模；瑞士以 10000 人為都市的最小規模；荷蘭以 20000 人為都市的最小規模；日本以 30000 人為都市的最小規模；韓國以 40000 人為都市的最小規模；聯合國也曾經為了統計方便，定了一個 20000 人為都市的最小規模。

我國都市計畫法第十一條規定：人口集居五年前已達 3000 人，而在最近五年內已增加三分之一以上之地區，或人口集居達 3000 人，而其中工商業人口占就業總人口百分之五十以上之地區應擬定鄉街計畫，這是採用人口數量說，而對都市所作的定義。又依已經廢止臺灣省各縣市實施地方自治綱要第四條規定，凡人口集中在十五萬人以上工商業發達，交通便利之地區，得經縣政會通過後，設縣轄市。（此項標準曾數度修正，民國 43 年時為五萬人，51 年時改為十萬人，民國 80 年修改為為十五萬人）。

二、人口密度說

人口密度是指單位土地面積上的人口數，通常以每平方公里的常住人口數來表示，這是用來觀察一地人口平均分布情形的指標，它較人口總數更能表達一地人口的實際狀況，但缺點是它只是一個平均數，並無法反映區域內部的差異，凡人口密度達到某種程度之地方謂之市，反之為鄉。有時，人口雖多卻分散在寬廣的地域上，且互不相連；有時人口雖少，但密集於狹小的地域。兩者相比，後者的都市色彩可能更加濃厚。人口密度應該到達多少才是都市的標準，不同國家、不同時代有不同的標準，通常人口密集的概念往往與空間上連續的建成區聯繫在一起，如美國學者曾於 1967 年提出每一英畝一人的指標作為都市的下限，這個指標對於都市區域來說是相當低的，但對於鄉村來說卻是相當高的，日本學者曾提出，人口密度最少在每平方英里 4000 人以上方可算為都市區域。通常在採用這一指標界定都市，往往與其他指標一起應用，如印度的鎮需滿足三個條件：最低人口限值為 5000 人，75%以上的成年男性應從事非農業活動，人口密度為 1000 人／方哩或以上才算是都市。澳洲則規定，人口密度最少在每平方英里 500 人以上，人口規模 1000 人以上的人口聚居地方可設市。又如美國人口統計局劃分城市化地區（urbanized area）是指人口達 50000 人或以上的都市，其相連的都市代地區要符合兩個條件：任何不超過 2500 人的合併地區，而其中最低限度包括了 100 個居住單位和每方哩 500 人或以上的單位密度；至於非合併地區，則每方哩最少有 500 個居住單位（註三）。

三、職業說

職業說也稱社區主要功能說，都市因工商繁榮，規模更不斷擴大，都市生活與鄉村生活有截然不同的風貌，最明顯的就是職業，鄉村職業以農林漁牧等一級產業為主，居民多從事鄉村型職業；都市職業以二、三級產業為主，居民多從事都市型職業，都市職業種類多，包括礦業、工業、商業、交通業、人事服務、公共服務業、失業、律師、建築師、會計師等自由業，分工細，多於室內工作，都市中大樓林立，街巷交錯，招牌紛陳，車流擁擠，喧囂擾嚷，水泥群中綴以路樹街燈，人與土地關係變為較淡薄，人造的環境使得人依行事曆作息，而脫離自然律，便利的交通網，擴大市民移動的範圍，資訊流通傳播快速，使人們易換工作，都市居民生活模式，緊湊的生活步調，夜晚市區燈火通明，仍有 KTV、網咖、舞廳、pub、看電影等娛樂，因此凡工商業集中之地區謂之市，從事農業生產之地區謂之鄉。換言之，凡多數居民從事工商業的社區謂之市，從事農業生產的社區謂之鄉，此說有謂非農業人口比農業人口多即算是都市，故又稱農業/非農業就業比說。都市規劃實務中，用來計算都市型人口與鄉村型人口，通常採用下列方式：

1. 鄉村型人口(R)＝從事鄉村型職業的人口(A)＋A/(A＋B)×H
2. 都市型人口(U)＝從事都市型職業的人口(B)+ B/(A＋B)×H
   《其中，H 為家管人口或從其配偶職業的人口》
3. 建立都市化指標(IU)＝U/(U＋R)×100%

當(IU)在 70%以上，稱為高度都市化地區；當(IU)在 50%～

70%之間，稱為中度都市化地區；當(IU)在 30%～50%以上，稱為低度都市化地區；當(IU)在 30%以下，稱為鄉村地區。

四、法律說

又稱法人說，即依法律規定可以取得市自治權或法人地位之地方謂之市，否則為鄉。例如地方制度法第四條規定：人口聚居達一百二十五萬人以上，且在政治、經濟、文化及都會區域發展上，有特殊需要之地區，得設置直轄市。人口聚居達五十萬人以上未滿一百二十五萬人，且在政治、經濟、文化上地位重要之地區，得設置市。人口聚居達十五萬人以上未滿五十萬人，且工商業發達、自治財源充裕、交通便利及公共完備之地區，得設縣轄市。

五、共同心理說

都市與鄉村其實也反映一種相對的心理表現，都市對市民會有一種共同的心理情緒，都市也可以視為居民共同心理或意志之表現，因此，如果居住者普遍對居住地點有都市生活共識的地方，就是都市；反之，如果居住者對居住地方的共識是鄉村，此一地區就是鄉村。

六、行政區域說

此概念主要政府的行政區域分類，凡分類為都市的行政區域，或其中的行政中心、首都，或主要集居地等部分，皆稱為都市。

七、聯合國的定義

聯合國 1977 年「世界人口統計年鑑」（Demographic Yearbook，1977）統計世界各國及地區之都市人口並詮釋其都市的定義，歸納而言，主要可分三類：(1)按人口集居規模之大小及性質以界定都市者佔多數；(2)按行政區域劃分為都市中心或城、鎮者次之；(3)按法律公訂或宣布為都市者。

八、劉克智教授定義

劉克智教授於 1975 年受行政院經建會委託研究《都市人口定義研究》，提出集居地（locality）的概念，主張凡在行政區劃隸屬於同一市鎮或鄉的村里，合於下列標準之一，不論係為一個單獨的村里或若干村里聚集成簇者，都稱為都市性的集居地。

1. 有 60%以上的就業男子，為非農業就業之村里。
2. 具有以下三項以上之都市設施特徵之村里：幼稚園、國小、國中或高中、大專院校、醫院、診所、郵局、電影院、娛樂中心、公園。
3. 人口密度在每平方公里 2000 人以上。

九、綜合的定義

都市在每一個人心目中，也許有極大部分相同的印象，但也可以有許多不同的解讀，想要為都市下一個嚴謹而一體通用的定義，其實要比想像中的難，例如以往農業社會所形成的都市聚落，雖其總人口與密度多不及現在的一般鄉鎮，但卻不失其成為都市；又如果我們以行政界線為都市下個定義，也許對統計及研究有較高的方便性，但卻與事實相去太遠，因為大多數的都市實際的情況與行政界線頗難吻合；如果說都市的範圍包括市中心及市郊，那都市其實每天都會有不同，而何謂《市中心》、《市郊》恐怕在定義上也要費一番周折。但我們仍然可以為都市下一個較具一般性的定義：都市是指在一定土地空間範圍內，具有以下特徵者：

1. 都市的範圍應包括市中心及與其相連的市郊人口聚集地區。
2. 都市的人口必須滿足某一絕對的數量標準或相對的密度標準。
3. 有超過一半以上，具有工作能力的人口從事非農業型職業。
4. 必須至少有一個（或以上）的都市政府。

5. 必須有功應該區居民最低都市生活所需的公共設施與公用設備。
6. 居住者普遍對居住地點有都市生活共識。

第五節　都市與鄉村

關於都市和鄉村的區分眾說紛紜，例如我們可以依據研究目的、生產行為；消費習慣、技術等級作為區分標準。一個地方不論其是否為都市，只要能夠提供人類幸福的生活，都是一個好地方，都市與鄉村的區別，通常表現在以下五項指標中。

一、人口密度

一般而言，都市提供了較多的就業機會、資訊、文化活動、公共財……等，因此容易吸收大量人潮集居；相反的，隨著時代的改變，傳統鄉村以一級產業為主的生產型態逐漸沒落，逐漸不為年輕一代所青睞，因此人口大量外移，人口數量與密度日漸下滑。都市有一種莫名的吸引力，將四面八方的人口吸引至都市；鄉村有一種莫名的推力，將鄉村人口推擠至都市，此種城鄉人口的推拉理論（push and pull theory）造成都市為人口聚集之地，鄉村則為人口疏散之區。

從世界各國人口移動的趨勢來看，有越來越多的人口湧向都市，例如美國建國之初，1776 年人口 8000 人以上的都市只有五個，1790 年全國人口只有 5.1%居住於都市，城鄉人口比率約 1:20；1800 年全國人口只有 6%居住於都市，城鄉人口比率約 1:18；1840 年全國人口有 10.8%居住於都市，城鄉人口比率約 1:10；1860 年全國人口有 20%居住於都市，城鄉人口比率約 1:5；1870 年全國人口有 25%居住於都市，城鄉人口比率約 1:4；1890 年全國人口有 33%居住於都市，城鄉人口比率約 1:3；1920 年全國人口有 51.2%居住於都市，城鄉人口比率約 1:1；1960 年全國人口有 70%居住於都市，城鄉人口比率約 7:3；1980 年全國人口

74%居住於都市，1990 年全國人口高達 75%居住於都市。城鄉人口差距愈來愈大。

二、財富數量

都市地區銀行、產業、廠房林立，全國財富泰半集中在都市地區，城鄉所得差距更加擴大。在界定都市的幾個概念中，有個非常重要的關鍵，即「都市的經濟活動人口中，從事非農業活動者，佔主要一定的比例」，因此，所謂農業／非農業人口的就業比，也就成為區分都市與鄉村的重要關鍵。一般而言，從事二、三級產業活動的財富累積，遠比從事一級生產活動來的快，所以在財富數量上，都市遠比鄉村來的多和快，也是顯而易見的。

三、知識程度

此方面所涉及的即為教育。一般而言，都市所提供的資源（不管在何種方面）是遠比鄉村多的，而大專院校即是以各項資源的充沛與否，作為號招學生的手段。就也注定了高等學府普遍位在都市區的宿命，因此吸引外地的高知識族群不斷湧入，在知識程度上，也會明顯的高於鄉村，教育水準愈高，越往都市流動，形成城鄉的知識差距，這種差距稱為城鄉的知識不對稱（knowledge asymetry）。

四、生活方式

在一般觀念裡，都市等同不夜城；愈夜愈美麗，而鄉村等同早睡早起。會造成如此的概念是有其依據的。以產業結構方面來說，鄉村從事農業生產活動的佔大多數，而農業生產活動的最大特徵「日出而做，日落而息」，也普遍深植農村社會中。在都市方面，因所從事者大多為工、商業，尤其以商業來說，他們營業時間是從下班時間以後才進入高峰期，因此所謂「愈夜愈美麗」也是理所當然的。都市分工精密，鄉村仍然保持自給自足的生活方式，都市人重視職業與就業，鄉村人重視家庭與倫理。

五、自由範圍

都市人生活步調快，相對的自由受到較大的限制，鄉村人生活步調漫，相對的擁有較大的自由。在個人自由程度上，都市居民顯然受到較大的束縛。一般而言，都市是具有政治、經濟及文化上重要地位的地方外，個人對於自我本身的權利、義務也甚重視，因此，地方法規的執行會較嚴格，對個人的拘束力較強；反觀鄉村則否。

註釋：

一、參見 http://www.cccss.edu.hk/geoweb1/central_place/。

二、生育率與生殖率通常都是以年度的千分比為單位，但仍有若干差距，生育率是出生嬰兒數÷年初總人口×1000%來計算；生殖率則是以出生嬰兒數÷年初總婦女人口×1000%來計算。

三、http://www.geo.ntnu.edu.tw/geoedunet/junior/taiwan1/ch12/

第三章　都市計畫概論

第一節　都市計畫的意義

都市計畫是一門社會科學、也是一門生活科學，更是一門應用科學，都市計畫關係都市民眾權益甚鉅，然而大部份民眾對都市計畫不是了解不夠就是有所誤解，有些人認為都市計畫祇不過是《圖上畫畫、牆上掛掛》，也有些人認為都市計畫不過是政商勾結、甚至是炒作地皮的工具，但這些不僅無損於都市計畫與市政管理作為一門學科，相反的更增加其重要性。

現代都市必須要有計畫，已是普世標準，良好的都市計畫可以有計畫的創造優美生活環境與有效率的資源利用；更可用以提昇公民意識，有助於民主政治的發展。隨著都市人口數量的不斷增加與環境的快速變遷，實施都市計畫成為都市發展的重要手段，但並不是說都市計畫就是萬靈丹，失敗的都市規劃不僅無助於都市的發展，可能造成更大的資源浪費。而成功的都市規劃可以提高土地的使用價值，增加可居住的人口，促進更高度的繁榮。

都市發展與成長必須有賴於公共設施的配合，都市公共設施有完整的規劃與適時的興建提供，不僅可帶動整個地區工商業等經濟活動，更可使居住品質更有品味。而失敗的都市規劃，不僅可能造成綠地公園、停車場、學校、道路等公共設施嚴重不足，已取得的公共設施用地也可能荒廢或被非法佔用，而人口的大量湧入，也將造成都市容量的過度負荷，這些都在在說明都市計畫的重要性。然而何謂都市計畫，依據我國都市計畫法第三條規定，都市計畫係指在一定地區內有關都市生活之經濟、交通、衛生、保安、國防、文教、康樂等重要設施，作有計畫之發展，並對土地使用作合理之規劃而言。這個定義，其實蠻簡單，但也概括的說明都市計畫的規劃重點與內容。

就目標而言，都市計畫須注意都市的非實質發展（non-physical development）以及經濟性與社會性目標，所以都市計畫通常屬於長程計畫、綜合計畫與一般計畫。從字面上來說，都市計畫，英文稱為 urban planning，把英文拆開，每個字母可賦於一個有意義的內容：

U—Universal：都市問題具有世界性的特色。

R—Region：都市問題的空間特質市區域。

B—Bassically：都市規劃有其基本的原理原則

A—Assignment：都市計畫重視資源的分配。

N—Native-born：都市問題具有在地特質。

P—Policy：都市問題屬公共政策核心問題。

L—Linkage：都市問題的解決有其連鎖性。

A—Assets：好的都市規劃有助於資產的增加。

N—need：好的都市計畫應滿足都市居民的基本需求。

N—Necessity：好的都市規劃應滿足居民的基本需要。

I—Identification：都市規劃首先必須確認真正的問題與需要。

N—Newly：都市規劃必須能反映都市的新價值。

G—Geografical：都市規劃是地理學研究的核心課題之一。

從程序要求而論，都市計畫必須是便於公眾討論、必須是切實可行，也必須是簡明易懂，新的都市計畫與舊的都市計畫之間，有一定的聯繫關係；從實體原則來說，都市計畫必須有助於可及性的增進、資源的經濟利用、相容使用的集中、不相容使用的隔離，以及都市景觀的賞心悅目。

第二節　都市計畫的種類

都市計畫的種類就其計畫性質及都市大小而有不同。我國法定的都市計畫依其性質共分三種：(1)市（鎮）計畫；(2)鄉街計畫；(3)特定區計畫。依其位階，每一種都市計畫又可分為兩部分，主要計畫書及主要計畫圖合稱為主要計畫，細部計畫書及細部計畫圖合稱為細部計畫，主要計畫係為擬定細部計畫之準則，而細部計畫為實施都市計畫之依據。而依其擬定時序而分，又可分為新訂都市計畫與通盤檢討都市計畫。通盤檢討都市計畫又可依檢討範圍分為全面性通盤檢討都市計畫、部分性通盤檢討都市計畫、擴大性通盤檢討都市計畫與合併性通盤檢討都市計畫四種；而依檢討時效區分，可分定期性通盤檢討都市計畫與非定期性通盤檢討都市計畫兩種。

一、市（鎮）計畫

依都市計畫法第十條規定，下列各地方應擬定市（鎮）計畫：

1. 首都、直轄市。
2. 省會、省轄市。
3. 縣（局）政府所在地及縣轄市。
4. 鎮。
5. 其他經內政部或省政府指定應依都市計畫法擬定市（鎮）計畫之地區。

二、鄉街計畫

依都市計畫法第十一條規定，下列地方應擬定鄉街計畫：

1. 鄉公所所在地。
2. 人口集居五年前已達三千，而在最近五年內已增加三分之一以上之地區。
3. 人口集居達三千，而其中工商業人口占就業總人口百分之五十以上之地區。
4. 其他經省、縣（局）政府指定應依都市計畫法擬定鄉街計畫之地區。

三、特定區計畫

依都市計畫法第十二條規定，特定區計畫係為發展工業或為保持優美風景或因其他目的而劃定之特定區計畫。依其性質又有新市鎮特定區計畫、交流道特定區計畫、風景特定區計畫、水源水庫特定區計畫、大學城特定區計畫、科學園特定區計畫、漁港特定區計畫、園藝特定區計畫、車站特定區計畫等。

第三節　都市計畫的內容

一、都市計畫須符合實際

都市計畫是透過土地使用、交通運輸及公共設施等實質計畫內容，以達成提高居民生活環境品質之目標。依都市計畫法規定，都市計畫每五年至少做一次通盤檢討，發布實施屆滿計畫年限或二十五年者應予全面通盤檢討。都市計畫須仰賴通盤檢討修正原計畫所擬的疏失，以符合都市實際環境變遷的需要。以求計畫與實際發展一致。

一般而言，都市計畫的內容最重要包含三部分，土地使用計畫（land use planning）；交通運輸計畫（transportation planning）及公共設施計畫（public facilities planning）。土地使用計畫通常是對都市土地及改良物（通常為建築改良物）在未來目標年應如何使用的一種建議或設計。交通運輸計畫則是人口或物品流動路線的安排或設計。公共設施計畫則是指一個都市地區希望的公共服務水準、品質及達成此一水準或品質的能力。

二、都市計畫應表明內容

如前所述；我國都市計畫可分為市鎮計畫、鄉街計畫及特定區計畫三種，計畫書分為主要計畫書及細部計畫兩部份，依都市計畫法之規定市鎮計畫應先擬定主要計畫書，並應附主要計畫圖，其比例尺不得小於一萬分之一，其實施進度以五年為一期，最長不得超過二十五年。主要計畫擬定後並應擬定細部計畫書及細部計畫圖，細部計畫圖之比例尺不得小於一千二百分之一。鄉街計畫及特定區計畫之主要計畫，得與細部計畫合併擬定之（參照都市計畫法第十五、十六、二十二條）。至其應表明事預採列舉主義。

三、主要計畫應表明事項

1. 當地自然、社會及經濟狀況之調查分析。
2. 行政區域及計畫地區範圍。
3. 人口之成長、分布、組成、計畫年期內人口與經濟發展之推計。
4. 住宅、商業、工業及其他土地使用之配置。
5. 名勝、古蹟及具有紀念性或藝術價值並予保存之建築。
6. 主要道路及其他公眾運輸系統。
7. 主要上、下水道系統。
8. 學校用地、大型公園、批發市場及供作全部計畫地區範圍使用之公共設施用地。
9. 實施進度及經費。
10. 其他應加表明之事項。

鄉街計畫及特定區計畫之主要計畫所應表明事項，得視實際需要，參照前述事項全部或一部予以簡化。

四、主要計畫書之編製

主要計畫書之編製，依都市計畫書圖製作規則第 11 條規定：主要計畫書依各該計畫之需要而編製，其內容以表明下列各項為原則，並以圖表表示之：

（一）計畫地區之行政範圍及其與區域計畫相關之地位。

（二）自然及社會經濟環境分析，與未來發展之推計。

1. 自然環境應包括地理位置、地形地勢、地質、水資源及氣候等。
2. 社會經濟環境應包括歷史沿革、社會結構、農、工、商、礦等產業之發展現況、及未來發展預測。

（三）人口

1. 現有人口之調查分析：應包括人口之成長與變遷、人口密度與分佈、人口年齡組合（工作人口及依賴人口之統計）及產業人口分析等。

2. 計畫人口之推計：應包括計畫人口推計有關因素之分析。

（四）實質發展現況分析

1. 土地使用現況：應包括一般土地使用分析及居住、商業、工業等各使用區之分佈。
2. 交通運輸現況：現有道路模式及交通量分析、公眾運輸狀況、鐵路及其他。
3. 公共設施現況：現有重要公共設施之分布位置及公用設備狀況。
4. 名勝古蹟及具有紀念性或藝術價值應予保存之建築。

（五）規劃原則。

（六）實質計畫

1. 計畫地區範圍說明。
2. 土地使用計畫：包括各主要土地使用分區之配置。
3. 交通運輸系統計畫：幹線道路及主要道路之配置及其他有關交通設施。
4. 公共設施計畫：主要公共設施用地之配置。
5. 遊憩設施系統計畫。
6. 分期分區發展計畫與實施進度及經費概估。

（七）其他應表明事項

至於主要計畫書應以圖表補充說明，所附圖表至少應包括下列各項：

1. 計畫地區之位置圖。
2. 計畫地區與區域計畫關係圖。
3. 計畫地區工商農礦資料統計表。
4. 計畫地區人口成長統計表。
5. 計畫地區有業（產業）人口變遷統計表。

6. 計畫地區之土地使用現況圖。
7. 計畫地區土他使用現況面積表。
8. 計畫地區現有道路交通量圖（或表）。
9. 計畫地區之土地使用計畫圖。
10. 計畫地區土地使用計畫面積分配表。
11. 遊憩設施系統計畫圖。
12. 計畫道路表（道路等級、長度、寬度及其編號）。
13. 計畫公園綠地表（面積及編號）。
14. 計畫機關用地表（面積及編號、作何機關使用）。
15. 其他各項公共設施詳細表。
16. 分期分區發展計畫圖。

五、主要計畫圖之編製

依據都市計畫書圖製作規則第 12 條規定，主要計畫圖之編製，其比例尺不得小於一萬分之一。主要計畫圖依各該計畫之種類其內容得不相同，但至少應表明下列各項：

（一）主要土地使用分區。

1. 住宅區。
2. 商業區。
3. 工業區。
4. 農業區。
5. 其他分區。

（二）交通運輸系統：

1. 主要道路系統。
2. 其他有關交通設施。

（三）主要公共設施用地：

1. 學校。
2. 大型公園。

3. 批發市場。
4. 其他供全部計畫地區範圍使用之公共設施用地。

六、細部計畫應表明事項

1. 計畫地區範圍。
2. 居住密度及容納人口。
3. 土地使用分區管制。
4. 事業及財務計畫。
5. 道路系統。
6. 地區性之公共設施用地。
7. 其他。

七、細部計畫書之編製

依據都市計畫書圖製作規則第 13 條規定，細部計畫書之編製，其內容至少應表明左列各項：

（一）細部計畫地區範圍。

（二）細部計畫地區之發展現況

1. 土地使用現況：應包括一般土地使用分析、居住、商業、工業等各使用區之分布。
2. 交通運輸現況：現有道路分佈狀況，公眾運輸狀況及其他。
3. 公共設施現況：現有公共設施之分佈位置及公用設備狀況。

（三）細部計畫與主要計畫關係說明。

（四）計畫容納人口及居住密度。

（五）實質發展計畫：

1. 主要計畫已決定各項公共設施之配置及開闢使用情形。
2. 道路系統計畫：包括出入道路、人行步道及其他交通設施之配置。

3. 公共設施計畫：各項地區性公共設施用地之配置。
4. 土地使用分區管制及其重要內容。
5. 事業及財務計畫。

（六）其他應表明事項

依據都市計畫書圖製作規則第 13 條第二項規定，細部計畫書應以圖表補充說明，至少應包含下列各項：

1. 計畫地區與主要計畫之關係位置圖。
2. 計畫地區之土地使用現況圖。
3. 計畫地區之土地使用計畫示意圖。
4. 計畫地區土地使用計畫面積分配表。
5. 計畫道路表（道路長度、寬度及其編號）。
6. 計畫公園綠地表（面積及編號）。
7. 其他地區性公共設施分配表。

八、細部計畫圖之編製

依都市計畫書圖製作規則第 14 條規定，細部計畫圖之比例尺不得小於一千二百分之一。細部計畫圖至少應表明下列各項：

（一）主要計畫已決定之土地使用分區及各項公共設施。

（二）道路系統

1. 主要計畫所定之主要及次要道路。
2. 出入道路。
3. 人行步道。

（三）細部計畫內增設之小型公共設施：

1. 公園綠地（兒童遊樂遊憩場）。
2. 市場。
3. 其他地區性之公共設施。

（四）其他實質發展計畫。

第四節　都市計畫的功能

一、增進居民幸福

理想的都市計畫可以增進都市居民的幸福，從市民的角度來看，藉著都市計畫，可以讓都市社區發展成為更舒適、更美麗、更安全、更便利、更衛生的美麗環境；從市政府的角度來看，良好的都市計畫可以謀社會、經濟的有計畫發展，使都市在有秩序的發展下，成為優良的居住與工作所在，同時可以維繫有效率的經濟活動，使市民的財產價值得到確保，民眾的幸福不斷增加。

二、促進財貨交流

從歷史的角度來看，西方都市的繁榮推動了商品及民主政治的發展，的確，都市具有凝聚、貯存、傳遞并進一步發展人類物質文明和精神文明的社會功能。在都市有限的地域內，大量異質性居民的聚居，為社會協調合作、人們的交往與財貨的交流，提供了良好的基礎，在時間和空間上擴大了人類聯繫的範圍，促進了社會和經濟、文化的發展。

三、提供多重功能

現代都市可以說是一個多功能的、綜合性的有機體；特別是中心都市，往往具有生產、貿易、金融、運輸、科學、教育、文化、軍事、政治、信息、服務和吸引鄉村人口等多種功能。由於大大小小的都市常常可以建立一種階層的體系，不同性質的都市功能有所不同，不同階層的都市功能也有不同。

四、創造優質競爭

隨著都市的發展，都市功能日趨複雜，通常都市是一個具有相當高的人口密度的人類群體，它運用自身的優勢集聚了不同文化、職業、語言背景的居民，這些居民有著一定的匿名性；都市作為文化主體，同時是經濟、政治、文化、服務的中心；都市聚集了各種社團、企業和機構，人們的活動趨向於專業化，居民的知識水平和技能比鄉村居民高；都市生活的社會契約基礎主要是法律、法規；都市生活方式多樣化，時間觀念強，生活節律快，相互間的競爭激烈。

五、融合新舊文化

從都市的發展來看，它有兩種形態，即古代形態和現代形態。古代形態都市通常有城牆和護城河護衛，祗有幾個城門出入。如歐洲中世紀的諸多城邦和中國古代的都城，都屬於這一形態。現代形態的都市無需靠城牆或護城河來護衛，它在一定程度上雖然還保存著要塞的制度與秩序，但對外界基本上是開放的。居民的聚居主要靠都市自身的功能優勢，還有相當多的居民散居在相鄰的村莊和郊區。近現代新興的都市以及經過改造的舊都市，均屬這一形態。兩種形態的都市雖存在較大的差異，但二者的制度內容和基本功能卻大體相同。更進一步言，都市計畫可以成為都市行政機關與民意機關對都市發展達成共識的平台，也可以作為檢討過去施政得失的依據，而各種公、私單位也可以藉著都市計畫作為施政建立共識、投資避免失敗的技術工具。

《在歐洲大陸上，仍隨處可見散落在山丘的聚落，保持著某種程度的自給自足》

第五節　都市計畫體系

廣義的都市計畫，包括國土計畫、區域計畫、都市計畫、縣市綜合發展計畫、非都市土地使用計畫等等，形成一個完整的國土空間計畫體系。分述如下：

一、國土計畫

國土計畫是國土綜合開發計畫的簡稱，為我國空間規劃體系中最高位階的指導計畫，規劃範圍包括全國，是一種目標性、政策性的長期發展綱要性計畫。其中通常又可區分為四種，第一是國家經濟建設計畫，主要涉及生產、所得分配、消費、物價、貿易、金融、投資、就業等事項在空間上的分配；第二是國家社會建設計畫，主要是以經建建設計畫的成果為背景，涉及國家安全、社會福利、資歷資源開發、國民健康等事項在空間上的規劃設計。第三種是有關兵源、武器、防禦、戰略、軍事部署的國防計畫。第四種則是國土綜合開發計畫本身，包括以上三種計畫在實施過程中對人口、產業、公共實質設施在空間的配置及對土地、水資源、景觀與天然資源有效利用的分配性計畫。詳細的探討見本書第十三章。

二、區域計畫

區域計畫係基於一地區的地理、人口、資源、經濟活動等相戶依賴及共同利益關係，所訂定的區域發展計畫。區域計畫的規劃範圍均屬大面積，跨越縣市轄區，通常都包括數個縣市。區域計畫在計畫體系中居於中間協調的地位。詳細的探討見本書第十一章。

三、縣市綜合發展計畫

縣市綜合發展計畫為直轄市或縣市轄區長期發展的具體指導計畫。其以直轄市或縣市行政轄區為計畫範圍，對轄區內的土地使用、公共設施、交通運輸、教育文化、醫療保健、觀光遊憩、公害防治、產業發展、社會福利等軟硬體建設作綜合性規劃，以避免部門間資源投資的浪費，並促進經濟發展，以及改善生活環境品質。此計畫亦為直轄市及縣市施政建設的主要依據。詳細的探討見本書第十四章。

四、都市計畫

都市計畫指在一地區內，對都市生活有關的道路交通、住宅、文教、衛生、遊樂等重要設施，擬定土地使用及建築管理計畫，作有計畫的發展與管理。與都市計畫相關的機關，區分為三種，第一種稱為行政業務機關，係作為都市計畫的主管官署，例如中央的內政部營建署；直轄市的都市發展局；縣市政府通常設於建設局或工務局下的都市計畫科（課）；鄉鎮市公所則有建設課主其事；第二種稱為計畫審議機關，從中央內政部到鄉鎮公所都有成立由首長擔任主任委員的都市計畫委員會，負責相關都市計畫的審議；第三種是負責研究規劃的機關，如行政院經建會的住宅及都市發展處、內政部營建署的城鄉規劃局、以及相關的學術及規劃顧問公司。詳細的探討見本書第四、五、六章。

五、非都市土地使用計畫

都市計畫地區以外的土地即為非都市土地。其計畫及管制方式係以劃定使用分區及用地編定，加以規範、管制其開發使用，以促使土地合理利用的計畫。詳細的探討見本書第八章。

第四章　土地使用計畫

第一節　土地的概念

一、土地所有權的演變

附著於土地的權利，主要為所有權，傳統的所有權僅限於財產權，當法國諾曼地公爵（Normandie, the duke）威廉王（William）在 1066 年入侵英國時，他把全部的土地都歸為自己所有，他為了獎賞資深部屬的忠誠賣命，便把土地分封給他們，雖然地主在他們有生之年，可有佔有那塊地，但他們並不是真正擁有者——只有征服者威廉大帝才是真正所有人。這就是財產權的第一個型態——有生之年才擁有的財產權。在這種情況之下，地主只有在有生之年，才能運用那塊土地（註一）。因此，土地財產權，係指該土地屬於你的那段時間，隨著時間的推移，資本主義的風行，現在的土地所有權早已超越財產權的概念，包括自由使用、處分、收益、轉讓、設定負擔等權利均包括在內；這種土地財產權的體制也一直延續到今天，皇室（到現今為政府）仍是土地唯一的所有人——其他所有人或團體，擁有的只是土地財產權。這也形成了資本主義體制（重視土地的所有權人）與社會主義體制（重視土地最後歸屬）。

二、絕對的土地所有權

土地使用就是資源利用，都市土地使用與非都市土地使用在特徵上有一些基本的不同，都市土地使用強調的是交通、區位與住宅、商業、工業、服務業等等產業活動的使用潛力；非都市土地使用則強調土壤的肥沃度、生產力與地下礦藏含量。然而無論是都市土地使用或者是非都市土地使用，土地究竟應該如何使用？依據資本主義的理論，應該任憑土地所有權人做主，他人本無權干涉，因此民法第 765 條規定，所有人於法令限制之範圍，得自由使用、收益、處分其所有物，並排除他人之干涉。民法第

773 條規定，土地所有權人除法令限制外，於其行使有利益之範圍，及於地之上、下，如他人之干涉，無礙其所有權之行使者，不得排除之。這些都是基於所有權至高無上假設下所作的規範。在這樣《絕對所有權》的觀念下，土地究竟如何使用？使用到何種程度？自用或出租、甚至閒置，他人包括政府在內，本無權干涉。在這樣的觀念下，土地使用計畫甚至說《都市計畫》，其實是多餘的。至於單塊土地最後究竟應作何種使用，主要是依據市場機能決定。

三、相對的土地所有權

廣義的土地，依據土地法第一條的規定，包括水、陸及天然富源。由於我國的土地法規，具有很明顯的社會主義傾向，土地所有權人所擁有的土地所有權，並非絕對的土地所有權，而是相對的土地所有權，社會主義的土地法規將土地所有權，區分為上級所有權與下級所有權，上級所有權歸屬於國家所有，私人依法所取得的土地所有權，為下級所有權，上級所有權注重的是使用、收益，下級所有權注重的是處分、管理與設定負擔。因此土地法第十條規定，中華民國領域內之土地屬於中華民國人民全體，其經人民依法取得所有權者，為私有土地，私有土地所有權消滅者，為國有土地。基於這樣的主張，國家對於私人土地認為有使用之必要者，得依法徵收之；也可以規定其使用性質與使用目的。在這樣的概念下，土地使用就不全憑地主的主張，也不全憑市場機制，而必須更深刻的考慮公共利益，土地使用計畫乃至都市計畫就有必要。

四、土地使用計畫

以都市計畫的性質或功能來分，都市計畫可區分為土地使用計畫（land use planning）、運輸計畫（trasportation planning）、公共設施計畫（public facilities planning）、住宅計畫（housing planning）等。以都市的大小來分，都市計畫可分為：村計畫（village planning）、鎮計畫（town planning）、市計畫（city planning）、都會區計畫（metropolitan planning）等。而其中土地使用計畫無疑的是最為重要的一部份。

都市土地使用計畫，常有不同的角度，從國家的角度來看，可能重視資源的適當分配、經濟的持續發展與環境的適度保育；從州省或區域的角度來看，可能重視的是都市體系的適度發展、運輸與交通系統的適當連結與環境的影響衝擊；從都市管理者的角度來看，可能重視的是公共設施的適當提供、公共設備的經濟效率、都市的補助與稅收成長、都市問題的解決、對策與市民的經濟所得；從個人的角度來看，可能重視的是生活條件、通勤距離、房地產價值與里鄰關係。因此，規劃師在研擬土地使用計畫時，必須常常考慮到綜合的觀點。

都市土地使用計畫的功能主要是為了不使都市人口無限制的膨脹，確保都市作有秩序的發展；依據都市計畫的目標與內容，將都市計畫範圍內的土地，依使用目的與需要的不同，劃定各種不同的用途分區（如住宅區、商業區、工業區、文教區等等），各使用分區再視計畫上的需要，依使用強度再細分為若干等級（如住宅區又細分為住一、住二、住三、住四等），而給予不同的使用性質與使用強度的規定，並限制有妨礙各分區用途的其他使用，這便必須借助都市土地使用分區管制的技術。

五、都市生活方式

都市土地使用與都市生活方式有密切相關，這些生活方式包括：(1)工作與居住地點的分合，工作與居住地點的分開，有助於分區使用計畫的推動，工作與居住地點的合一，則常常導致混合使用；(2)購買日用品的習慣，每日購滿的習慣，導致市場與居家的鄰近性，每週購買的習慣，使得市場距離容許較大的彈性；(3)汽車持有率，汽車持有率高，停車需求大，汽車持有率低，停車需求小；(4)家庭副業，家庭副業影響土地的容許使用寬嚴程度；(5)社會隔離意識，社會隔離意識高，常常需要較高尺度的分區規定；(6)住宅形式偏好，居民對獨戶、雙拼、連棟、透天、公寓、電梯大樓等住宅形式偏好，影響土地使用管制的強度；(7)住戶對公共建築的反映，如垃圾處理場、焚化爐、機場、污水處理廠、變電所、殯儀館，對居住環境有很大的影響；(8)每人樓地板面積與住宅單位大小，居民對每人樓地板面積與居住單位大小的要求，影響居住密度管制；(9)工作環境要求，居民對工作環境要求，依不同的產業而有不同，有互助互利等聚集經濟（agglomeration economy）的產業常有聚集在同一區的趨勢，否則則常常分散在不同的區位。(10)農業的生產與農產品經營，常常給予特殊的規定。

第二節　土地使用決定論

決定土地使用的類別、性質、強度的因素很多，主要有四種理論：

第一種是基於經濟目的的經濟決定論，經濟決定論者認為，土地是生產四大要素之一，一塊土地究竟作何種使用？土地的面積、區位、地形、鄰接土地使用別等等皆為影響因素，而其中最重要者，要看做何種使用邊際效益最高，邊際效益通常會表現在地價與地租之上，因此某一塊土地作何種使用，要看誰出得起最高的價格？出得起最高價格的使用別可以優先取得土地的使用權，因此，經濟利益決定使用的行為模式，透過土地市場交易機制，得到所需使用的土地。

第二種是基於社會目的的社會決定論，單塊土地究竟作何種使用，常常反映所有權人的學歷、專長、家世、社會關係、社會背景、生活習慣與社會價值，社會決定論者這些社會性的因素才是決定土地使用的根本原因。

第三種稱為公共利益決定論，單塊土地使用不應取決於個人的價值偏好與私人利益，而應考慮整體的公共利益，因為土地具有不增、不減、不能移動的特性，遠在人類出現之前，土地就存在，而在人類消失以後，土地依然存在，因此土地使用不應取決於取決於個人的價值偏好與私人利益，而應考慮整體的公共利益。

第四種稱為土地使用互動論，此說認為單塊土地使用的決定因素，有社會因素、有經濟因素，也有公共利益的考慮，這些因素透過國家所創設的土地市場機制彼此互相競爭，其中機會成本最大者，優先取得土地的使用權。

為了促進土地的經濟、社會與公共利益競爭的調和，政府往往必須採行土地使用分區管制，都市土地使用分區管制之目的，有屬於經濟的、社會的，也有屬於公共利益的目的，主要在引導都市發展邁向都市計畫的理想與目標，以維護良好的居住環境及提供合宜的公共設施，確保各分區經濟利益，排除有害的分區使用。

《都市土地使用計畫與土地使用管制的目的有經濟的、社會的、公共利益的；其功能主要是為了不使都市人口無限制的膨脹，確保都市作有秩序的發展》

第三節　土地使用理論基礎

一、典範的提出

有關於都市土地使用的基礎理論，在人類的二十世紀，有許多的典範（paradigm）被提出來，例如 40 年代現代都市建築運動的雅典憲章、韋伯（M. Weber）的工業區位典範、芝加哥學派典範、60 年代末期興起的環境典範、系統規劃典範、空間結構典範，這些典範論述，透過文化的傳播，留學生和出國進修官員的媒介，引進臺灣，而在實作的過程中，一股強調《臺灣本土都市論述》的風潮，也逐漸成形，從 1945 年臺灣光復後至民國 53 年，臺灣的都市計畫規則是以民國 1939 年大陸時期所訂的《都市計畫法》及日本據台時所訂的《臺灣都市計畫令》及《臺灣都市計畫令施行規則》，為施行藍本，1964 年都市計畫法首度修訂，其修訂的緣由，除了學術思潮的演變外，也受到平均地權條例、獎勵投資條例制定的影響，1973 年、1988 年幼進行二度及三度修訂，而 1976 年都市計畫法臺灣省及臺北市施行細則的頒布，正式結束了日本所訂的《臺灣都市計畫令施行規則》的適用。

二、臺灣都市計畫

在都市發展上，臺灣都市規劃第一階段是 1945-1960 年以前以個別市鎮發展為重點；第二階段是 1960-1975 年，都市規劃以配合四大區域發展為重點；第三階段自 1975-1996 年，都市規劃以整合臺灣地區綜合開發為宗旨；第四階段為 1996 年以後，則以國土改造與區域重整為主軸（詳見第十章）。這種都市規劃由下而上的《逆向發展》性格，使得臺灣大部分的都市計畫個案指導性的土地使用計畫猶如鳳毛麟爪，反而管制性格的土地使用計畫成為正宗。而在都市計畫法、平均地權條例等相關法規的修正上，明顯地看出法令日益維護地主私益，相對的代表社會正義的土地徵收權日益消退，使得臺灣土地問題不僅成為無產階級的升斗小民難以攀爬的聖母峰，更使臺灣的投資環境日益惡化。

三、土地使用計畫的基礎

土地使用規劃主要目的在追求公共利益（public interests）的最大，同時避免不當土地使用所產生的外部負面效果，這裡的公共利益通常是指廣義的公共利益，而此一公共利益也會因著時代與環境的不同而有所不同，可以說，公共利益提供政府介入土地使用規劃的理論基礎。常常被提及的公共利益主要有九：

第一是**健康**（health），《健康》作為都市規劃第一個必須考慮的公共利益，首先都市的規劃必須體認人類與自然的健康關係，好的都市計畫可以培養市民營造健康社區與健康環境的責任感和能力。而一個永續性的社區發展，必須支持一個人性化的實質環境改善，包含安全的街道、乾淨的空氣和水，可以終生學習的環境與社區，人際互動關係可以形成對個人與家庭支持、義務與責任的增進。

第二是**安全**（safe），安全其實與健康有關，都市裡頭，公寓大廈或社區與周圍是否有明顯而獨特的環境印象，還是住宅、商業混雜或連續而不間斷的同質環境羅列其中，社區與社區之間、街郭與街郭之間、大樓與大樓之間、住戶與住戶之間，是否有適當的安全距離，都是必須考慮的課題。許多都市治安案件的發生，犯案地點大多數是利用不易看到或容易隱藏的空間死角，都市空間與市民安全，其實有很高的連結關係，1968 年美國國會通過了《聯邦住宅條款》、《街頭安全條款》來補救傳統都市規劃對安全的欠缺，並研究防治都市犯罪增高後的新技術（註二），他們依據住宅社區發生過的治安事件類型，次數，時段等資料，研究住宅社區的道路與戶外空間型態，建築配置、樓層、戶數、入口位置、門廳、樓梯、電梯、走廊類型、開窗位置等多種條件，以作為都是細部規劃的參考。

第三是**便利**（convenience），包括生產、消費、就業、就學、居住、生活的便利性；便利性的考慮與可及性（accessibility）有關，大部分的市民對不同性質公共空間的需求，反映其互動頻率的密切程度，例如距離市場的遠近、距離學校的遠近、距離工作地點的遠近、距離超市或便利商店的遠近等等。因此土地使用計畫的公共設施配置處應考慮使用公共設施的頻率與動線系統，以增加彼此互動的機會。事實上，有愈來愈多的投資行為或商業行為，特別是與最終消費有關的行為，在都市區位選擇上，考慮消費者的最佳區位（best location）。

第四是**效率**（efficiency），人是生活在地球上的動物，必需經常地作空間性選擇，而都市為人類財富聚集之地，都市地價高漲，住宅區、商業區、垃圾場、工業區、交通動線的規劃，無一必須考慮到效率問題，藉由都市地理資訊系統（urban geographic information system, UGIS）技術，各種測量空間位置工具日趨進步，人類對空間決策的掌握，包括各種使用區配置、可土地利用限度、水資源分配、道路設計、公共設施分布、公用設備配置、產業配置、活動動線等等將更有效率。

第五是**環境品質**（environmental quality），人類的空間行為，無疑的多多少少會造成環境負面的外部效果。環境品質指的其實就是生態系統的維護，人類生活必須依靠健康的生態環境，然而由於人口的大量增加、土地的急速開發與消費的大幅成長，嚴重導致森林的消失、廢棄物的污染充斥、水源的匱乏、物種的消滅、土壤的流失；而都市的生活環境品質也面臨惡化的困境。為了評估都市活動對環境品質的衝擊，我們常使用環境容受力（carrying capacity）或土地容受力（land capacity）的觀念，所謂容受力係指在不至於永久減損某個集居地人口賴以為生的生態系統之生產力下，該集居地所能支持的最大人口或活動規模。環境品質的基本原則是必須在都市生態界線下，避開環境敏感地區（environment sensitive area），減少資源的投入量與污染物的產出。當都市發展由二十世紀 60 年代的成長概念轉變到 70 年代的發展概念，環境品質的永續發展正等同如自由、民主與福祉等概念，為都市生活所不可或缺。

第六是**民眾的參與**（citizens participation），為了強化民眾對都市計畫的參與，1951 年紐約曼哈頓區區長華格納（Robert Wagner）首次創設了社區規劃議會（Community Planning Councils）提供一個社區參與的機制，1968 年紐約市憲章正式將全市劃分為 62 個社區地區（Community Districts），並設置社區理事會扮演都市計畫委員會之諮詢角色。1990 年紐約市憲章賦予社區理事會得以主動提出有益於都市成長的長期發展計畫，該計畫經一定程序的公聽、審議流程之後得以成為政府政策性之發展藍圖，紐約市的經驗說明了地方政府經由都市計畫的程序建構一個市民參與城市規劃機制的可能性。1988 年起西雅圖則經由鄰里經費補助方案（Neighborhood Matching Fund，NMF），協助社區完成許多鄰里公園、社區學校、公共藝術、交通安全、慶典活動的社區改善（註四）。這種經由政府補助協助鄰里組織，並能具體表達對都市長程計畫意見的作法，一者內化了草根民主的動能，成為城市發展的動力，一者強化了都市計畫的完整性與正當性，讓城市的發展更能兼蓄一般市民的共同意識。

第七是**社會平等**（social equality），都市土地使用計畫對社會平等價值的追求，頗有社會主義色彩，主要表現在土地發展價值機會的平等、利益的公平與成本負擔的公正；強調的是人類各種空間活動的平等、公平與公正，關心的是土地使用計畫是否可以拉近人與人之間的平等關係，而非擴大貧富的距離。社會平等原本是自由主義者一直追求的目標，自由、民主等理念也是建立在人類平等原則上，當人與人之間的不平等關係逐漸加大時，反映的是道德的淪喪、腐化的蔓延、社會的動蕩、財富的兩極、階級的矛盾，好的都市計畫不應加深這樣的歧見，而應設法化解。因為從人類歷史來看，不管是美國的《獨立宣言》，還是法國的《人權與公民權宣言》，或者是聯合國通過的《世界人權宣言》，都是首先把人與人之間的平等關係作為社會公正、民主、自由的前提。合理的土地使用計畫也應該適度的反映這種價值觀，也就是：人人生而自由，在尊嚴和權利上一律平等，在空間使用追求上，亦應如此。

第八是**社會選擇**（social choice），與社會平等相對的觀念是社會選擇（social choice），都市土地使用計畫對社會選擇價值觀的追求，主要是透過市民參與機制來完成，包括公聽會、辯論會、說明會、討論會等等，都是其中重要的形式，而社會選擇有時可以透過民主機制，如選舉、公民投票完成。從民粹主義者角度來看，投票的結果代表人民的意志，因此具有道德上的正當性。但從投票規則的角度，公民投票這樣一種直接民主的機制，是否能精確反應出集體偏好，本身就是一個問題。如果經由投票能精確反映出民意，則投票結果的正當性即獲證實，這種公民投票當然應該是民主政治運作過程中的主流。相反地，如果投票所產生的社會選擇並不是那麼明確，其實也不必將投票的結果過度神聖化，而應重新思考公民投票的定位。從自由主義者的角度來看，民主的價值在於透過定期的選舉與民間社會的自主性來控 制政府運作，並透過分權制衡的制度設計來保障個人的自由權利，而透過議員在議會中充分的辯論與協商，更能使某些複雜性或衝突性的政策議題 取得共識，這種溝通與妥協的過程，有助於促進決策品質與政治穩定。因此，選舉的重要性是乎強過公民投票，民主制度透過定期的選舉，即可以控制執政官員或議會議員，使其不敢違背民意，以公民投票來表達人民的意志，則常常陷於情緒性。

第九是**寧適性**（amenity），所謂寧適性（amenity），通常包括安靜恬適而私密的空間、協調融合的多層次文化、足夠的生活設施、優美的景觀設計、適合休憩的環境等涵義，這個價值觀的追求，最早使用在住宅區，其後文教區、辦公區、科學園區等等的規劃陸續加入這樣的概念，慢慢地住宅區的招牌廣告、霓虹燈、閃光燈等照明方式，也被列入考慮，而社區開發者也開始重視健身俱樂部、網球場、籃球、足球場、慢跑道等休閒設施，方便的郵寄服務、餐廳、銀行、書店、便利商店，也成為寧適性不可缺少的評估標的，如何獎勵良好景觀空間留設、嚴格管制土地使用強度與種類、進行街道公共空間的綠美化、優值的公共設施管理維護等成為市政管理者的重要課題之一。而由於開發者皆有將許可之最大容積開發用盡的欲望，為了要達到提高寧適性這樣的目的，在不同的分區，以不同的標準獎勵開發者，可以提高公共性設施寧適性利益，許多先進城市地區也會利用模型由經濟項目上評估容積、密度獎勵及寧適性設施價值。芝加哥計畫局於 1987 年發表的 Chicago Zoning Bonus Study: Density Bonus Calibration，透過財務成本利益分析整理之五種不同分區獎勵量估模型方法，計算其容積獎勵價值。

第四節　土地使用關鍵系統

影響土地使用的關鍵系統（key system），通常分為三大類，第一大類是與空間有關的系統，包括活動次系統（activity subsystem）、土地開發次系統（land developmental subsystem）、環境次系統（environmental subsystem）；第二大類是與非空間有關系統，包括經濟次系統（economic subsystem）、社會次系統（social subsystem）、時間次系統（time subsystem）；第三是與公權力行使有關的系統，包括政治系統與行政系統，分述如下（註五）：

（一）**活動次系統**：活動次系統是表示在一都市或聚落領域中，住戶、廠商及機構，乃至公部門所進行的日常生活方式；即人類及其所屬機構，為了追求人的需要和彼此間的互動，在特定時間於空間裏組織其日常事務。這些活動可以是各種目的如：政治性、經濟性、社會性、休閒性活動等等。又可分為四類：(1)維持生計的活動；(2)社會活動；(3)社交活動；(4)休閒活動。

（二）**土地開發次系統**：主要是研究為了適合前一種次系統（活動次系統）的活動之土地使用情況，而改變或再改變空間的做作用。本次系統主要是說明供居住使用的土地（含不動產）市場運作，以及政府對土地使用和開發的審查和批准，亦即藉著市場的運作和政府的干預，使消費者得到其所需的區位和設施，開發者得到土地的報酬，同時，政府部門之開發目標亦能達成。

（三）**環境次系統**：主要是研究自然作用所產生的生物和非生物的空間狀況，環境次系統提供人類生存的活動範圍和棲息場所，以及維持人類生存的資源。本次系統所關注的是植物、動物生活及水、空氣等有關的基本作用。這些作用對活動次系統及土地開發次系統均有加強和限制的作用。

（四）**經濟次系統**：乃是經濟個體為追求生存、發展或目標所形成的次系統，包括國民生產毛額、所得分配、匯率、利率水準等等，都會影響土地的開法與使用行為。

（五）**社會次系統**：要是指人口的質與量及其特性在空間上的分布情形，故涉及人口數量、組成、年齡結構、職業等等素質及空間分布等要素，又稱人口次系統（population subsystem）。

（六）**時間次系統**：時間具有不可儲存、稍縱即逝的特性，一種區位在同一時間內很難進行兩種以上不同的使用，這種特性使得區位使用具有競爭的性格，時間包含著過去（past）、現在（now）、未來（future）三種概念。在都市及區域的研究中，時間系統目的在瞭解都市中所有主要活動產生的頻率、持續時間及動向（包括活動產生之距離及活動穿越都市範圍之頻率），並以此為基礎來探討都市的各項設施應如何配合。基本上，人類活動在時間上的分配，可區分為生活必須時間（must-time）、約束時間（constraint-time）及自由時間（free-time）三項。

（七）政治系統與行政系統合稱**指導系統**（guidance system），意指公共部門為達成公共利益企圖影響或指導各項公、私決策所從是的一系列政治與行政的運作過程。

第五節　土地使用規劃程序

一、兩種規劃程序

通常土地使用規劃在兩種不同的程序中進行，第一種稱為土地使用設計，目的在提出理想的土地使用藍圖，第二種稱為指導系統設計，目的在引導達成理想的土地使用藍圖所設定的目標。

第一種程序通常是規劃師為主導的工作活動；第二種程序則是以政治人物或行政工作者為主導的工作活動。

（一）土地使用設計

土地使用設計，從功能面來說，它提供相關必要資訊、事先規劃、行動規劃三種功能，所謂相關必要資訊，包括：情況、趨勢、預測、衝擊等等相關的使地使用訊息。所謂事先規劃，包括：一個合理的規劃架構、20-25 年的長程土地使用計畫、5-6 年的土地開發計畫與 1-3 年所需的財務與預算方案。行動規劃，包括：可以使用的法律與行政工具、問題解決的方案、模擬的問題對策方案等。

土地使用設計，從程序面來說，包括：找出問題、界定問題、有意義的計畫目標、設計替選方案、行動途徑、評估、行動導向的方案建議、從一般情況到特殊情況的路徑等等。土地使用設計，從資源面來說，包括人口、活動（住宅、工業、商業、服務業等等）、公共設施等三方面的需求區位與空間的供給分析、區位與空間的需求分析、供給面的區位與空間、需求面的區位與空間、兩者整合的市場與行政機制等。

（二）指導系統設計

指導系統設計，首先必須認清可採行相關行動政策的概念，其次分析公共投資、管制規則、獎勵措施、特別決策、行動立法、評估工具等等的相關內容與關係，然後據以提出可行的財務方案、預算編列、執行的主協辦單位、套裝管制策略、執行控管方案等等可行的行政指導。

這樣的土地使用計畫的規劃程序，其實是一個複雜而精緻的過程，有志者可以參考 International City Management Association 出版的 The Practice of Local Government Planning，美國北卡羅來納州立大學 Sturard. F. Chapin 及 Edward. J. Kaiser 兩位教授合寫的 Urban Land Use Planning，中文書可參考李瑞麟教授翻譯的都市土地使用規劃，以及筆者所著的計畫方法學。

二、動態規劃程序

現代都市規劃重視的是動態的規劃過程，也是一個不斷回饋的過程，在此一規劃過程中，提供一個有秩序的、成長的空間活動配置方法，希望發揮的是協調與配合的功能、自然環境與經濟成長雙贏的互動方法，在規劃過程中，計畫單位要隨時注意人類活動系統的行為模式對土地使用規劃的深層意義，也要隨時觀察都市使用強度對土地發展容受力的衝擊，利用分區管制技術來增進都市居民的可居性。

另一面，動態的都市規劃也應配合其他政府單位的施政計畫，例如建設單位的重大經建計畫、水利單位的河川整治計畫、文化單位的古蹟保存計畫、管線單位的上下管線更新計畫、財政單位的年度歲入估計報告等等，如果發現不能配合的地方，要主動協調，有需要修正的地方要隨時提醒，有衝突的地方要及早協調解決。否則等到計畫定案了，才去設法消除，事實上已經晚了。

最後，在規劃設計當中，應該保持計畫的彈性，以便適應新的狀況而作必要的修正。整個規劃程序其實是一個不斷回饋精練的系統。如圖 4-1 所示。

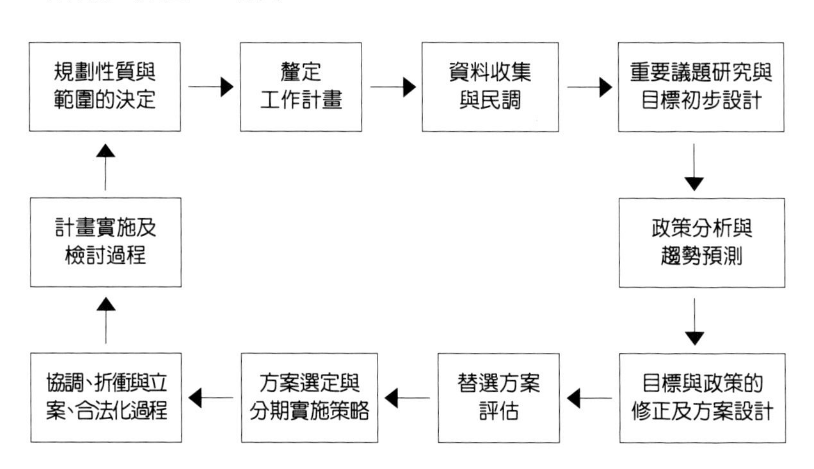

圖 4-1　都市土地使用規劃程序示意圖

在這個過程中，規劃性質與範圍的決定、釐定工作計畫、資料收集與民調三個步驟，也可以歸納為調查研究，重點包括：(1)人口資料的收集、成長與預測；(2)土地與住宅使用現況的調查；(3)都市經濟基礎的調查；(4)交通、運輸設施、公共設施與公用事業設備的調查；(5)計畫地區、研究地區與鄰近地區現狀與將來發展可能性的研判。而重要議題研究與目標初步設計、政策分析與趨勢預測、目標與政策的修正及方案設計、替選方案評估、方案選定與分期實施策略則可以歸納為計畫的釐定，重點為規劃團隊利用其專業學術、技術與際量標準配合都市未來發展目標，擬定主要計畫並確定土地的分區使用、人口密度、街道系統、公共設施與公用設備的配置；其中未來發展目標又可區分為終極目標與即期目標（或稱為管理性作業目標），終極目標包括：住宅、交通、公共設施、公用設備等實質建設目標與就業、所得、環保等經濟社會目標；即期目標包括平均國民所得的成長、失業率的降低、平均每人住宅空間、通勤時間等等。協調、折衝與立案、合法化過程、計畫實施及檢討則可視為計畫的實施與檢討，重點在合法化的過程、實施的工具與財源、實際的操作與回饋。

註釋：

一、http://www.gousacanada.com/html/land.html

二、http://www.lcps.kh.edu.tw/office/leelin/gender/研究文獻/婦女國是論壇-2.htm

三、http://e-info.org.tw/issue/sustain/sustain-00102701.htm

四、http://www.chaining.com.tw/chaining-3/ref/社區參與與社區設計.htm

五、鍾起岱（2003）：計畫方法學。臺北：五南圖書公司。民國 92 年 11 月。

第五章 交通運輸計畫

第一節 運輸學的研究範圍

由於人口都市化的結果，世界各國的人口，大都集中於都市，加上汽、機車等交通工具的成長快速，空氣、廢棄物等環境污染、都市交通擁擠等現象，一直是都市人的夢魘，為了要解決日益嚴重的交通運輸問題，通常採取的策略不外：一是減少交通運輸需求；二是改善交通運輸效率與效能。在工商日益發達的社會，第一種策略似乎很難達到，第二種策略便成為交通規劃師不得不的選擇，都市的交通運輸計畫也愈來愈形重要。

《由於車輛的急速增加，交通問題成為現代都市生活的夢魘》

為了要解決日益嚴重的交通運輸問題，必須借助於相關的科學領域。簡單的說，與交通運輸有關的學科領域，總稱為運輸學（transpotation science）。人類於地球兩點之間的移動，除了走路之外，靠的是交通工具，有了交通工具，就有交通運輸網路，馬車、牛車、獸力車、人力車、纜車、電車、汽車、渡輪、捷運、巴士、飛機、太空梭都是我們耳熟能詳的交通工具，運輸學研究的就是人類這些陸、海、空與通訊工具，如何更有效率、更經濟實惠、更舒適便利的科學，而目前流行的基本運輸系統、運輸政策、高速鐵路、海洋運輸與航空運輸、乃至通訊與網際網路皆可說是運輸學討論的範圍。

運輸學發展至今，主要有四，第一是**運輸經濟學**（transportation economics），主要研究運輸需求理論、運輸供給、運輸成本、運輸管制、運輸與區位、運輸與物流、運輸與區域發展、運輸定價問題、票價分析、客運貨運費率、運輸成本、運輸管制、運輸補貼、經濟分析、財務負擔等問題；第二是**運輸規劃學**（transportation planning），主要研究運輸政策、路網規劃、系統設計、運輸需求、運輸工具及運輸模式，包括公路、鐵路、航空、捷運及港埠的規劃、設計以及管理等問題；第三是**運輸工程學**（transportation engineering），主要研究海陸空港交通工程建設問題，也可以細分為公路、水運、海運、鐵路、航空、大眾運輸、捷運等系統工程，也會討論運輸安全、運輸規劃以及營運、管理方式等；第四是**運輸管理學**（transportation management），主要研究交通管理、交通控制、停車管理、事故處理、交通規則、基礎設施、路線規劃、交通資訊等問題。

第二節　交通運輸需求模式

一、都市運輸

都市計畫之內容，主要包括土地使用計畫、都市公共設施計畫及都市交通運輸計畫三部份。前兩者著重於整個都市計畫區內各種土地使用分區及都市性公共設施之規模分析與區位配置，後者則強調都市內（intra-city）各種都市活動間之互動關係與都市外（inter-city）鄰近都市間之互動關係分析。

交通運輸計畫的擴充模式，主要有兩種面向，第一是主張先投資運輸資本再投資生產活動的供給導向（supply oriented）運輸擴充模式；第二種是主張先投資生產活動，再投資運輸資本的需求導向（demand oriented）運輸擴充模式。

二、運輸需求模式

常用的運輸需求模式主要有五種：效用需求模式（utility model）、蘭卡師特模式（Lancaster model）、程序性總計需求模式（sequential aggregated travel demand model）、直接性總計需求模式（directed aggregated travel demand model）、個體行為需求模式（micro behavioral demand model）。

都市交通運輸計畫通常包含該計畫區內之整體運輸需求特性與分布型態，及該計畫區之聯外與通過性運輸需求分析。此一運輸需求分析，通常以整體運輸規劃之運輸需求預測方法進行之，透過路網容量與交通量指派分析，配合都市性公共設施、大眾運輸系統和道路設計標準，完成主、次要道路之規劃。此一需求分析，一般可採用完成一個交通旅次的整個過程，包括五大步驟：旅次發生、旅次分布、路網規劃、運具分配與交通量指派來進行。整個都市運輸規劃流程如圖 5-1。

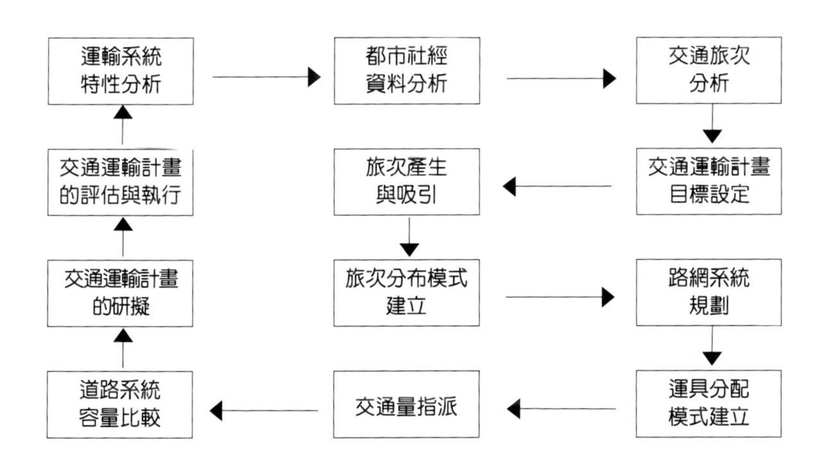

圖 5-1　都市運輸規劃流程圖

三、旅次發生

旅次發生（trip generation），旅次發生通常是有目的的兩點移動，因此起點通稱為旅次產生（trip production），終點通稱為旅次吸引（trip attraction）。如果我們依據交通狀況與土地使用，可以把一個都市區分為若干的交通分區（trip zone），同一個交通分區，其使用性質愈相似愈佳，不同的交通分區，愈相異愈佳。理論上一個封閉的都市裡面，交通分區的旅次產生總數應相等於旅次吸引的總數，而在單位時間內其量的多寡與家口數、年齡結構、家庭收入、交通工具有關，一個都市每日會產生的旅次包括：工作通勤旅次、通學通勤旅次、買菜通勤旅次、娛樂通勤旅次、購貨通勤旅次、訪問通勤旅次等等多種型態，旅次之中，如果其中一端有《家》的話，我們稱為《家旅次》，否則稱為《非家旅次》。

通常，為便於研究，交通需求量之推估可簡化為旅次發生率進行推估，旅次發生率包含旅次產生與吸引，影響旅次發生率的原因，主要有三：(1)土地使用性質與強度；(2)社會特質與經濟成長；(3)交通便利性與區位特徵。

良好的都市規劃與設計，可以有效的紓解旅次發生率，而不良的都市計畫設計，常常會增加這些空間互動與通勤負擔，例如學校空間分布的不合理、教學品質的懸殊、學校宿舍的匱乏、上班、購物與學校地點的不良設計、住宅區、商業區、工業區配置的不良等等，常常增加每日通學通勤旅次；而好的都市規劃與設計，則會減輕通勤的交通負荷，如捷運系統方便、票價低廉、工作與住宅區的妥善設計，可以降低通勤的時間成本與資源浪費。常見的旅次產生與吸引分析方法有兩種，第一種稱為類目分析法（categorization analysis），是以住戶或個人為分析單元，首先按照不同的特性（如所得水準、車輛持有數、職業別等）將住戶及個人劃分為不同類目（category），分析各種類目之旅次產生率或吸引率，再依據各交通分區之人口總數或住戶量以求得旅次產生數或吸引數，本法採用簡單的旅次發生率來說明不同住戶的旅次產生頻率，不僅抽樣簡單，解釋也很清楚，故為最常用的旅次產生與吸引分析方法，其缺點是缺乏適當的統計量來評定其正確性；第二種為迴歸分析法（regression analysis），係將同依交通分區住戶資料視為一體，合併分析，所得為各交通分區之旅次總量，所引用的參數，主要是人口、產業人口與家戶數，此一方法，可以用統計方法檢定其正確性，但卻不易解釋。

四、旅次分布

旅次的分布（trip distribution）又稱旅次分配（trip allocation），或運輸需求分布，主要是研究如何將產生的交通旅次，分配到各個交通分區。又可分為三種：第一是地區的分布，通常與居住人口、人口分布、土地使用性質與活動分布有關；第二是時間的分布，通常可以區分為：每月分配、每日分配、工作日分配、假日分配、每日時刻分配等，由於居民的作息、習慣大抵遵循某種時間分配規律，因此又有離峰時間（non-peak hours）與尖峰時間（peak hours）之分。第三是各類旅次目的別，包括旅次發生、運具分配與旅次分布等計畫範圍內外之運輸需求特性預測。旅次分配的原則，是使旅次發生的起訖點，中間經過的抗阻（通常可以抗阻係數表之）越少越好，這包括：行車時間越短越好、行車轉運越少越好、行車費用越低越好。

旅次分布分析方法，都市系統內部的交通量，或稱界內旅次（inner trip），兩個不同分區的旅次互動量，通常採用重力模型，假設兩區內的旅次互動量與兩區的旅次產生量和旅次吸引量成正比，而與兩區的空間抗阻成反比，來加以估計；而都市系統外部的交通量，或稱界外旅次（outer trip），則採用成長率法，假設運輸條件、環境與系統不變的前提下，以長期趨勢來推估總旅次的成長率，再分配至各交通分區。

五、路網規劃

路網規劃（route planning），主要是基於都市交通量調查所推測的交通量，而設計出適當的都市交通網計畫，交通量的調查通常包括：平均每日交通量（average annual daily traffic，簡稱 ADT 調查）、車輛分類交通量、尖峰小時（peak hour）交通量、分向交通量、轉向交通量、行人交通量、起訖點交通量（origin and destination survey 簡稱 O-D survey）、內圈交通量、柵線交通量等基本資料的調查；至於未來交通量的估計主要依據四種型態的交通行為估算，包括：轉向而來的交通（diverted traffic）、新生而來的交通（generated traffic）、誘導而來的交通（induced traffic）及趨勢而來的交通（trend traffic）。

初步的路網規劃包括主、次要道路系統及其路段與節點容量、大眾運輸路網與運能，初步路網規劃必須遵循的原則，包括：(1)主要計畫擬定階段宜考量都市路網之發展型態；(2)依都市運輸需求分析程序預估交通量及其分布型態，據以規劃聯外道路及主、次要道路網；(3)配合都市發展型態（同心圓、扇形、多核心、走廊形）之需求，規劃路網結構，如輻射路網、棋盤式路網或複合式路網；(4)配合自然地形，依道路功能分類與設計速率條件；(5)路線應避免破壞文物古蹟及珍貴自然資源；(6)不同土地使用型態，儘量以主要道路加以區隔；(7)主要道路避免穿越住宅區及文教區；(8)路線應配合都市運輸需求分析之期望路線規劃；(9)路網規劃以能服務都市主要活動據點及方便聯外交通為原則；(10)路網規劃應配合都市內部及穿越性交通需求特性，規劃地下或高架道路系統，適度地加以分隔。

至於細部的路網規劃，首先必須界定計畫道路兩側未來各種土地使用別與強度，區分各道路之服務範圍與服務範圍內之樓地板面積，確定土地使用計畫與初步路網規劃，再分別進行計畫範圍內集散道路、巷道規劃之交通需求預測；依照各類土地選擇旅次產生率、運具比例、乘載率，或直接以旅次產生率法，配合未來各分區土地開發強度，分別預估進出旅次量，最後再檢討各計畫道路兩側或修正各分區之土地開發強度；計算各道路之服務範圍內之尖峰旅次數，依照運具使用比例與乘載率計算尖峰車流量與行人量，依照車流量計算所需之車道數；決定所需道路設施單元之基本標準，通常以道路容量來表示，道路容量如在快速道路上由於無須考慮阻礙交通因素，單向車道高級型，每小時以通過 950 輛為標準，雙向車道高級型，每小時以通過 840 輛為標準；在平面車道上，則必須考慮阻撓交通流量之因素，諸如停車站牌（約影響交通流量 3%～10%）、路邊駐車（parking）因素（約影響交通流量 3%～5%）、尖峰小時因素（約影響交通流量 30%～90%）、店舖進出貨之商業車因素（約影響交通流量 10%～30%）、混合交通工具因素（約影響交通流量 5%～20%）。最後則決定路權寬度，以一個街廓內之基地的交通需求量來推估。

六、運具分配

運具就是交通工具，運具分配（mobile split）或稱運具選擇（module or conoeyance choice）從路網上觀察，主要有旅次端點運具模式與旅次分布運具分配模式兩種。交通工具原本種類繁多，為了便於分析，通常簡化成大眾運輸與小客車兩種。如果未使用簡化的模式，交通工具包括機車、汽車、大客車、小客車、大眾運輸等多種模式，通常可以採用多項羅吉特模式（multi-logit model），以方便進行多種運具方案的比較，多項羅吉特模式係以個體資料進行參數校估，所以必須先設定各種運具的效用函數，然後應用各種運具的效用函數進行效用分析，而影響的變數包括：車輛持有數、所得、教育等社會經濟特性及運輸系統服務水準。如果使用簡化成大眾運輸與小客車兩種模式，多項羅吉特模式（multi-logit model）就不適用，改採轉換曲線法（transformative curve model），分析兩種替代運具（如大眾運輸與小客車）間服務水準變化時，兩者被選擇機率的相對變化。此一模式的缺點是無法反映社經變化對運具偏好產生的影響。

七、交通量指派

交通量指派（traffic assignment），也可以稱為路網指派，包括大眾運輸路網指派與私人運具路網指派，大眾運輸工具和私人運輸工具由於路網選擇特性不同，因此，在實務處理上採取各自獨立指派的方法，而由於公車旅行時間常常受致於道路服務系統，因此為了反映大眾運輸工具與私人運輸工具之間的相互影響，交通量指派通常會先指派至固定路線的大眾運輸旅次，再指派至私人運具旅次，再回饋至交通系統，分析大眾運輸的服務水準。而在交通量指派的方法上，通常可以採用的方法包括：全有全無（not-or-all）指派法（不考慮容量限制）、最短路徑（shortest-cut）指派法（不考慮容量限制）、最短時間指派法（shortest-time）、最低成本指派法（lowest-cost）、均衡指派法（equilibrium）、Moore's Algorithm 指派法、增量指派法（incremental）、多重路線指派法（stochastic）、轉換曲線指派法（transformative curve model）、容量限制（capacity）指派法等，前四者多用於大眾運輸路網指派；而後六者多用於私人運具的路網指派。

第三節　交通研究與運輸政策

一、研究重點

不同的都市由於文化特質不同、社經條件不同，所面對的交通問題不完全相同，交通網路特性也不盡相同。以臺灣來說，在三、四百年臺灣的近代開發過程中，我們可以看到臺灣經濟、人口由南而北，由西而東的發展，都市化正在加速進行，二次大戰之後，臺灣都市從北、高兩直轄市兩極化的發展，走上北、高及臺中都會區的三極化發展，也就是由線的發展進入到面的發展，清領時期，沈保禎、劉銘傳、吳光亮、丁日昌等先輩，已經注意到後山的開發。日治時期，為了加強對臺灣的控制，南北縱向的鐵公路交通路線持續開發。臺灣光復以後，1974 年的十項建設、1978 年的十二項建設，半數以上屬於交通建設。時至今日，交通建設更橫跨海、路、空運輸，乃至郵政、電信、氣象、旅遊等等，無不與交通建設有關。都市之內（intra-city）的城市交通固然日益重要，都市之間（inter-city）的城際交通更日新月異。

都市交通研究通常有六個重點，**第一是**與運輸研究及規劃組織有關的研究；包括運輸的成本效益研究、運輸的決策分析與替選方案分析、運輸的技術性評估、大眾運輸評鑑辦法的釐定、大眾運輸業者投資與營運的補貼與獎助、差別費率評估等等。**第二是**與交通有關資料的調查研究，包括：人口、土地使用性質與密度、交通量調查、經濟成長趨勢等等。**第三是**交通問題與目標政策的研究，包括海路空運輸系統的設計、交通流量、土地使用預測、擁擠問題等等。**第四是**運輸路網計畫及實施；包括道路系統的功能性、治理性、設計性分類、高速公路網與地方生活圈道路網的銜接，空港與海港整體發展規劃、基礎設施、導航設備與聯外接駁系統的規劃、鐵公路貨物轉運系統、新建工程計畫、發包、工期、成本、品質之控管等。**第五是**運輸規劃的評估，包括經濟可行性、財務可行性、政治可行性、技術可行的評估與環境影響評估，不同城鄉運輸系統間的衝擊評估。**第六是**交通與運輸的管理，包括運輸系統之養護與管理制度、大眾運輸營運路線的設計管理、道路使用者與旅行乘客行旅資訊的提供、道路擁擠管理與事件處理、城際鐵公路與都市大眾運輸間之客運接駁與轉運管理、各運具間之票證與服務等。

二、交通運輸目標

都市交通運輸計畫必須與國家的運輸目標與政策相互配合，根據交通部於 1995 年擬定的「運輸政策白皮書」中指出，交通運輸的政策目標應是在有限的交通運輸資源限制下，滿足民眾的需要。民眾的需要不外乎居住、工作、休閒等基本活動，而交通運輸是促使這些活動流暢的手段，故交通運輸政策目標最終也應回饋至「提升居住的生活環境」、「活絡工作的產業環境」及「調和休閒的自然環境」，以塑造一個健康、有活力、永續使用的運輸環境。

在這三大政策目標下，共有七項子目標。在提升生活環境目標下的三項子目標為提供便捷的交通、確保安全的交通及創造舒適的交通；在活絡產業環境目標下的二項子目標為降低貨物運送的成本及增強國際的產業競爭；在調和自然環境下的二項子目標為減少交通對環境的污染及配合區域與都市的發展。

三、交通運輸政策

為達成上述目標，交通部依據滿足民眾《行》的需要，配合國家發展；有效運用資源，兼顧社會公平；改善運輸問題，促進區域均衡；順應市場機能，反應供需特性；重視運輸安全，確保環保品質五大原則研擬運輸政策。為導正過去運輸系統發展之偏差，並因應未來運輸環境之變遷，交通部依據運輸政策目標與原則，共擬訂出十二項政策發展方向，包含：1.政策重心，由建設轉移至管理；2.國際運輸，由直運拓展至轉運；3.陸運建設，由公路擴展至軌道；4.運具使用，由私人誘導至大眾；5.運輸發展，由都市擴大至偏遠；6.客貨運送，由單運發展至聯運；7.營運管理，由管制漸近至開放；8.經營組織，由公營轉型至民營；9.運輸安全，由善後提升至防範；10.運輸服務，由一般普及至老殘 11.運輸科技，由傳統研發至先進；12.運輸環境，由衝突改善至和諧。

第四節　都市運輸問題與解決

一、交通特性調查

隨著都市的成長，機動車輛數成長必然迅速，交通活動需求亦迅速增加，為有效改善都市交通問題，蒐集分析相關交通特性資料，成為解決都市運輸問題的基礎工作，例如對交通瓶頸及易肇事路口，研擬具體可行之交通改善方案，以增進交通安全，可以說是短期常見的政策。以臺北都會區為例，臺北縣政府曾於2002 年 6 月進行臺北縣境道路交通流量及特性調查，範圍包括板橋市、三重市、中和市、永和市、新莊市、蘆洲市、新店市、土城市、汐止市、樹林市、淡水鎮、三峽鎮、鶯歌鎮、瑞芳鎮、泰山鄉、五股鄉、林口鄉、八里鄉、石門鄉、金山鄉、萬里鄉、石碇鄉、烏來鄉、平溪鄉、雙溪鄉、深坑鄉、坪林鄉等二十七個鄉鎮市。調查項目包含路口轉向交通量調查、聯外幹道路段交通量調查、幹道行駛速率、延滯及行人流量與干擾車流量調查。這些資料可供各級道路或交通主管機關研提交通改善措施時，獲得更客觀及合理之參考資料，藉由學術單位或顧問機構調查分析，可建立正確資料來源的整體規劃。

二、都市運輸系統

都市交通問題的解決不能侷限於都市的觀點，因為交通網路常常突破地方行政界限，如何因應經濟發展與都市活動的需要，整合及更新相關道路系統網路結構，成為政府交通施政長期努力的目標。傳統未經現代化規劃的都市經常出現：(1)道路系統功能不分、等級不明；(2)機車、腳踏車、人力車佔據車道；(3)鐵路平交道過多，停車時間過久；(4)交叉路口設計不良、號誌管理不善，交通衝突點（traffic conflicts）過多，事故頻傳；(5)停車面積不足等問題，不同的設計與運具其實是針對不同的都市交通問題。

都市運輸系統依其功能可區分為：高速公路（free way）、快速道路（express way）、主要幹道（major way or article road）、次要幹道（minor way）、收集性道路（collect road）、地區性道路（service way）、支道、鄰里性道路、囊底路（cul-de-sac）等；而依交通目的性而言，可區分為通過性交通、到達性交通、分配性交通、區間性交通與進路性交通；依其行政治理性質，可區分為國道、省道、州道、縣市道、鄉鎮道、產業道路等；依其行車設計，可區分為一級、二級、三級、四級、五級等道路。都市內道路系統，又可以區分為棋盤型路網、放射型環狀路網與放射型正切路網等型態；。都市運輸系統，包括公車、計程車、迷你巴士（mini-bus）、捷運、船運、電車、飛機、火車等多種系統。而所謂大眾捷運系統，依大眾捷運法第五條規定，本法所稱大眾捷運系統，係指利用地面、地下或高架設施，不受其他地面交通干擾，採完全獨立專用路權或於路口部分採優先通行號誌處理之非完全獨立專用路權，使用專用動力車輛行駛於專用路線，並以密集班次、大量快速輸送都市及鄰近地區旅客之公共運輸系統。

基本上都市運輸系統載客量愈大者，其平均佔用道路面積會愈小，例如機車平均佔用道路面積約 3 m^2，載客數為 2 人，平均每人佔用道路為 1.5 m^2；小轎車或計程車平均佔用道路為 16 m^2，載客數為 4 人，平均每人佔用道路為 4 m^2；公共汽車平均佔用道路面積約 46 m^2，載客數為 45 人，平均每人佔用道路為 1 m^2；因此，雖然以服務水準來說，以小眾運輸工具為好，但從從土地使用效率、空間發展型態、社會經濟衝擊、能源節約來說，大眾運輸工具比小眾運輸工具為佳。

通常大眾捷運又依其路軌、載重區分為：輕運量捷運、中運量捷運、重軌式捷運、單軌式捷運、輪胎式捷運、懸吊式捷運等多種。一個都市捷運系統的興建，通常必須先進行成本效益分析（cost-efficiency analysis），包括三個面向，第一是使用效益分析，包含：行車費用的節省、行車時間的節省與行車安全的增加；第二是營運者效益，包含：營運成本的節省、維護成本的節約；第三是社會效益，包含：對非公共運輸者的效益（如行車成本與時間的節省）、交車車流量增加之效果（如行車時間因而減少）、就業機會的增加、土地利用度的增加、污染的減少、能源節約等。

《捷運系統成為許多現代都市解決交通問題的必要選擇》

三、交通網路特性分析

解決都市交通問題，最常見的方式是藉由都市生活圈道路交通的擴寬與連貫，建立都市生活圈道路系統網路，以生活圈內各都市村里社區為建設之基本單元，發揮其集居之功能，同時補足諸如停車、公園、綠帶等各項適當之公共設施，促進生活圈之均衡發展，避免投資之重覆與浪費。以臺灣來說，生活圈道路系統主要依據都市體系之位階關係，考量生活圈整體及各聚落地區交通需求，建立不同服務功能之道路系統，包括區域性聯外快速道路系統、地方中心至中心都市的主要聯外道路系統，一般市鎮之集散道路，社區間次要道路系統，以及聚居地區的服務性道路。

臺灣全島南北狹長、東西狹小，平原、低地都分布於西部地區，受地形及聚落分佈的影響，道路多分佈於西部平原，主要幹道多呈南北平行走向，對於單線上南北聚落間之連繫固稱便利，但東西向聯絡公路甚為缺乏；地處丘陵山岳地區的偏遠聚落，交通班次更形稀少，造成不均衡發展現象。1974 年在政府進行十大建設之前，臺灣的道路系統主要延續是日據時期的路網設計，傳統南北走向的路網設計，再以農立國的傳統社會，還可以應付；但進入工商發達的後工業時代，全盤性的道路交通整體計畫，成為臺灣必須正視的問題。

臺灣交通的建設，從 1970 年到 2000 年之間鐵路電氣化、北迴南迴環島鐵路的闢建、桃園國際機場、生活圈交通建設、一高與三高的相繼建設成功，十二條東西向快速道路的闢建，使得西部走廊乃至全島，已經藉由交通運輸完全連成一氣。由於中山國道的興闢，政府開始進行以全台十八個生活圈為著眼的整體交通計畫，希望能藉著良好之交通系統，帶動生活圈內各鄉鎮市之都市發展；同時以地方服務設施之現代化，滿足民眾之生活需要，進而促進全國之均衡成長，以達成人口與經濟活動之合理分佈、生活環境之改善、資源之保育與開發等目標。

四、都市交通網路策略

都市因汽機車大量成長，造成市區內街道擁擠、雜亂的現象，不僅降低了生活品質，同時也使都市居民付出相當昂貴的社會成本；而這根本原因，就是缺乏一個完善、有效的大眾運輸系統。都市由於人口集中的速度，遠遠超過交通運輸的建設效率，因此構建脈絡暢通之交通路網，以快速道路系統整合零散的重大建設聯外運輸系統，並積極建設都會區域與城市間道路系統，建立以公共運輸為主軸的都市交通，成為解決都市交通必要的法門，包括：捷運系統、鐵路地下化、城郊機場、健全公車路網、提昇大眾俊輸工具服務品質、建立運輸系統績效與監測評鑑制度、規劃並發展快速運輸系統、建立交通轉運中心與計程車管理系統、提昇服務品質。而在中心都市與衛星都市之間，大眾交通運輸計畫除了規劃現有有各路線公車外，聯外幹道的客運公車、快速客運公車、巡迴公車、接駁公車等等也宜彈性規劃。

五、都市停車問題

都市大量成長的交通工具必然伴隨著停車問題，因此，推估停車需求，依交通特性，包括尖峰小時因素、尖峰之方向係數等因素，調查小客車、機車之尖峰停車需求與分布，建立汽機車合理的都市停車環境，成為解決都市交通問題重要策略之一。停車政策要行的通，除了增加停車空間之外（包括路邊停車（on-street parking）與路外停車（off-street parking），民眾心目中宜普遍建立使用者付費基本概念，因時地之不同實施差別費率、建立違規停車拖吊系統、建立重要商圈停車管理策略及停車資訊系統、鼓勵民間投資興建停車場、訂定路邊停車收費委外辦理之策略。

六、e 化交通計畫

隨著網路的寬頻化，許多的或動可以透過網路傳輸家以解決，無形中也減少了許多有形的交通旅次。行政院科技顧問組在

2003 年公布「挑戰二〇〇八－六年國家發展重點計畫」中的「數位臺灣計畫」，宣布政府將推動「數位臺灣計畫」，五年內將投入新台幣三百多億元，期望在二〇〇八年創造二萬個工作機會；e化服務產業營業額達千億元以上；政府戶政地政單位可節省千億元成本；臺灣寬頻上網比率占上網人口七成以上；臺灣資訊化社會指標達全球前五名。事實上，建設先進的資訊應用環境已成為二十一世紀全球先進國家創造商機與提升競爭力的利器，例如日本的「e-Japan 計畫」、美國的「A Framework for Global EC」、英國「UK Online」、新加坡的「Infocomm 21」及南韓「e-Korea」，均是著名的例子。

目前政府「數位臺灣（e-Taiwan）計畫」共分五大發展架構，分別是「六百萬寬頻到家」、「e 化生活」、「e 化商務」、「e 化政府」及「e 化交通」，其下更涵蓋三十九項計畫。政府計畫由 2002～2008 六年間將投入三百六十三億元的預算，其中有二百七十六億元是經建預算，八十五億則為科技預算，自民國 91 年至 97 年，來打造「數位臺灣」的遠景。未來政府將透過軟體計畫策略外包的方式，來培植臺灣軟體廠商能量，並帶動臺灣廠商國際軟體認證。

「六百萬用戶寬頻到家」架構旗下的計畫包括寬頻到府六百萬用戶計畫、無線寬頻網路示範應用計畫、寬頻到中小企業計畫及資通安全環境建置計畫。「e 化生活」將包括數位學習國家型科技計畫、數位典藏國家型科技計畫、數位娛樂計畫、網路文人建設發展、偏遠地區政府服務普及、中小企業網路學習、推動農民終身學習、不動產資訊中心等計畫。「e 化商務」包含產業協同設計電子化計畫、發展重要農業知識管理應用計畫、推動中小企業的應用知識管理計畫、電子商務國際合作與交流計畫。「e 化政府」則涵蓋整合服務單一窗口、線上攻府服務、電子公文交換計畫、政府機關視訊會議聯網計畫、開放政府數位資訊、防救災緊急通訊系統整合建置計畫等。「e 化交通」旗下的計畫包括工業技術研究經資中心技術平台及系統開發計畫、交通 e 服務網通計畫、聰明公車與交通 IC 智慧卡計畫、交通安全 e 計畫、智慧交控系統計畫。

七、環保運輸的研究

蔚藍的天空，公園綠草如茵；行走於街道上，感受到的是一股清新的空氣；沒有車輛的喧囂，更沒有汽車所排放的廢氣。這種生活空間是大家嚮往的，如此的空間並非夢想；因為環保車的出現，將可創造大家心目中理想的生活環境。先進國家對於開發環保車投注相當大的心力，它們的主要策略是不再以汽油做為汽車的主要燃料，而是以燃料電池或是由植物萃取相關的原料，成為汽車的燃料。現階段，許多國家更計畫研發以燃料電池做為動力的綠色環保汽車，做為市場的主力產品。

通常以燃料電池為動力的汽車，它的原理是通過儲存在燃料箱中的氫氣，使其與空氣中的氧氣發生化學反應，進而產生電力，再帶動汽車的輪胎前進。因為氫氧結合會產生水，所以此種汽車便只會排放純水蒸氣，而不會含任何其他的物質，甚至完全沒有二氧化碳。然而，除了低污染的特點外，燃料電池汽車亦有無噪音、馬力強、使用率高等優點，為汽車的革命性發展。

近年來法國政府也努力倡導所謂的「綠色燃料」，希望能降低廢氣的污染，徹底改善生活環境的品質。法國現在開始採取一些天然的原料，像乙醇（ethanol）與異丁烯（isobutane）等混合物添加於燃料中，它們都是可以自一般的農作物中萃取出來的，而甜菜、小麥便是製造乙醇的必備農作物。所以，法國政府更大幅地擴展這類農作物的耕作面積，以增加這些「綠色燃料」的來源。然而，這類的綠色燃料使用於一般的汽車燃料中，不僅可以減少二氧化碳的排放量，亦可減少一些燃燒不完全的碳氫化合物。

八、運輸技術評估

為了評估各種運輸系統，運輸規劃師必須設法將運輸技術的特性加以數量化，才能合理的解讀。其思考的架構如圖 5-2。

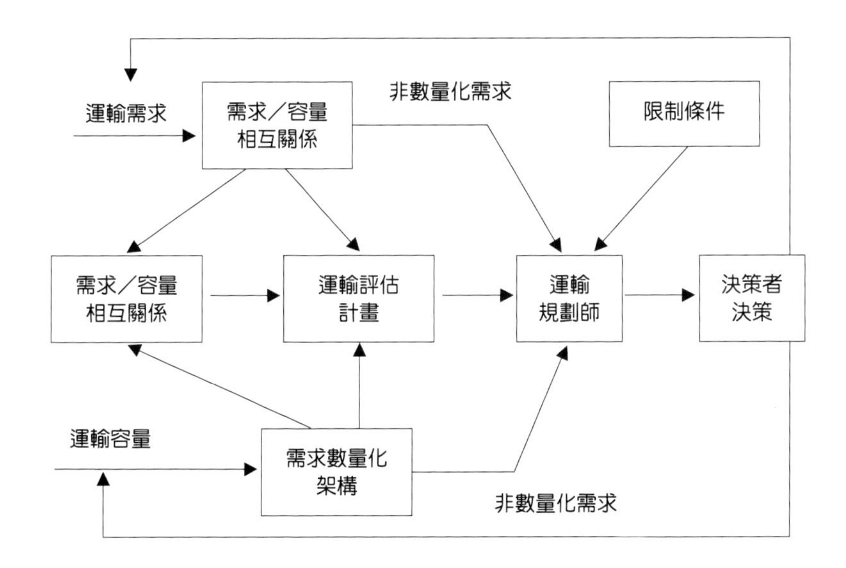

圖 5-2　**運輸系統評估程序思考**

選擇最適當的運輸系統，意味著有一組單一的運輸系統可以提供一組獨特、最能符合需求者，因此，再進行評估時，必須考慮運輸能力（或容量）與運輸需求之間高度互動性。

第六章　公共設施計畫

第一節　公共設施的意義

公共設施計畫是都市計畫三大計畫之一，公共設施提供都市生活與公共活動所需的基本設施，廣義的公共設施通常包括公共服務設施（如：公園、綠地、步道、學校、停車場、兒童遊戲場等等）與公用服務設備（如電話、電信、瓦斯、天然氣、自來水等等）兩種，狹義的公共設施則專指公共服務設施而言。所謂《公共》是指供為不特定對象公共目的使用而言，所謂《設施》是指供應大眾使用的實體或設備而言。

1999 年 1 月 25 日公布的《地方制度法》，在第四條中定，人口聚居達十五萬人以上未滿五十萬人，且工商業發達、自治財源充裕、交通便利及《公共設施》完備之地區，得設縣轄市。在第十六條第三項規定直轄市民、縣（市）民、鄉（鎮、市）民對於地方公共設施有使用之權。可見公共設施對都市發展的重要性。

從經濟學的觀點來看，如果一項財貨具有《無法同時由兩人使用，滿足一人，就排除他人使用或擁有》的特性，通常稱此種財貨具有排他性（exclusion），如果一項財貨具有《當使用人數增加時，會減少隊員有使用者的利益》的特性，則稱此項財貨具有敵對性（opponent），如果一項財貨，排他性與敵對性都非常強，則稱為《純私有財》，排他性很強，但敵對性很弱，我們稱為《準私有財》；排他性與敵對性均很弱，我們稱為《純公有財》，排他性很弱，但敵對性很強，稱為《準公有財》，如表 6-1。

表 6-1　私有財與公有財

	排他性（強）	排他性（弱）
敵對性（強）	純私有財（第一類經濟財）	準私有財（第二類經濟財）
敵對性（弱）	準公有財（第三類經濟財）	純公有財（第四類經濟財）

純私有財有時稱為**第一類經濟財**，具備排它性與敵對性，其取得通常必須支付代價，透過自由競爭市場取得，例如家用電器、自用車輛等等；準私有財有時稱為**第二類經濟財**，因技術或開發成本因素，在使用上常常具有敵對性，例如俱樂部型態的網球場、體育場與健身中心，又如民營自來水、瓦斯、電力、通訊服務等等；準公有財有時稱為**第三類經濟財**，消費雖不具敵對性，但因資源分配的稀少性，常常需要付費才能使用，例如收費停車場、公有市場、公營電力、公營瓦斯、公營自來水、公營電信事業等等；純公有財有時稱為**第四類經濟財**，只要有需要，經常可以免費使用，使用也不具有敵對性，例如公園、廣場、綠地等大型公共設施。第三類與第四類經濟財常常由於財貨本身之特性，不宜經由自由競爭市場提供，而又為社會普遍需要，必須由政府公共支出提供，所以也有合稱社會財。

都市計畫法對公共設施並也沒有下一個通用的定義，但都市計畫法第四十三條規定：公共設施用地，應就人口、土地使用、交通等現狀及未來發展趨勢，決定其項目、位置與面積，以增進市民活動之便利，及確保良好之都市生活環境。因此，都市計畫所說的公共設施，只要是為了增進市民活動之便利，及確保良好之都市生活環境。

第二節　公共設施的分類

一、公共設施的必要性

隨著風俗習慣、國民所得和人口組成等各種社會與經濟因素的變遷，社會大眾對生活必需的公共設施種類和數量上均會有所不同。公共設施計畫主要在針對社會當時的特性，提出一個長期而滿足居民最起碼生活便利與健康需求的設施方案以提高市民生活品質。為使都市在有秩序的發展下，成為良好的居住、工作及遊憩場所，為達到此良好的生活環境品質，公共設施計畫即是實現此要求之具體方法，亦即都市需要一些設施來服務市民，滿足市生活上之所需，因此許多市政建設均以公共設施的開發建設，作為空間環境品質的指標，而了解都市人口結構及分佈方可依其需求選擇適合市民的公共設施及其分佈以達公共設施的充分運用。

《綠地被稱為都市之肺，一個都市的綠地有多少，通常用綠蔽率來表示，可以說是都市規劃中特別保留出來的公共設施之一》

二、公共設施分類

公共設施的分類，依其不同的目的，主要有幾個標準，分述如下：

1. 依**服務範圍**來區分：可區分為：全國性公共設施、區域性公共設施、全市性公共設施、社區性公共設施與里鄰性公共設施。
2. 依**使用機能**來區分：可分為：教育設施、行政設施、文化設施、醫療設施、安全設施、遊憩設施、衛生設施、公共服務設施及其他設施等。
3. 依**公共設備**來區分：可分為：自來水、電力、電信、瓦斯、下水道、污水處理、廢物處理、加油站、防洪、交通運輸等公共工程和設備。

4. 依**使用對象**來區分：可分為：一般性公共設施、會員式公共設施、使用者付費公共設施、公共事業設施等。
5. 依**都市計畫法**來劃分：都市計畫法第四十二條規定都市計畫地區範圍內，應視實際情況，分別設置左列公共設施用地：包括：(1)道路、公園、綠地、廣場、兒童遊樂場、民用航空站、停車場所、河道及港埠用地；(2)學校、社教機關、體育場所、市場、醫療衛生機構及機關用地；(3)上下水道、郵政、電信、變電所及其他公用事業用地；(4)都市計畫法規定之其他公共設施用地。

第三節　公共設施的標準

一、設置原則

公共設施用地的設置原則，主要探討各種公共設施與鄰地的適宜性問題，也就是公共設施的區位問題，故有稱為區位標準，依民國 91 年 12 月修正通過的都市計畫法及相關規定，主要有八個原則，分述如次：

1. **一般原則**：依據都市計畫法 42 條規定，公共設施用地，應就人口、土地使用、交通等現狀及未來發展趨勢，決定其項目、位置與面積，以增進市民活動之便利，及確保良好之都市生活環境。由此可知，無論何種公共設施的設置，必須考慮人口、土地使用、交通三項因素。
2. **地區性里鄰原則**：依據都市計畫法 46 條規定中小學校、社教場所、市場、郵政、電信、變電所、衛生、警所、消防、防空等公共設施，應按閭鄰單位或居民分布情形適當配置之。因此，地區性里鄰公共設施，應按閭鄰單位或居民分布情形予以適當配置。
3. **交通原則**：與交通有關的道路系統、停車場所及加油站，其設置依據都市計畫法 44 條規定道路系統、停車場所及加油站，應按土地使用分區及交通情形與預期之發展配置之。鐵路、公路通過實施都市計畫之區域者，應避免穿越市區中心。又依據都市計畫定期通盤檢討實施辦法第 23 條道路用地按交通量、道路設計標準、綠地按自然地形或其設置目的，其他公共設施用地按實際需要檢討之。

4. **開放空間原則**：與開放空間有關的公園、體育場所、綠地、廣場及兒童遊樂場，依據都市計畫法 45 條規定公園、體育場所、綠地、廣場及兒童遊樂場，應依計畫人口密度及自然環境，作有系統之布置，除具有特殊情形外，其占用土地總面積不得少於全部計畫面積百分之十。

5. **負面性公共設施原則**：有些公共設施雖然必要，但卻常常引起居民的恐慌或反對，此類造成負面影響的公共設施，稱為負面性公共設施或污染性公共設施，如屠宰場、垃圾處理場、殯儀館、火葬場、公墓、污水處理廠、煤氣廠等，依據都市計畫法 47 條規定屠宰場、垃圾處理場、殯儀館、火葬場、公墓、污水處理廠、煤氣廠等應在不妨礙都市發展及鄰近居民之安全、安寧與衛生之原則下，於邊緣適當地點設置之。負面公共設施通常除了都市計畫法有規定外，也可以有專用的法規予以規範，例如殯儀館、火葬場、公墓，尚須依據殯葬管理條例之規定設置；屠宰場尚須依據畜牧法及屠宰場設置標準之規定辦理等。

6. **公設保留地使用原則**：公共設施保留地是指經法定程序依法公佈作為公共設施使用之預定地，在未徵收前，仍得為原來之使用，但政府可以限制其使用程度，以免妨礙將來公共設施之闢建的土地，稱為公共設施保留地，所謂《保留》，是指《保留徵收》與《保留使用》之意。指定作為公共設施用地的土地，在未興闢之前，可以有條件繼續為原來的使用，依據都市計畫法 51 條規定，指定之公共設施保留地，不得為妨礙其指定目的之使用。但得繼續為原來之使用或改為妨礙目的較輕之使用。

7. **不得低於原有都市計畫應占比例原則**：法規所定公共設施

標準，通常指最低標準而非最高標準，也就是最起碼的標準，為防止地方透過通盤檢討降低公共設施應占都市計畫之應有比例，依據內政部所定都市計畫定期通盤檢討實施辦法第九條規定，非都市發展用地檢討變更為都市發展用地時，變更範圍內應劃設之公共設施用地面積比例，不得低於原都市計畫公共設施用地面積占都市發展用地面積之比。前項變更範圍內應劃設之公共設施，除變更範圍內必要者外，應視整體都市發展需要，適當劃設供作全部或局部計畫地區範圍內使用之公共設施，並以原都市計畫劃設不足者或停車場、社區公園、綠地等項目為優先。

8. **配合文化特色原則**：公共設施通常具有很強的在地性，因此，依據都市計畫定期通盤檢討實施辦法第十一條都市街坊及各項公共設施，應配合地方文化特色及居民之社區活動需要，妥為規劃設計，並應特別加強街道傢俱設施、行人徒步空間、自行車專用道及無障礙空間之規劃配置。

二、空間標準

公共設施設置的空間標準，意指空間數量或空間樓地板面積而言，通常以每千人平均面積為單位，亦即公頃／千人為單位。依據地方制度法 18 及 19 條之規定都市計畫之擬定、審議及執行，均屬地方自治事項，因此有關公共設施的空間標準本屬地方自治事項，臺灣省、臺北市、公雄市均各不有同規定，這些規定大同小異，內政部也定有《公共設施用地檢討標準》，以供使用。依據內政部公共設施用地設置標準，可以大體整理如表 6-2。

表 6-2　內政部公共設施用地標準

單位：公頃/千人

類　別	鄉街計畫	市鎮計畫	特定區計畫	補充說明
兒童樂園	0.08	0.08	0.08	最小面積 0.2 公頃
鄰里公園	0.02	0.03	0.03	依里鄰單元設置
社區公園	每一計畫最少一處	計畫人口 10 萬人以上至少一處 5 公頃以上	至少一處 5 公頃以上	
體育場所	利用學校運動場	至少一處 4 公頃以上	至少一處 4 公頃以上	面積可併入公園計算
國小	0.25	0.2	0.2	每校不得少於 2 公頃
國中	0.16	0.13	0.13	每校不得少於 2.5 公頃
高中	0.18	0.18	0.18	每校不得少於 3 公頃
高職	—	—	—	按實際需要
零售市場	0.03	0.03	0.03	每一里鄰設置一處
批發市場	—	—	—	按實際需要
地方性機關用地及公共事業用地	0.5	0.5	0.5	含公共建築用地
里鄰停車場	鄰接路面 100m 須 10 輛停車位置，每一停車位以30平方公尺為準	鄰接路面 100m 須 10 輛停車位置，每一停車位以 30 平方公尺為準	鄰接路面 100m 須 10 輛停車位置，每一停車位以 30 平方公尺為準	
社區商業區停車場	鄰接路面 100m 須 10 輛停車位置，每一停車位以30平方公尺為準	鄰接路面 100m 須 10 輛停車位置，每一停車位以 30 平方公尺為準	鄰接路面 100m 須 10 輛停車位置，每一停車位以 30 平方公尺為準	

主要商業區停車場	停車面積不得少於商業區總面積12%-15%	停車面積不得少於商業區總面積12%-15%	停車面積不得少於商業區總面積12%-15%	
遊憩地區	按實際需要	按實際需要	按實際需要	
道路	按交通量及道路設計標準而定，道路總面積不得低於計畫總面積（扣除農業區、保護區、河川用地）12%	按交通量及道路設計標準而定，道路總面積不得低於計畫總面積（扣除農業區、保護區、河川用地）12%	按交通量及道路設計標準而定，道路總面積不得低於計畫總面積（扣除農業區、保護區、河川用地）12%	
綠地	按自然地形及設置目的之實際需要	按自然地形及設置目的之實際需要	按自然地形及設置目的之實際需要	

第四節　公共設施的取得

一、遵循行政程序法則

公共設施計畫在本質上是屬於行政計畫的一種，其設置必須遵循行政程序法的相關規定，依行政程序法第 164 條規定，行政計畫有關一定地區土地之特定利用或重大公共設施之設置，涉及多數不同利益之人及多數不同行政機關權限者，確定其計畫之裁決，應經公開及聽證程序，並得有集中事權之效果。

二、依進度施行建設原則

公共設施計畫定案之後，最重要的任務可能是公共設施用地的取得，依都市計畫法第 17 條規定，都市計畫應依實施進度，就其計畫地區範圍預計之發展趨勢及地方財力，訂定分區發展優先次序。第一期發展地區應於主要計畫發布實施後，最多二年完成細部計畫，並於細部計畫發布後，最多五年完成公共設施。其他地區應於第一期發展地區開始進行後，次第訂定細部計畫建設之。未發布細部計畫地區，應限制其建築使用及變更地形。但主要計畫發布已逾二年以上，而能確定建築線或主要公共設施已照主要計畫興建完成者，得依有關建築法令之規定，由主管建築機關指定建築線，核發建築執照。

三、用地取得不限徵收原則

我國憲法第 23 條規定，人民之自由權力，除為防止妨礙他人之自由、避免緊急危難、維持公共秩序或增進公共利益之必要者外，不得以法律限制之。土地法 208 條、平均地權條例 53 條，則規定國家因公共事業之需要，可依法徵收私有土地，由於我國的憲法、土地法等基本法有很強的社會主義色彩，因此基於增進公共利益的必要，傳統上，公共設施用地的取得，均以透過徵收方式取得為主。但隨著資本主義的盛行，私有權因自由、民主、平等等普世價值有關，而日亦受到法律保障，徵收成為政府不得已的制度，而非天經地義的制度。公共設施土地的取得因而添增了許多其他方式。

四、用地取得多樣方式原則

公共設施用地之取得，依都市計畫法 42 條規定，都市計畫地區範圍內，公共設施用地，應儘先利用適當之公有土地。除了利用適當的公有土地之外，協議購買、徵收、區段徵收、土地重劃、公地撥用、私人捐贈、委託民間辦理、容積移轉等，均為法律所容許的取得方式。

都市計畫法 48 條規定，依本法指定之公共設施保留供公用事業設施之用者，由各該事業機構依法予以徵收或購買；其餘由該管政府或鄉、鎮、縣轄市公所依徵收、區段徵收、市地重劃等方式取得。都市計畫法 53 條規定獲准投資辦理都市計畫事業之私人或團體，其所需用之公共設施用地，屬於公有者，得申請該公地之管理機關租用；屬於私有無法協議收購者，應備妥價款，申請該管直轄市、縣（市）（局）政府代為收買之。都市計畫法 56 條私人或團體興修完成之公共設施，自願將該項公共設施及土地捐獻政府者，應登記為該市、鄉、鎮、縣轄市所有，並由各市、鄉、鎮、縣轄市負責維護修理，並予獎勵。都市計畫法 83-1 條規定公共設施保留地之取得、具有紀念性或藝術價值之建築與歷史建築之保存維護及公共開放空間之提供，得以容積移轉方式辦理。而容積移轉之送出基地種類、可移出容積訂定方式、可移入容積地區範圍、接受基地可移入容積上限、換算公式、移轉方式、作業方法、辦理程序及應備書件等事項之辦法，由內政部定之。依據促進產業升級條例 66 條規定，工業主管機關開發之工業區，其公共設施中之污水及廢棄物處理設施，於必要時，得委託公民營事業建設、管理。

五、公共設施取得方式比較

各種公共設施取得方式的比較，請參見表 6-3。

表 6-3　各種公共設施取得方式的特性比較

方式	規定	特　性	分　析
一、協議價購	(一) 依土地法施行法第五十條第十款規定：土地法第二百二十四條規定之徵收土地計畫書，應記明曾否與土地所有權人經過協定手續及其經過情形。 (二) 依大眾捷運系統土地聯合開發辦法第 11 條規定：大眾捷運系統開發所需用地屬私有而由主管機關依本法第七條第四項規定以協議購買方式辦理者，經執行機構召開會議依優惠辦法協議不成時，得由主管機關依法報請徵收。	1.是否與土地所有權人經過協定手續及其經過情形。 2.以協議為原則，協議二次不成者，得由該主管機關依法報請徵收或依市地重劃、區段收方式辦理。	1.透過協議或協手續。 2.協議二次不者，得由該主管關依法報請徵或依市地重劃、段收方式辦理。
二、土地徵收	(一) 依土地法第 208 條規定：國家依國防、交通、公用、水利、公共衛生、政府機關、地方自治機關及其他公共建築、教育學術及慈善事業、國營事業、國防設備及其他由政府興辦以公共利益為目的之事業之需要，得依本法之規定徵收私有土地。	1.必須基於共利益為目的。 2.供公用事業設施之用者。 3.辦理更新計畫。	1.限於有列舉的共利益或公用業設施。 2.辦理更新計畫於更新地區範內之土地及地物得依法實施

	(二) 依都市計畫法第四十八條規定：依本法指定之公共設施保留地供公用事業設施之用者，由各該事業機構依法予以徵收或購買；其餘由該管政府或鄉、鎮、縣轄市公所做徵收、區段徵收、市地重劃方式取得之。 (三) 依都市計畫法第六十八條規定：辦理更新計畫，對於更新地區範圍內之土地及地上物得依法實施徵收及區段徵收。		收及區段徵收。
三、區段徵收	(一) 依都市計畫法第五十八條規定：縣(市)(局)政府為實施新市區之建設，對於劃定範圍內之土地及地上物得實施區段徵收或市地重劃。 (二) 依都市計畫法第六十八條規定：同二之(三)。 (三) 依土地法第二百十二條規定：因實施國家經濟政策、新設都市地域或舉辦第二百零八條第一款或第三款之事業須徵收土地者，得為區段徵收。 (四) 依平均地權條例第五十三條規定：各級主管機關得就下列地區報經行政院核准後施行區段徵收： 1. 新設都市地區之全部或一部，實施開發建設者。 2. 舊都市地區為公共安全、公共衛生、公共交通之需要或促進土地之合理使用，實施更新者。 3. 都市土地開發社區者。 4. 農村社區為加強公共設施、改善公共衛生之需要，或配合農業發展之規劃實施更新或開放新社區者。	1.為實施新市區之建設。 2.因實施國家經濟政策。 3.新設都市地區之全部或一部，實施開發建設者。 4.舊都市地區為公共安全、公共衛生、公共交通之需要或促進土地之合理使用，實施更新者。 5.都市土地開發社區者。 6.農村社區為加強公共設施、改善公共衛生之需要，或配合農業發展之規劃實施更新或開放新社區者。	開發或更新建設或因實施國家經濟政策之需要。
、市)劃	(一) 依土地法第一百三十五條第一款規定：市縣地政機關因實施都市計畫者，經上級機關核准，得就管轄區內之土	1.市縣地政機關因實施都市計畫者，經上級機關核准。	開發或更新建設

	地，劃定重劃地區，施行土地重劃，區內各宗土地重新規定其地界。 (二) 依都市計畫法第五十八條規定：同三之(一)。 (三) 依平均地權條例第五十六條規定：各級主管機關得就下列地區報經行政院核准後施行市地重劃： 1. 新設都市地區之全部或一部，實施開發建設者。 2. 舊都市地區為公共安全、公共衛生、公共交通之需要或促進土地之合理使用實施更新者。 3. 都市土地開發新社區者。 4. 經中央或省主管機關指定限期辦理者。	2.各級主管機關得就下列地區報經行政院核准後施行市地重劃： (1)新設都市地區之全部或一部，實施開發建設者。 (2)舊都市地區為公共安全、公共衛生、公共交通之需要或促進土地之合理使用實施更新者。 (3)都市土地開發新社區者。 (4)經中央或省主管機關指定限期辦理者。	
五、公地撥用	(一) 依土地法第二十六條規定：各級政府機關須用公有土地時，應商同該管市縣政府層請行政院核准撥用。 (二) 依都市計畫法第五十二條規定：都市計畫範圍內，各級政府徵收私有土地或撥用公有土地，不得妨礙當地都市計畫。……其為公共設施用地者，由當地直轄市、縣(市)(局)政府或鄉、鎮縣轄市公所於興修公共設施時，依法辦理撥用。 (三) 依國有財產法第三十八條規定：非公用財產類之不動產，各級政府機關為公務或公共所需，得申請撥用。 (四) 依大眾捷運法第七條規定大眾捷運系統路線、場、站及其毗鄰地區辦理開發所需之土地，得依有償撥用、協議購買、市地重劃或區段徵收方式取得之；其依協議購買方式辦理者，主管機關應訂定優惠辦法，經協議不成者，得由主管機關依法報請徵收。又依大眾捷運系統土	1.商同該管市縣政府層請行政院核准撥用。 2.都市計畫範圍內，工地撥用，不得妨礙當地都市計畫。 3.為公務或公共所需，得申請撥用。	可以有償撥用或償撥用兩種。

	地開發辦法第 10 條規定，大眾捷運系統開發用地屬公有者，主管機關得依本法第七條第四項規定辦理有償撥用。 (五) 平均地權條例施行細則第 69 條規定：區段徵收範圍內之公有土地，除道路、溝渠、公園、綠地、兒童遊樂場、廣場、停車場、體育場所、國民學校等公共設施用地應無償撥用外，其餘土地應由徵收機關照公告土地現值有償撥用，統籌處理。 前項應無償撥用之公有土地，不包括已列入償債計畫之公有土地、抵稅地及學產地。		
六、私人捐贈	依都市計畫法第五十六條規定：私人或團體興修完成之公共設施，自願將該項公共設施及土地捐獻政府者，應登記為該市、鄉、鎮、縣轄市所有。	私人或團體興修完成之公共設施，自願將該項公共設施及土地捐獻政府者。	
七、容積移轉	(一) 容積移轉係指原屬一宗土地之可移出容積，移轉至其他可建築土地建築使用而言。 (二) 都市計畫法 83-1 條規定公共設施保留地之取得、具有紀念性或藝術價值之建築與歷史建築之保存維護及公共開放空間之提供，得以容積移轉方式辦理。 (三) 都市計畫容積移轉實施辦法第 14 條規定，各都市計畫地區實施容積移轉時，直轄市、縣（市）主管機關應先就其發展密度、發展總量、公共設施劃設水準予以通盤檢討，其確有實施之必要者，應循都市計畫擬定、變更程序，於都市計畫書之土地使用分區管制中，增列相關許可規定後辦理。 (四) 古蹟土地容積移轉辦法第 3 條規定，實施容積率管制地區內，經指定為古蹟之私有民宅、家廟、宗祠所定著之土地或	容積移轉之送出基地種類、可移出容積訂定方式、可移入容積地區範圍、接受基地可移入容積上限、換算公式、移轉方式、作業方法、辦理程序及應備書件等事項之辦法，由內政部定之。內政部已定有都市計畫容積移轉實施辦法及古蹟土地容積移轉辦法。	

	古蹟保存區內、保存用地之私有土地，因古蹟之指定或保存區、保存用地之劃定、編定或變更，致其原依法可建築之基準容積受到限制部分，土地所有權人得依本辦法申請移轉至其他地區建築使用。		
八、委託建設與管理	依據促進產業升級條例 66 條規定，工業主管機關開發之工業區，其公共設施中之污水及廢棄物處理設施，於必要時，得委託公民營事業建設、管理。	委託建設與管理可以借用民間力量來開發公共設施建設，但仍有其限制。	

第五節　公共設施多目標使用

一、法令依據

依照都市計畫法第三十條規定：都市計畫地區範圍內，公用事業及其他公共設施，當地直轄市、縣（市）（局）政府或鄉、鎮、縣轄市公所認為有必要時，得獎勵私人或團體投資辦理，並准收取一定費用；其獎勵辦法由內政部或直轄市政府定之；收費基準由直轄市、縣（市）（局）政府定之。公共設施用地得作多目標使用，其用地類別、使用項目、准許條件、作業方法及辦理程序等事項之辦法，由內政部定之。內政部據此，原訂有《都市計畫公共設施用地多目標使用方案》，2003 年 6 月，內政部另訂《都市計畫公共設施用地多目標使用辦法》，以茲遵循，原訂《都市計畫公共設施用地多目標使用方案》則於 2003 年 7 月 1 日明令停止適用。《都市計畫公共設施用地多目標使用辦法》總共只有十三條文。

二、原則

《都市計畫公共設施用地多目標使用辦法》第二條規定，公共設施用地作多目標使用時，不得影響原規劃設置公共設施之機能，並注意維護景觀、環境安寧、公共安全、衛生及交通順暢。

第七條規定：直轄市、縣（市）政府、鄉（鎮、市）公所、各該公用事業機構興闢，或私人或團體依本辦法申請公共設施用地作多目標使用者，應同時整體闢建完成。必要時，得整體規劃分期分區闢建。

三、需用土地

《都市計畫公共設施用地多目標使用辦法》第六條規定：私人或團體投資興辦公共設施用地作多目標使用，其所需用地得依都市計畫法第五十三條及土地徵收條例第五十六條之規定辦理。都市計畫法第五十三條規定獲准投資辦理都市計畫事業之私人或團體，其所需用之公共設施用地，屬於公有者，得申請該公地之管理機關租用；屬於私有無法協議收購者，應備妥價款，申請該管直轄市、縣 （市）（局）政府代為收買之。土地徵收條例第五十六條之規定徵收之土地，得於徵收計畫書載明以信託、聯合開發、委託開發、委託經營、合作經營、設定地上權或出租提供民間機構投資建設。本條例施行前申請徵收之土地，經申請中央主管機關備案者，得依前項規定之方式提供民間機構投資建設。因此，基於都市計畫公共設施用地多目標使用的必要，公共設施用地可以採用租用、價購、收買、徵收、信託、聯合開發、委託開發、委託經營、合作經營、設定地上權等方式取得所需土地。

四、使用方式

都市計畫公共設施用地多目標使用方式，依據《都市計畫公共設施用地多目標使用辦法》第十一條規定，基本上有兩種，第一種稱為立體多目標使用，如表 6-4。第二種為平面多目標使用，如表 6-5。

表 6-4　都市計畫公共設施立體多目標使用

用地類別	使用項目	准許條件	備註
零售市場	一、住宅	在直轄市三樓以上；其他地區二樓以上。 經營型態應為超級市場。 面積〇．一公頃以上。 面臨寬度十公尺以上之道路，不足者應自建築線退縮補足十公尺寬度後建築，其退縮地不計入法定空地面積。但得計算建築容積，並設專用出入口、樓梯、通道及停車空間。 不得兼作第三項之使用。 零售市場在直轄市使用一樓作市場確已足敷需要者，二樓得作第三項之使用。但如須回復二樓作市場使用時，應全部回復作市場使用。	公共使用包括：醫療衛生設施：以醫療機構、護理機構、醫事檢驗所、物理治療所、職能治療所為限。 社區通信設施：以郵政支局、代辦所、電信支局、有線、無線設備、機房、天
	二、公共使用	在直轄市三樓以上；其他地區二樓以上。 面臨寬度十公尺以上道路，不足者應自建築線退縮補足十公尺寬度後建築，其退縮地不計入法定空地面積。但得計算建築容積，並設專用出入口、樓梯及通道。	線及辦事處為限。 社區安全設施：以消防隊、警察分局、派出所為限。
		不得兼作第一項使用。 零售市場在直轄市使用一樓作市場確已足敷攤位需要者，二樓得作第三項之使用。但如須回復二樓作市場使用時，應全部回復作市場使用。	公用事業服務所：以自來水、電力、公共汽車、瓦斯（不包括儲

	三、商業使用。	在直轄市三樓以上；其他地區二樓以上；地下一樓。 面臨寬度十公尺以上之道路，不足者應自建築線退縮補足十公尺寬度後建築，其退縮地不計入法定空地面積。但得計算建築容積，並設專用出入口、樓梯及通道。 在臺北市依第一種商業區之土地使用分區管制規定辦理；其他地區依商業區之使用管制規定使用。但不得作為酒家（館）、特種咖啡茶室、舞廳、夜總會、歌廳或其他類似營業場所使用。 不得兼作第一項之使用。 零售市場在直轄市使用一樓作市場確已足敷攤位需要者，二樓得作本項之使用。但如須回復二樓作市場使用時，應全部回復作市場使用。	存及販賣）為限。 公務機關辦公室：以各級政府機關、各級民意機關為限。 社會教育機構：以圖書館或圖書室、文物陳列室、紀念館、兒童及青少年育樂設施為限。 其他公共使用：社會福利設施、集會所、藝文展覽表演場所、民眾活動中心。
	四、停車場、資源回收站、變電所及其必要機電設施。	作停車場使用限於三樓以上及地下層；作資源回收站、變電所及其必要機電設施使用限於地下層。 面積〇．一公頃以上。 面臨寬度十公尺以上之道路，並設專用出入口、樓梯及通道。其四週道路如已闢建完成，並規劃有單行道系統者，准許面臨道路寬度為八公尺以上。 作資源回收站使用時，應妥予規劃，並確實依環境保護有關法令實施管理。	
公園	地下作下列使用： 一、停車場。	面臨寬度八公尺以上之道路，並設專用出入口、通道。 應有完善之通風及消防設備。 覆土深度應在二公尺以上。	

二、兒童遊樂設施、運動康樂設施及其必需之附屬設施。	面積〇．二公頃以上，並面臨二條道路，其中一條需寬度十公尺以上（如已規劃為單行道系統，則得為八公尺以上），另一條寬度六公尺以上，並設專用出入口。 應有完善之通風、消防及安全設備。 覆土深度應在二公尺以上。	運動康樂設施：以游泳池、溜冰場、保齡球場、撞球場、舞蹈社、極限運動場、健身房（體適能中心）、桌球館、羽球場、排球場、籃球場、網球場、壁球場及相關道場為限。
三、自來水配水池及其加壓站、上下水道幹支線系統、抽水站（含引水幹線）、揚水站、貯留池、沈砂池、截流站、污水處理設施、雨水貯留設施、環境品質監測站所需機電設施、天然瓦斯整壓站、變電所、電信機房及必要機電設施、資源回收站。	面積〇．四公頃以上。 應有完善之通風、消防、安全設備及專用出入口通道。 覆土深度應在二公尺以上。但作上下水道幹支線系統使用時，因受地盤標高或下游幹線出口涵管底高程之限制，局部用地覆土深度經核准者，不在此限。 作貯留池、截流站、污水處理設施及資源回收站使用時，應妥予規劃，並確實依環境保護有關法令管理。	
四、商場、超級市場。	面積〇．四公頃以上，並面臨二條道路，其中一條需寬度十公尺以上，另一條寬度六公尺以上，並設專用出入口。 除經政府整體規劃設置者外，以該公園用地五百公尺範圍內未規劃商業區者為限，並應有完善之通風、消防及安全設備，且不得妨礙鄰近使用分區及影響附近地區交通。 面積未達一公頃者，開挖面積不得逾百分之七十；面積一公頃以上者，其超過一公頃部分開挖面積不得逾百分之六十；覆土深度應在二公尺以上。	

		不得逾地下二層樓。但供停車場、變電室及防空避難設備使用，且其構造物建築在地下二層樓以下者，不在此限。 不得超過總樓地板面積二分之一。 其停車空間不得少於建築技術規則所定標準之二倍。 商場使用限日常用品零售業、一般零售業（不包括汽車、機車、自行車零件修理）、日常服務業（不包括洗染）、一般事務所及便利商店。	
廣場	地下作下列使用： 一、停車場。 二、運動康樂設施。 三、變電所。 四、電信機房。 五、自來水配水池及其加壓站、上下水道抽、揚水站、截流站、污水處理設施、雨水貯留設施及必要之機電設施。 六、商店街。 七、藝文展覽表演場所及民眾活動中心。 八、資源回收站。	面積〇．二公頃以上。但作停車場使用，不在此限。 面臨寬度八公尺以上之道路，並設專用出入口通道。 應有完善之通風、消防及安全設備。 作第六項使用時，限於車站前之廣場用地。 作截流站、污水處理設施、資源回收站使用時，應妥予規劃，並確實依環境保護有關法令管理。	運動康樂設施之使用同「公園用地」之使用類別。
學校	一、建築物頂樓供設置電信天線使用。 二、地下作下列使用： (一) 停車場。 (二) 自來水配水池及其加壓站、配水池及上下水道抽、揚水站、雨水貯留設施及必要之機電設備。 (三) 電信機房、變電所及其必	面臨寬度在八公尺以上之道路，並設專用出入口、通道。 應有完善之通風、消防及安全設備。 停車場汽車出入口、通道應與學校人行出入口適當間隔。 應先徵得該管主管教育行政機關同意。	

	要機電設施。 (四) 資源回收站。		
高架道路	下層作下列使用： 一、公園。 二、停車場。 三、洗車業。 四、倉庫。 五、商場。 六、消防隊。 七、加油（氣）站。 八、警察派出所。 九、集會所、民眾活動中心。 十、抽水站。 十一、天然瓦斯減壓站。 十二、公車站務設施及調度站。 十三、其他政府必要之機關。 十四、變電所。 十五、電信機房。 十六、資源回收站。 十七、自來水配水池及其加壓站。	各種鐵、公路架高路段下層。 不得妨礙交通，並應有完善之通風、消防、景觀、衛生及安全設備。 應先徵得該管道路管理機關同意。 商場使用限日常用品零售業、一般零售業（不包括汽車零件修理）、日常服務業（不包括洗染）、一般事務所。	
加油站	二樓以上作下列使用： 一、管理單位辦公處所及附屬設施。	加油站、加氣站二樓以上。 應設專用出入口、樓梯及通道。	
	二、停車場。	加油站、加氣站二樓以上。 面臨寬度十二公尺以上道路，並應設專用出入口、樓梯及通道。 臨接道路長度不得小於三十公尺。但同時面臨二條道路，且臨接長度達二十公尺以上者，不在此限。	
停車場	一、管理單位辦公場所。 二、加油（氣）站。 三、簡易餐飲。 四、商場、超級市場。	作第二項至第四項、第八項、第十一項及第十二項使用時，其面臨道路寬度應在十二公尺以上。 應設專用出入口、樓梯及通道。	運動康樂設施之使用同「公園用地」之使用類別。

	五、電信、有線、無線設備、機房及天線。 六、洗車業、汽機車保養業、汽機車零件修理業。 七、變電所及其必要機電設施。 八、轉運站、調度站、汽車運輸業停車場。 九、圖書館。 十、民眾活動中心。 十一、運動康樂設施。 十二、旅館。 十三、地下興建上下水道抽、揚水站、截流站、污水處理設施、雨水貯留設施及必要之機電設施，地上興建管理室。 十四、地下興建資源回收站。	高度超過六層或十八公尺之立體停車場。但作第一項、第二項、第五項、第七項、第十三項及第十四項之使用者，不在此限。 使用樓地板面積不得超過總樓地板面積之三分之一。 作第三項、第四項、第十二項使用時，其停車空間，不得少於建築技術規則所定標準之二倍。 作第一項或第二項使用時，除加油（氣）站應於地面層設置外，得於地上及地下各樓層設置。 商場使用限日常用品零售業、一般零售業、日常服務業（不包括洗染）、一般事務所、自由職業事務所及金融分支機構。	簡易餐飲：以提供不需進行加工製作過程或經過適當設備簡易處理，其食物製作過程不致產生對環境負面之影響如廢氣、廢水、油脂、惡臭等飲食服務。
道路	除上空作運輸索道外，地下作下列使用： 一、停車場。 二、商場或商店街。 三、防空避難室。 四、污水處理設施、資源回收站。 五、電信機房。	道路寬度二十公尺以上，並設專用出入口、樓梯及通道。但與其他公共設施用地合併規劃興建地下停車場時，其道路寬度不在此限。 應有完善之通風、消防及安全設備。 應先徵得該管道路主管機關之同意。 商場使用限於日常用品零售業、一般零售業（不包括汽車、機車、自行車零件修理）、日常服務業（不包括洗染）、一般事務所、社區通訊設施、公務機關、飲食業、餐飲業、一般服務業及無人銀行、自動櫃員機。	
車站	一、停車場。 二、車站有關之辦公處所。 三、環境品質監測站、資源回收站。	車站、鐵路（場、站設施使用部分）、捷運車站、轉運站、調度站用地。應面臨寬度十二公尺以上之道路，並設專用出入口、樓梯及通道。	簡易餐飲之使用同「停車場」之使用類別。

	四、電信、有線、無線設備、機房及天線。 五、變電所及其必要之機電設施。 六、調度站。 七、集會所、藝文展覽表演場所。 八、地上一樓得作第一項至第七項及下列之使用： (一) 旅遊服務。 (二) 郵政及電信服務。 (三) 銀行及保險服務。 (四) 簡易餐飲。 (五) 特產展售及便利商店。 九、二樓以上得作第一項至第七項及下列之使用： (一) 百貨商場、商店街。 (二) 餐飲服務。 (三) 一般商業辦公處所。 (四) 旅館、觀光旅館。 十、地下得作第一項至第七項及商場、商店街之使用。	應有完善之通風、消防及安全設備。 第一項至第七項可於地上或地下各樓層設置。 作第八項至第十項使用時，不得超過總樓地板面積三分之二。一樓部分作第八項使用時，不得超過該層樓地板面積三分之一。 作第八項至第十項使用時，其停車空間不得少於建築技術規則所定標準之二倍。 應先徵得該管車站主管機關同意；設置旅館應符合觀光主管機關所定之相關規定。 商場使用限日常用品零售業、一般零售業（不包括汽車、機車、自行車、零件修理）、日常服務業（不包括洗染）、一般事務所、自由職業事務所及金融分支機構。	
綠地	地下作下列使用： 一、停車場。 二、自來水配水池、下水道截流站、污水處理設施、雨水貯留設施、資源回收站及必要之機電設施。 三、變電所及其必要機電設施。 四、天然瓦斯整壓站。	作第一項使用者應面臨寬度十二公尺以上之道路，並設專用出入口、通道；其四周道路如已闢建完成，並規劃有單行道系統，則准許面臨道路寬度為十公尺以上。 應有完善之通風、消防及安全設備。 覆土深度應在二公尺以上。	
變電所	地上層作下列使用： 一、電業有關之辦公處所。 二、圖書室。 三、集會所、民眾活動中心。	應為屋內型變電所或地下變電所。 面臨寬度十公尺以上道路，不足者應自建築線退縮補足十公尺寬度後建築，其退縮地不計入法定空地面	

	四、停車場。 五、室內運動設施。 六、一般住宅。 七、電信、有線、無線設備、機房及天線。 八、一般辦公處所。 九、商場。 十、旅館及餐飲服務。 十一、銀行。	積。但得計算建築容積，並設專用出入口、樓梯及通道。 變電所設於地下層時，得免計算建築容積。 作第八項至第十一項使用時，其停車空間不得少於建築技術規則所定標準之二倍。 作第九項至第十一項之使用，限於毗鄰商業區之變電所。 商場使用限日常用品零售業、一般零售業（不包括汽車、機車、自行車零件修理）、日常服務業（不包括洗染）、一般事務所。	
體育場	地下作下列使用： 一、變電所。 二、停車場。 三、商場。 四、展覽場。 五、運動康樂設施。 六、電信機房。 七、自來水配水池及其加壓站所需之機電及附屬設施、雨水貯留設施。 八、資源回收站。 九、簡易餐飲。	面積〇．四公頃以上。 面臨寬度十公尺以上之道路，不足者應自建築線退縮補足十公尺寬度後建築，其退縮地不計入法定空地面積。但得計算建築容積；並設專用出入口、樓梯及通道。 應有完善之通風、消音、消防設備。 作商場、展覽場使用者，應不得貯存具有危險性或有礙環境衛生之物品。商場經營以體育用品、科學儀器、書報、文具、紙張、照相器材、藝品、玩具、鮮花等零售業為限。 應先徵得該管體育主管機關同意。	運動康樂設施之使用同「公園用地」之使用類別。 簡易餐飲之使用同「停車場」之使用類別。
污水處理設施、截流站、抽水站及焚化場、	地上層作下列使用： 一、污水下水道有關之辦公處所。 二、圖書室。 三、集會所。 四、民眾活動中心。 五、停車場。 六、非營利性之運動康樂設施。	污水處理設施、截流站、抽水站及焚化場應為屋內型或地下型。 截流站、抽水站及焚化場應面臨道路寬度十公尺以上，不足者應自建築線退縮補足十公尺寬度後建築，其退縮地不計入法定空地面積。但得計算建築容積，並設專用出入口、樓梯及通道。	運動康樂設施之使用同「公園用地」之使用類別。

垃圾處理場	七、公園、綠地。 八、員工值勤宿舍。 九、電信機房。 十、資源回收站。		
兒童遊樂場機關用地	地下作停車場使用。 一、停車場。 二、社會教育機構。 三、地下興建自來水配水池及其加壓站、上下水道抽、揚水站、雨水貯留設施。 四、電信機房及其他機電設施。 五、變電所及其必要機電設施。 六、托兒所、幼稚園。	應面臨寬度八公尺以上之道路，並設專用出入口、通道。 應有完善之通風及消防設備。 面臨寬度十二公尺以上之道路，不足者應自建築線退縮補足十二公尺寬度後建築，其退縮地不計入法定空地面積。但得計算建築容積；並設專用出入口、樓梯及通道。 應有完善之通風、消防及安全設備。 應先徵得該機關用地主管機關同意。	社會教育機構：以圖書館或圖書室、博物館或文物陳列室、科學館、藝術館、音樂廳、紀念館為限。

資料來源：內政部營建署：http://www.cpami.gov.tw/law/law/law.htm

表 6-5　都市計畫公共設施平面多目標使用

用地類別	使用項目	准許條件	備註
公園	一、社會教育機構。 二、文化中心。 三、體育館。 四、運動康樂設施。 五、集會所、民眾活動中心。 六、停車場。 七、地下自來水配水池、加壓站、上下水道抽、揚水站、截流站、污水處理設施、雨水貯留設施等所需之機電及附屬設施、資源回收站。 八、環境品質監測站。 九、派出所、崗哨、憲兵或海岸巡防駐所、消防隊。 十、兒童遊樂設施。	面積五公頃以下者，其地面作各項使用之面積不得超過百分之十五；面積超過五公頃者，其超過部分不得超過百分之十二。 應有整體性之計畫。 應保留總面積二分之一以上之綠覆地。 自來水配水池所需之機電及附屬設施用地面積應在七百平方公尺以下，並應有完善之安全設備。	運動康樂設施之使用同「公園用地」之使用類別。 社會教育機構：以博物館、科學館、藝術館、音樂廳為限。
兒童遊樂場	一、幼稚園。 二、托兒所。	面積〇．二公頃以上。 幼稚園、托兒所用地面積不得超過兒童遊樂場用地面積百分之二十五，其建蔽率不得超過百分之五十。 兒童遊樂場用地作各項使用時，應予整體規劃開闢。 應徵得該管主管教育行政及社會福利主管機關同意。	
體育場	一、看臺下作下列使用： (一)展覽場。 (二)停車場。 (三)倉庫。	作第二項之使用時，體育場所用地面積應在五公頃以上。 作展覽場使用者，不得貯	

	(四)消防隊址。 (五)警察派出所。 (六)交通分隊。 (七)集會所、民眾活動中心。 (八)其他政府必要之機關。 (九)體育訓練中心。 (十)電信機房。 (十一)雨水貯留設施。 二、音樂廳臺。	存具有危險性或有礙環境衛生之物品。 應先徵得該管體育主管機關同意。	
加油站	一、停車場。 二、洗車設施。 三、汽機車簡易保養。 四、汽機車用品之販售。 五、代辦汽車定期檢驗。	面積一千平方公尺以下，限作洗車業。 面臨寬度十二公尺以上道路。 臨接道路長度不得小於三十公尺。但同時面臨二條道路，且臨接長度達二十公尺以上者，不在此限。 應有完善之通風、消防及安全設備。 不得超過加油站用地面積之三分之一。	

資料來源：內政部營建署：http://www.cpami.gov.tw/law/law/law.htm

第七章　都市管理概論

第一節　都市管理

如果說一個國家的構成包括領土、主權與人民三要素；一個都市的構成也有三要素，那就是區域、市民與自治權。都市管理學（Urban Management）也稱市政學，市政學（Municipal Science）是一門研究有關城市政權組織與管理的學科。行政學者說市政學是行政學的分支學科，都市計畫學者則說市政學是都市計畫學的分支科學。事實上，它既非行政學的一個分支學科，也非都市計畫學的分支科學，它是融合政治學、行政學、地政學、財政學、社會學、經濟學、統計學與都市計畫學等等學科於都市管理而成為新的一門學科。

市政管理或市政學的研究範圍，通常包括：都市的概念與發展、都市職能與功能、都市的地位、都市自治監督、市政組織、都市行政、府會關係與府際關係、都市事業、都市經濟、都市社會、都會區問題、NPO 與市政管理、居民與市政運作等範疇。

從狹義的觀點來說，市政學就是都市行政（City Administration），市政學是研究與管理行政有關各種的學術，這個觀點有很明顯的行政觀點（administrative perspective），也就是研究都市政府各個分支部門（branches）如何運作的學問；包括一般行政、財政行政、主計行政、社會行政、環保行政、工務行政、警務行政、土地行政、兵役行政、農業行政、經濟行政、衛生行政、教育行政、建設行政、消防行政、都市計畫行政等等，均包括在內。

廣義的說，市政學就是都市管理（City Management），也就是針對城市的特點，進行城市管理的研究，或者說研究如何治理都市的學問，這個觀點有很明顯的治理觀點（govern perspective），也就是從市政經營者的角度來觀察，都市應如何治理，主要包括市政體制、府會互動、權限劃分、都市組織、市政經營、都市行銷、都市政策等等，均為研究重點。

最廣義的說，市政學就是都市研究（city study），也就是以都市為研究對象，研究都市內已發生、未發生、所發生或可能發生的種種現象，進行系統的觀察、調查、紀錄與研究，這個觀點有很明顯的系統觀點（system perspective），都市行政、都市管理、都市規劃、都市論壇、都市政府與民眾的互動、與民意機關的互動、與同級政府的互動、與上下級政府的互動及城市互動均包括在內的學科。

《都市是人類文明發生與累積之所，許許多多的人類活動都在都市之內完成，都市論述提供啟發人類了解都市現象、解釋都市現象與批判都市現象的重要工具。》

第二節　都市基本論述

解釋都市現象，可以從造成現象的前因（antecedent）著手，可以從形成現象的結果（result）著手，也可以分析從前因到結果的過程（process）著手。在這個複雜的現象中，因論點的不同，都市管理者有六類截然不同的基本論述（basic discourse）。第一種論述是從都市居民的立場，由政治、社會的角度探討地方政府、都市市民的地位、價值與主體性，我們稱為本質論，都市本質論強調的是都市的前因問題；第二種論述是從都市功能的角度，詮釋都市存在的目的，稱為目的論；第三種論述是強調都市發展過程的都市過程論；第四種論述來自於馬克思觀點的都市工具論；第五種論述是來自於新馬克思觀點的都市結構論；第六種論述是基於人類知識成長觀點的都市後設論。

一、都市本質論

都市本質論（urban essentialism）在都市活動因果關係過程的論述，主要從前因（antecedent）著手，強調的是發展的原因，而非發展的結果，都市本質論者對都市管理的觀點，主要有兩種不同的看法，第一種稱為正統觀點（orthodox view），正統觀點主要是基於資本主義的理念，認為都市居民與都市發展均有其有其必然性，通常這種必然性如果具有普遍性的因果關係，稱為《必然論》。另一派的都市本質論者，則認為都市發展過程的因果關係，並不能放諸四海而皆準，而必須就個別的都市分別的論述，也就是都市發展僅有個別性的因果關係，這一派的說法稱為《偶然論》。

無論是必然論或偶然論，都特別強調都市的精英階級對都市存在的貢獻，也就是主張都市發展必然實現人類的道德觀與價值信念，這些道德觀與價值信念通常包括：實現特別價值（如公義、自給自足、主體性）、實踐政黨承諾、承擔居民負擔、地方事務參與等等，雖然人類的道德觀與價值信念很難作為評斷都市發展的標準，然而並無損於都市工作者的崇高道德感與價值觀。也就是市政工作者必須有很崇高的道德管與價值觀，方足以領導市政。

二、都市目的論

都市目的論（urban finalism）主要是論述都市的結構性與功能性角色，重要的是都市發展的結果，而不是都市發展的過程。

從都市發展的結果，我們可以檢視一個都市究竟應該扮演何種角色？提供居民何種都市功能？這個都市在全國都市體系乃至全球都市論壇的發言份量。都市目的論強調都市並非國中之國，亦非獨立之城，因此毋庸太過強調主體性，都市執政者應以功能性目的為主導價值，也就是都市政府應時時刻刻不忘政府存在的目的是服務市民，市民才是是都市存在的目的。這些服務至少包括：消費目的、生產目的、生活目的、教育目的及其他種種目的，都市政府施政必須是問題導向的，也必須追求市民目標與價值的實現，從這些目的中，我們可以把所需要的都市機能種類與規模，甚至政府的規模與部門，大致界定出來。

從目的論的角度來看，不同的都市，結構不同，角色不同，功能也有所不同，國際的大都市與國內一般城市相比較，必然有許多的不同；區域的商業都市與周邊的工業都市也必然有很大的差異，這些不同與差異，包括人文與文化的素養、經濟與所得的水準、也包括開放與交流的程度、管理法規與制度的差別、乃至於生活習慣與制度，也會有所不同。規模越大的都市，不僅是大公司、大金融機構或區域政治經濟的集中地，也集中較多的跨國公司、機構、活動以及組織。雖然這些功能不盡相同，但大致而言，仍可區分為四大功能，包括：(1)治理功能（政治的、行政的）；(2)社會功能（文化的、生活的、娛樂的等）；(3)生產功能（農業的、工業的、商業的等）；(4)居住功能（包括空間的、公共設施的、公用設備的）。

因此，都市目的論者認為，都市存在的目的是豐富與滿足都市居民生存、生活與發展之需，這通常包括新市民主義的生活價值與內容、充滿活力與希望的新城市行動經驗、都市空間新的結構佈局、都市專業定位、生態城市，乃至都市光榮感、尊榮感的塑造等等。如何透過都市論述，強化原城市結構，讓都市重新聚焦，塑造都市新空間，重新連結不同的都市空間，形成新的生活廣場，創造新都市功能，改善原有的都市空間，成為都市目的論者所關心的課題。

三、都市過程論

都市過程論（urban procession）強調的是從都市發展的前因到都市發展結果之間的發展過程，以及在這個過程中活動與活動、土地與土地、資源與資源、使用與使用之間的市場競爭與競合，這個過程常常包括許許多多經濟的、文化的、社會的與政治的互動、衝突、對抗、妥協與融合，如果都市研究者掌握了這個過程，其實也掌握了解釋都市活動、分析都市活動與預測都市活動的能力。

都市研究者分析這樣的自然發展過程，最常引用的隨機過程稱馬可夫過程（Markov Process），或稱為馬可夫鍊分析（Markov chain analysis）。馬可夫是俄國二十世紀初年非常知名的數學家，他研究機率理論，發現如果任意的未知變數的序列，由已知的變數所決定，這個決定—取代的過程，最後將收斂到一個均衡的狀態，就不會再改變，這個均衡狀態稱為馬可夫均衡，他的研究方法和重要發現推動了概率論的發展，也在自然科學、工程技術、社會科學中廣泛的應用，在都市研究中，如果我們能夠知道某一種活動使用的價值系統，我們就能夠推求出某種活動在某一區位的使用機率，經由馬可夫過程，研究者就可以知道最後均衡的土地使用市場的形貌，也就能夠提出有用的都市規劃設計。

四、都市工具論

第三種論述為都市工具論（urban instrumentalism），主要來自於馬克思（Karl Marx），因此稱為馬克思觀點（Marxist View），馬克思認為政府是一個階級（資產階級）用來壓迫另一個階級（無產階級）的工具。都市基本上也是由都市資產階級所控制，用來壓榨都市無產（勞動）階級的工具。馬克思透過階級鬥爭論與唯物辯證論為論述重點來探討都市發展，馬克思擷取黑格爾（George Hegal）的辯證唯心論與費爾巴哈（Ludwig Feuerbach）的樸素唯物論合成辯證唯物論，他主張人類事務的發展主要依據質量互變律、對立統一律與否定之否定律三大定律而運行，都市的運作也是如此。

馬克思與恩格斯（Frederick Engels）所倡導的共產主義，充滿十九世紀後，廣大的勞動階級對工業革命後的都市經濟生活的反感與悲觀，馬克思主義者認為，在資本主義控制下的社會，都市作為工業與商業的場所，也是作為資本主義斂取財富的工具，其不義是建立在資產階級對無產階級（勞工）的剝削上，這種剝削不僅來自於資本機器的控制，也來自於對都市土地的控制，都市裡頭貧者愈貧、富者愈富，幾乎已經成為發展定律；更進一步分析，整個都市的財富或繁榮，也是建立在都市對鄉村或鄰近地區的掠奪上。因此，想要徹底解決都市問題除了解決生產力外，還需解決財產私有制所衍生的種種物化與異化的問題，這樣問題的解決想要寄希望於資產階級，無異是緣木求魚；因此都市問題其實是階級衝突問題，也是生產工具私有化及民生必須品的商品化的問題。

馬克思認為傳統都市是資本主義及資產階級所主導與控制，廣大的無產階級雖然一生為資產階級服務，也是都市發展中最重要的主要貢獻者，卻淪為資產階級的附庸，雖然勞碌一生，但卻無法擁有原本應該屬於自己的土地或財富，也無法擁有相當的生產工具，最終自然喪失了都市的主導權，都市成為都市資產階級用來榨取都市勞動階級的主要工具，從都市的貧民窟中，我們可以獲得這樣的啟發性觀察。因此，勞動階級如要改變此一狀況，必須取得都市發展的主導權，但此舉在資產階級設計的既存制度下幾乎不可能，因此要對抗資本主義都市領導者的唯一出路就是運用質量互變律、對立統一律與否定之否定律三大定律，才能打破市政機器，而從 1870 年到 1871 年法國內戰時產生的沒有政府、沒有議會的巴黎公社實驗，就是馬克思主義者的都市管理典範。

所謂《巴黎公社》是發生在 1871 年法國無產階級建立的工人革命政府，為時只有兩個月，這也是世界歷史第一個無產階級專政的政權。導致巴黎公社起義的直接原因是 1870 年 9 月法國在普法戰爭中的慘敗，法蘭西帝國崩潰。同年 9 月 4 日，巴黎爆發資產階級革命，宣佈成立第三共和國，組成的新政府，稱為"國防政府"。而普魯士軍隊仍然繼續進攻法國。9 月 19 日，普軍包圍巴黎。為了保衛巴黎，巴黎工人階級建立了 194 個營的國民自衛軍，人數據稱達 30 萬人，由工人自己選舉產生的國民自衛軍中央委員會領導，形成與國防政府對立的政治力量，其後巴黎工人起義，資產階級的國防政府與無產階級的工人政府爆發內戰。1871 年 3 月 26 日，巴黎人民進行投票，選舉產生了工人自己的政權——巴黎公社，打碎舊的國家機器，廢除舊軍隊；新建立由工人階級領導的國家機構，沒收逃亡資本家的工廠，由工人團體管理，嚴禁苛扣工人工資。公社還規定工作人員薪水最高不得超過工人最高工資，不受群眾信任的可以隨時撤換，此即巴黎公社（註一）。

五、都市結構論

第四種都市論述稱為都市結構論（urban structuralism），馬克思主義論者由於對《都市工具》看法的歧異，又可分工具主義論者與結構主義論者，前者主張都市是非主流階級或者說反對主義對抗國家的重要工具；後者主張都市是非主流階級或者說反對主義對抗國家的重要理由。由於馬克思主義論者所主張的由非主流階級透過武裝鬥爭取得都市主導權，在現實社會中很難實現，因此，新馬克思主義的興起，基本上是對馬克思主義的批判與反省，新馬學者引用義大利學者葛蘭西（Antonio Gramsci）的霸權（egemonia）典範，認為面對普羅大眾的改革要求，由於資本主義的複雜性，資本主義當權者有很多機會利用各種制度與文化的優勢，施以小利，拉攏市民，使得階級矛盾不至於那麼矛盾，最後勞動的無產階級終於被資本主義者完全征服，甚至還不自覺，這是一種全新的文化霸權（hegemony）。在資本主義的虛矯與掩飾之下，市民逐漸失去當家做主的信念，都市成為資本主義者的天堂，底層民眾不要說翻身，連想要翻身的想法都被消滅。要改變底層民眾的悲慘命運，讓都市的勞動階級真正能掌握都市的主導權，除了學習資產階級控制都市機器的種種手段外，更重要的是透過各種形式的城市運動，讓勞動階級從統治階級的層層迷霧中覺醒起來，才能從都市結構中精英階級佔領都市結構上層的資本官僚主義徹底顛覆。

六、都市後設論

第五種都市論述稱為都市後設論（urban meta-theory），都市後設論主要是應用於都市的計畫理論基礎，所謂後設（meta）是指《知識》之後，古代希臘人相信物理學（physics）是上帝的知識，人類祇能發現而不能創造，所以物理學是所謂的第一知識，而屬於人類心靈的知識，祇能是詮釋上帝知識的或者說是物理學之後的知識（metaphysics），稱為第二知識，這種屬於純粹哲學型態的科學，中國人稱為形上學。而所謂後設理論（meta-theory）即是指基本理論之後的詮釋性理論，都市的研究特別是都市規劃的研究，祇能是成長的、學習的、詮釋的，這種基於人類知識具有不斷成長的特性，而產生的種種都市規劃理論，統稱為都市後設論（urban meta-theory），從後設的角度來看，人類的都市行為是一種選擇行為，都市計畫也是一種選擇的過程，但都市規劃更強調理性的過程，在這個理性的過程中，人可以盡可能的增加自覺的程度，這種自覺的程度可以增進自我的學習，而達到未來成長的能力，透過規劃過程，都市可以創造性的由一種現存的秩序不斷的變遷到另一種新的秩序，這種新的秩序可以透過檢驗證明這種變遷有助於都是問題的解決。因此，都市後設論強調理性的過程、強調規劃過程中機構、人員與活動如何產生有意義的價值，因此，規劃是一種 problem-seeking、一種 goal-seeking、一種 learn-seeking、一種 bebavir-seeking、一種 value-seeking 的過程，而計畫後設理論則試圖模擬這樣的過程，並提出合理的詮釋。

第三節　都市政府

一、我國市制度源起

我國市政制度最早見於周官，周官謂：總攬市務者稱為司市，主要執掌為：市之治、教、政、刑、度量、禁令。在司市之下，掌理商業交易者，稱為質人；掌理城市財政者，稱為廛人；掌管金融者，稱為泉府；掌管城門者，稱為司門；掌管關務者，稱為司關；掌管治安者，稱為司稷。

近代市政制度，則源於清朝末年，清光緒三十四年（1908年），頒布〈府廳州縣地方自治章程〉暨〈城鎮鄉地方自治章程〉，規定凡府州廳縣城所在地稱〈城〉；人口滿五萬者稱〈鎮〉；不滿五萬者稱〈鄉〉；城鎮鄉均為法人，可設議事會及董事會，議決及辦理地方自治事宜。

民國 19 年（1930 年），國民政府公佈市組織法，規定院轄市及省轄市均設市參議會及市政府，議決及辦理市自治事項。

臺灣在日據時期，分為五州、三廳、十一州轄市；光復後先改為八縣、九省轄市及兩縣轄市，民國 89 年制定臺灣省各縣市行政區域調整方案、臺灣省各縣市實施地方自治綱要。民國 83 年（1994 年），總統公佈省縣自治法、直轄市自治法；民國 88 年(1999年），總統公佈地方制度法。地方制度法成為都市自治最重要的法源。

二、市政組織體制

市政組織體制，依其市長與市議會的權力強弱與組成機制，從議會獨享完全市政管理權的體制，到市長獨享完全市政管理權的體制之間，有許多的可能，大致而言有八種：弱市長—強議會制度（weak mayor-strong council type）、強市長—弱議會制度（strong mayor-weak council type）、市委員會制度（city board type）、市經理制度（city manager type）、議會—市長制度（council-mayor type）、議會—委員會制度（council-committee type）、市長—議會制度（mayor-council type）、強市長—強議會制度（strong mayor-strong council type）等。其中弱市長—強議會制度，通常市長由議會任命，而非普選產生，市長祇擔任儀式性首長，市政大權掌握在議會手裡，內閣制的市政組織通常具有這樣的型態。強市長－弱議會制度，係由市長對市政管理享有完全的權力，副市長通常由市長任命議會中最資深又與市長相同政黨的議員擔任，如美國 Louisiana 州的 Baston Rouge 市。市委員會制度則是對傳統民主政治的厭惡，所形成的制度，市委員由全市普選產生，委員人數通常只有 3-7 人，如國的休士頓即屬此種型態。市經理制度市長與議長皆由選舉產生，但市長通常僅有象徵性的權力，市政管理權集中在由市長與市議會共同選任的市經理掌管，如美國的德州的 Austin 市。議會—市長制度，則為法國的制度，市長由議會間接選舉產生。市長—議會制度，市長與議長均由同一人擔任，經市民普選產生，另由各選舉區選民選舉產生議員，組成議會，一級主管通常由市長任命，與市長同進退，市長的任期較短，通常為兩年，如美國康乃迪克州的 New Haven 市。議會—委員會制度，流行於英格蘭部分地區，通常由市民選出市議員與參議員，再由市議員與參議員共同組成市政委員會，任命其中一人為市長的制度。強市長—強議會制度（strong mayor-strong council type）則類似臺灣的市長議會制度，市長與議長是都市管理者的兩位強人，許多決策必須妥協，才能形成，對於三黨不過半的議會政治，經常造成市政僵局。

三、都市管理者的職責

都市政府的功能，有各種不同的詮釋，有從靜態與動態的觀點來詮釋，有從供給與需求的觀點來詮釋，有從統治與治理的觀點來詮釋，管理依照管理理論之父費堯（Henri Fayol）於 1916 年提出的管理五大功能，包括：規劃（planning）、組織（organizing）、領導（leadership）、協調（coordinating）與控制（controlling）或者說是規劃（planning）、組織（organizing）、用人（staffing）、指導（directing）、控制（controlling）；通常都市管理者的職責，不同的都市，有不同的管理職責，常見的管理職責包括：

1. 研究制訂都市市政發展策略。
2. 市政中長期規劃和年度計畫。
3. 都市市政基礎法規的起草。
4. 都市道路、橋梁、排水、污水處理等基礎設施管理制度和政策。
5. 都市管理的協調、調度和監督。
6. 都市綜合計畫及協調。
7. 都市政府投資重大計畫可行性研究。
8. 市政公用事業基礎設施的養護標準和規範。
9. 都市各項計畫用水、節約用水和規劃地下水的開發利用和保護工作。
10. 市容、廣告和環境衛生的行業管理工作。
11. 市級以下區公所與村里政的管理的工作。
12. 都市各種緊急事件的處理與善後。

第四節　都市自治

一、都市法人

何謂法人？依據公法而成立的團體稱為公法人，其內部有權力服從關係，對其內部成員有強制力，依據私法而成立之團體稱為私法人，其內部關係為平等契約關係。法人為自然人以外由法律所創設的一種權利義務之主體，法人的分類，有依據私法（如民法、公司法）成立者稱為私法人，有依據公法成立者稱為公法人，如國家、地方自治團體或法律明定具公法人資格之人民團體，如農田水利會。私法人又分為社團法人與財團法人兩種，社團法人又分為三種：營利社團法人（如公司、銀行）、中間社團法人（如同鄉會、同學會、宗親會）、公益社團法人（如農會、工會）；財團法人乃多數財產之集合體，一律為公益性質。如私立學校、教會、寺廟、基金會等屬之。目前我國又依基金是否包含政府出資為標準，而於各財團法人之設立及監督準則中，創造出「政府捐助之財團法人」與「民間捐助之財團法人」二種不同的概念。各類法人如表 7-1 所示。

表 7-1 法人分類表

<table>
<tr><th colspan="3" rowspan="2">法人類別</th><th colspan="2">法人依據之法規</th><th rowspan="2">法人舉例</th></tr>
<tr><th>性質</th><th>名稱</th></tr>
<tr><td rowspan="3">公法人</td><td rowspan="2">行使或分擔國家統治權</td><td rowspan="2">以公益為目的</td><td>公法（普通法）</td><td>憲法</td><td>國家</td></tr>
<tr><td>（特別法）</td><td>機關組織法、條例、規程</td><td>各級機關、地方自治團體</td></tr>
<tr><td>辦理自治事業</td><td>以公益為目的</td><td>公司法混合之法律（特別法）</td><td>水利法</td><td>農田水利會</td></tr>
<tr><td rowspan="5">私法人</td><td rowspan="4">社團法人</td><td rowspan="2">公益社團法人</td><td>公司法混合之法律（特別法）</td><td>農會法、漁會法、工會法……</td><td>各級農會、漁會等職業團體……</td></tr>
<tr><td>公司法混合之法規（特別法）</td><td>律師法、醫師法、技師法……</td><td>律師公會等職業團體及各種社會團體</td></tr>
<tr><td rowspan="2">營利社團法人</td><td>公私法混合之法律（特別法）</td><td>合作社法</td><td>各種合作社</td></tr>
<tr><td>私法（特別法）</td><td>公司法</td><td>各種公司</td></tr>
<tr><td>財團法人</td><td>以公益為目的</td><td>私法（普通法）</td><td>民法總則</td><td>宗教寺廟、私立學校等</td></tr>
</table>

資料來源：行政院文建會：http://www.cca.gov.tw/Culture/Arts/CulturalWorkshop

二、先進國家之都市法人

中央集權國家，都市僅能辦理中央委辦事項，通常並無地方自治事務，例如大革命前的法國，法國大革命後，創設出有獨立法人格的縣，依方面她作為地方自治團體，另一方面她也是國家地方行政機關；第二級的地方自治團體稱為鄉鎮市，也兼具國家行政機關的性格。地方分權國家，市只辦理地方自治事務，通常並不辦理中央委辦事項，聯邦國家，州政府與聯邦政府同享國家主權，例如美國，州政府其實不能算是地方政府，州權是中央聯邦權的一種，地方政府其實是州以下的郡和市，有關的地方自治，依美國憲法之規定，是屬於州的保留權限，意思是聯邦政府不能介入，因此有學者認為，美國各州的地方制度是州的創造物（creature of state）；這與德國不同，德國雖是聯邦國，但對於地方自治卻寫在聯邦基本法內加以保障。內閣制的國家，例如英國，中古世紀的都市是由國王發給特許狀（Royal Charter）而取得自治市的法人地位，另一方面，英國由於具有議會主權的傳統，因此其地方自治團體都是由國會所創設，也就是英國國會制定的法律，在中央由內閣各部會的行政機關執行，而在地方則是由地方議會所組成的地方行政機關加以執行（註二）。都市法人的侵權行為通常負有刑事、民事與賠償責任。依據我國地方制度法的規定，地方自治團體均為法人，擬議中的地方制度法修正案規定，地方自治團體又可分為普通地方自治團體—縣（市）、鄉（鎮、市），直轄市自治團體—都（府），特別區自治團體（分原住民自治區、離島特別區—即金門特別區、馬祖特別區）。

三、都市自治權限

都市自治屬於地方自治的一環，地方自治權的內涵包括業務權、事務權；事務權指政府行政部門之組織、人事、財政等權，屬地方之自主之權；至於業務權，指與人民權利義務有關，政府行使之行政權，可分為自治事項與委辦事項。自治事項又稱固有事項，通常包括自由性之自治行政任務與義務性之自治行政任務。委辦事項有可分為一般委辦事項、指令委辦事項及機關借用事項。

地方自治高權通常包括通常事務管轄權、地域高權、立法高權、人事高權、財政高權、計畫高權。屬自治事項之監督，通常透過合法性監督進行；委任事項由於係中央委託辦理事項，因此，其監督除了合法性監督之外，尚有專業監督施政之《妥當性、合目的性》。自治事項，地方擁有地方立法權，委辦事項，係上級機關委由下級機關執行辦理事項，地方僅有執行權而無立法權，惟如地方機關因種種原因拒不執行時，中央通常可行使代行權，代為處理。

有些國家對地方自治採取保障制度，包括：地方自治應予以尊重；地方公共團體應予以保障；地方公共團體權能應予以保障；第四地方公共團體平等權應予以保障。至於地方自治之爭議，對於自治事項發生爭議之解決，精省前，原省縣自治法第十五條「對於自治事項遇有爭議時，由立法院院會議決之」及第二十六條「省縣會議決事項，於本法施行後四年內，與中央法規牴觸者無效；期滿後，省議會議決自治事項與法律牴觸者無效；議決委辦事項與中央法規牴觸者無效；議決事項與法規、規章有無牴觸發生疑義，由司法院解釋之」。精省後，現行地方自治法對於自治事項與中央法律有爭議時，交由司法院解決之。中央與縣市有爭議時由立法院院會議決之，直轄市與縣市間有爭議時，由行政院解決之；縣市間有爭議時由內政部會同中央有關機關解決之；鄉鎮市間有爭議時，由縣政府解決之。

四、都市自治的解析

都市自治是地方自治最明顯的特徵之一，由於地方自治伴隨著地方的分權，地方分權的結果，不僅造成中央與地方垂直的競爭，地方與地方之間、都市與都市之間也常常為了吸引更多的納稅義務人的移入，而產生水平的競爭。地方自治的型態通常與國家體制有關，現存國家體制有屬於統一形式的單一國；有屬於地方分權的邦聯國；亦有屬於聯邦式的國體，聯邦形式的國家體制，依美國政治的發展又可分為：(1)以國家為中心說；(2)以地方為中心說；(3)合作說；(4)新聯邦體制說等四種學說。至於地方自治的來源理論，又分為(1)固有權說；(2)承認說《傳來說》；(3)制度保障說；(4)新中央集權主義說；(5)人民主權說《住民主權說》；(6)均權制度說等學說。

理論上，地方自治本質上是一種垂直型的分權設計，意謂著地方行政從國家行政（中央行政）領域中分離出來，自成格局，有相當程度的自主性，不再是階級森嚴、層次井然之國家機關結構的一部分。地方自治團體無論享有多大的自治權，仍非國中之國。為維持國家統一於不墜，使不致於分崩離析，國家與地方自治團體間仍須有一制度聯繫存在，也就是國家對地方自治團體的自治監督。在地方自治層級複數的國家如我國，自治監督的概念還包括上級地方自治團體對下級地方自治團體的自治監督，如省對縣市的監督，縣市對鄉鎮的監督。

依照我國憲法本文的規定，省縣自治與鄉鎮市自治在法律位階上稍有不同，省縣自治是屬於憲法制度保障的憲政層次，而鄉鎮市自治則是明訂於省縣自治法中，是屬於法律保障層次，兩者在自治位階不同，其自治精神、內容和規範方式當然有所不同。省縣自治依我國憲法本文之規定，採制度保障說，因此對於省縣自治，立法者在制訂法制時，有義務要保障地方自治行政的核心內容，也就是對於屬於地方自治核心內容的組織、人事、財政、地方發展規劃等核心自治事項；全部僅不能剝奪和限制，更應加以保障，否則很可能違憲。而鄉鎮市自治則不在此範圍內。但 1998 年修憲後之增修條文，已經改變這種看法。

第五節 都市財政

一、都市財政理論

都市建設非錢莫辦，傳統的都市財政主要是基於古典經濟學者亞當司密斯（Adam Smith）、李佳圖（D. Ricardo）、馬爾薩斯（T. Malthus）等人的看法，主要有三，第一稱為經費縮小論，主張最好的政府是最小的政府，最好的政府計畫是支出最少的計畫；第二稱為租稅中立論，租稅的多寡與統治者或政府無關，最好的租稅制度是讓人民負擔最少的租稅制度；第三是公債破產論，主張政府如果以舉債或發行公債的方式籌借財源，必然陷入以債還債、以債養債的困境，最後將導致政府破產。到了二十世紀，極度保守的財政政策因凱因斯（John Keynes）的穩健財政（sound finance）與功能財政（functional finance）的提出，而有了重大的改變；主張基於社會正義，租稅應該依公民能力與財富課徵的量能原則（Ability to pay principle），與主張使用者付費、污染者付費、社會成本內部化，脫胎於皮古稅（Pigouvian Tax）的受益原則（Benefit received principle），成為稅制的兩大原則，都市財政也變的更複雜而多樣。

二、都市收入

都市收入，由於具有一年結算一次的特性，也稱為歲入，或稱為都市財政；都市財政主要來源是稅課收入，稅課收入就其制度（註三）包括：獨立稅源制、共分稅源制、附加稅源制、統籌分配稅制及規費，除此之外，尚有公共造產收入、補助收入集其他收入等，分述如下：

1. **獨立稅源制**：是一種稅源各自獨立課徵的制度，例如投資人投資營利事業獲利，在營利事業階段必須先繳納「營利事業所得稅」；其稅後淨利，以盈餘型態發放予股東個人，則變成股東個人綜合所得總額中的「營利所得」，需併入個人綜合所得總額，申報個人綜合所得稅。營利事業所得稅與個人綜合所得稅分別課徵，稱為獨立稅源制或獨立課稅制，這種制度下，通常中央課所得稅；地方稅則包括：土地稅、房屋稅、使用牌照稅、契稅、印花稅、娛樂稅等等稅課收入。
2. **共分稅源制**：共分稅源制意指稅源共用、稅收分享，此一制度給地方一定的財力，但稅的種類與稅率的確定權仍在在中央。這種共用稅與轉移支付都是在劃分稅種的基礎上，實現縱向財政均衡和橫向財政均衡的手段。但稅源共用、稅收分享是收入劃分方式，屬於財政收入“初次分配”，而轉移支付則是更為規範的雙向均衡基本方法，屬於財政收入的“再分配”。此一制度主要是解決縱向財政均衡問題，偏重於對地方財政收支的總量調節。地方政府可以無條件地獲得中央政府所徵稅收的特定比例部分，這一比例一經確定，各地區通用。

3. **附加稅源制**：通常對進出口商品按所規定的稅率徵收的關稅稱為正常關稅，或稱正稅。在正稅外再額外加征的關稅稱為附加稅。附加稅通常是一種特定的臨時性應急措施，對個別國家的個別商品徵收的附加稅主要有反傾銷稅和反補貼稅兩種。
4. **統籌分配稅制**：財政收支劃分法規定，由中央統籌分配給直轄市、縣（市）及鄉（鎮、市）之款項，其分配辦法應由財政部洽商中央主計機關及受分配之地方政府後擬訂之；縣統籌分配給鄉（鎮、市）之款項，亦應由縣政府訂定分配辦法等。此一制度又分特別統籌分配稅以之應緊急事務；普通統籌稅則依財政能力、人口多寡、土地面積、營利事業稅課成績、或一定的分配公式分配。臺灣現行的統籌分配稅來源主要是所得稅與貨物稅提撥 10%，營利事業所得稅（扣除發票獎金支出）40%，土地增值稅 20%。這幾年統籌分配稅的額度約在 1900-2600 億元之間。
5. **規費**：規費是政府機關基於公權力，向特定人提供特定給付或特許所收取之費用。政府所提供之個別性服務，按個別報償原則，由各人視其需要，自行決定是否向政府購買，其受益對象可明確辨認，適用「使用者付費」之原則來訂定價格。我國對於規費並無專法管制，而是散見於各相關法令當中，以重點提示訂價標準，再由各服務單位自行計算收費標準，提送同級民意機關通過後施行。當前我國規費的征收計有；司法規費、考試規費、行政規費及事業規費等四種。
6. **公共造產收入**：指地方自治團體利用地方上的人力、物力，開發地方上的資源，創造地方上的財富，以增加地方財源的地方自治事業，公共造產經營事業涵括之項目有造林、果樹、作物、行道樹、畜牧、水產、停車場、商場、觀光育樂事業及其他事業等。

7. **補助**：補助通常是指上級政府對下級政府的財政移轉支付，補助機制一般來說有兩種，第一種稱為特定補助制度，屬於上級政府基於特別目的或計畫給於下級政府的財政支助，特定補助制度又分為有條件特定補助與無條件特定補助兩種，有條件的特定補助通常為計畫型補助，又分為須配合款的補助與無須配合款的補助兩種。無條件特定補助通常又分兩種，一種稱為完全無條件的特定補助，另一種稱為與稅收努力有關的無條件特定補助。特別補助制度為具有外部效果之公共財貨與勞務的提供，主要基於地方自然環境、發展條件的殊異或天然災害所帶來之特殊需要。其補助的標準完全以政府的財力及縣市提供之投資計畫書為據，補助方式則採彈性的配合補助。第二種稱為一般補助制度，通常用於彌補地方政府基本收支差短所給予的定額或定率的補助，用於基本建設需求如公教優惠退休差額、調整待遇補助、警力人事經費。一般補助制度，主要是基於地方財政不平衡是各國普遍存的現象，對地方的一般補助皆以地方基本財政需要與基本財政能力的差額為補助基礎，亦即中央先將地方基本財政需要加以分類，並找出每一分類的測量單位，再按各地之自然條件及經濟條件估算單位成本，據此求得基本之地方經費，至於財政能力則以地方稅的某一成數為準。
8. **其他收入**：如臺灣 2002 年以前徵收的專賣利益，另如捐獻、財產收入、信託收入、自治稅捐、租金、臨時收入、彩卷、其他等。

三、都市支出

市政公共支出，有稱為歲出，通常必須遵循的原則包括：市民利益原則、經濟有效原則、依法認可原則、適當剩餘原則等四項，隨著經濟的發展與人口的增加，都是政府的支出不僅在數量上快速增加，財政的彈性也日益限縮。都市的市政公共支出，支出科目通常包括：人事費、業務費、設備費、獎助補助費、債務損失、第一及第二預備金、災害預備金等多種，而支出的計畫通常包括：一般政務支出、教育科學文化支出、經濟發展支出、交通建設、社會福利支出、社區發展支出、環境保護支出、退休撫恤支出、消防警政支出等等計畫。順便一提的是與財政有關的政府運作系統，包括主計系統、公庫系統、財政系統與審計系統，最常見的主計系統，又分會計與統計系統；公庫系統又分獨立、委託、存款公庫制（現機關多使用委託或存款公庫制）；至於臺灣的審計系統為監察系統的事後審計（註四）。歲出與歲入就構成都市的財政圖像。例如臺北市，表 7-2 顯示出臺北市 88-91 年度的歲入歲出結構簡表。

表 7-2　臺北市 88-91 年度歲入歲出結構簡表

單位：百萬元

項 目	88 下半年及 89 年度		九十年度		九十一年度	
	決算審定數	百分比	追加(減)後預算數	百分比	預 算 數	百分比
一、歲入總額	222,015	100.00	147,031	100.00	139,020	100.00
經常門	213,035	95.96	142,850	97.16	134,972	97.09
資本門	8,980	4.04	4,181	2.84	4,048	2.91
二、歲出總額	246,651	100.00	158,935	100.00	151,159	100.00
經常門	174,832	70.88	121,546	76.48	117,564	77.78
資本門	71,819	29.12	37,389	23.52	33,595	22.22
三、債務還本	13,331	–	9,650	–	11,940	–
四、融資調度數	37,967	–	21,553	–	24,078	–
公債及賒借收入	20,100	–	21,550	–	24,000	–
移用以前年度歲計賸餘	17,867	–	3	–	78	–
總預算合計(一+四或二+三)	259,982	–	168,584	–	163,098	–

附註：

(1)歲入部分不含公債及賒債收入、移用以前年度歲計賸餘

(2)歲出部分不包括債務還本

資料來源：http://www.dof.taipei.gov.tw/statistics_1a.htm

註釋：

一、http://www.china-tide.org.tw/leftcurrent/currentpaper/paris.htm

二、有興趣者請參考張正修(2000):地方制度法理論與實用。臺北：學林文化事業公司。

三、http://www.ntat.gov.tw/chinese/13service/01.htm

四、有興趣者請參考：林錫俊（2001）地方財政管理要義。臺北：五南圖書公司。

第八章　都市管理與規劃工具

第一節　都市政策工具

現代都市隨著資訊、科技、管理、經濟、文化、社會與政治的發展，傳統強調層層節制組織結構的政府組織逐漸不合時宜，由上而下治理人民的模式，也讓都市政府無法扮演現代社會所期待的角色，如何經由社會各階層的參與，以決定公共政策的內涵？如何滿足不同民眾對於公共政策的要求？如何使有限資源發揮最大效用？成為推動都市運作的重要課題。藉由管理與規劃的政策工具，遂行政策執行，達成政策目標，產生政策效果，成為都市規劃與管理的研究重點之一。這些政策工具有些屬於都市管理層面，包括各項市政制度建立、法規訂定、專案執行、預算編列、提供誘因、獎勵條款、限制禁止措施等等。屬於都市規劃層面的政策工具包括：土地使用管制、規劃許可制、市地重劃、立體重劃、區段徵收、發展權轉移、都市更新、新市區建設、土地先買權等等，不一而足。

《都市規劃可以透過土地使用管制、規劃許可制、市地重劃、立體重劃、區段徵收、發展權轉移、都市更新、新市區建設、土地先買權等等政策工具來進行》

政策工具基本上可以依政策工具的行使區分為由政府部門直接執行的直接性政策工具，與由非政府部門代為執行的間接性政策工具兩種；也可以依政策工具性質分成四類：第一類是與權威性分配有關的政策工具，如法規、規範、特許、禁止、限制、管制等；第二類是與誘因性引導發展有關的政策工具，如預算、獎勵、罰金、補助等；第三類市與提昇基本能力性有關的政策工具，如資訊、教育、訓練、競賽等；第四類是與價值觀象徵性有關的政策工具，如價值、理念、方向的宣導等。無論是那一種政策工具，都市土地使用管制與都市更新都是其中最常使用的政策工具。

第二節　都市土地使用管制

一、土地使用管制的興起

十九世紀的政府主流基本上是《小政府》，當時的經濟社會的運作靠的是自由市場的市場機制，當時的主流想法認為：市場機能的完全發揮可以有效的進行資源配置，西元 1929-1931 年的經濟大蕭條，則宣告市場機制的失靈，也為政府介入提供正當的干預理由，政府管制的風潮也風起雲湧（註一），通常政府管制的基本類別有兩種，一是基於經濟目的的經濟管制，二是基於社會目的的社會管制；就土地使用管制而言，兩種目的的管制均包括在內，不過隨著時代的進步，社會性管制愈來愈重要。

二十世紀 50 年代以前的土地使用管制，主要是基於經濟目的，避免土地因過度使用，而導致居住品質降低，減少經濟利益，管制的技術包括：使用性質與程度、人口密度與建築物高度限制；60 年代的土地使用管制，著重公共衛生與基本生活水準的維持，透過密度管制技術，避免水、電、瓦斯等維生管線末梢使用效率的的不足，管制的技術包括：建蔽率、容積率、基地面積大小、庭院大小、鄰接寬度等等；70 年代的土地使用管制轉向公共安全與市容觀瞻等公共利益的追求有關，管制的技術包括：最低公共設施水準的研訂、離街停車場的設計、廣告、招牌的管制、正（負）

面表列管制技術、最小鄰棟間隔等等；80 年代的土地使用管制，強調環境品質的增進與災害的防治，包括避免居住環境產生壓迫感與火災、震災、水災乃至化學災害的避災、防災規劃，也愈趨向於社會管制，管制的技術包括：特別使用分區管制、重疊分區管制、簇群分區管制、績效分區管制等技術；90 年代以後則強調創意與價值的闡揚，規劃許可制、發展許可、發展權移轉、浮動分區管制、彈性管制等等技術也因應而生。

二、管制工具

二十世紀 80 年代以後，由於政府過度干預與政府體系的無限制擴大，財政赤字愈加明顯，導致政府的危機與失靈，政府再造的呼聲遂起，政府的管制政策，也面臨制度性的改變，管制的鬆綁，乃至於解除管制，成為二十一世紀的主流思潮。

現代都市發展的控制工具主要有二：一是土地使用分區管制；另一是分期分區發展。分期分區發展也就是都市計畫法第十七條所規定的：「就計畫地區範圍預計之發展趨勢及地方財力，訂定分區發展優先次序。」兩者相比，土地使用管制又較分期分區發展更形重要。都市計畫完成後，為了保證它的實現，管制是必須的，都市土地使用分區管制（zoning）是控制都市發展最基本的工具之一，它是達成都市計畫目標的重要手段。都市土地使用分區管制是為了達成都市計畫目的，在都市或都會區內，於各種不同地段或使用區，因應發展需要，並依據當地實際情況，因地制宜，擬定各種不同之使用準則，以管制土地使用的一種方法。

三、土地使用管制的目的

實施土地使用分區管制，在消極方面排除不當的土地利用，減少公害，如狹小的巷道應足以因應消防車救災的需要；減輕土地使用活動之衝突性，如避滿吵雜的工商活動侵入寧靜的住宅社區；調和公、私部門的利害關係，如避免辦公大樓夾雜在市場之中；在積極方面，提供合理的公共設施，促進土地使用效益，例如在百貨商場附近提供足夠的停車空間；創造理想的居住及工作環境及賞心悅目的都市景觀，例如在居住社區散步可及之地，提供足夠的公園綠地；確保公共設施的服務水準，例如在都市中心地帶，控制都市發展密度，避免公共設施與公用設備的不足，在都市邊緣地帶，注意管線末端引起的生活困擾。因此，都市計畫法第三十二條規定：都市計畫規劃定住宅、商業、工業等使用區，並得視實際情況，劃定其他使用區或特定專業區。前項各使用區，得視實際需要，再予劃分，分別予不同程度之使用管制。

四、土地使用管制的內容

都市土地使用管制，通常包括：(1)各使用分區的管制規定；(2)密度管制（主要是量體管制與彈性管制）；(3)分區使用圖；(4)主管機關的指定；(4)申請建築與改變土地使用的程序與條件；(5)生效程序與日期；(6)罰責；(7)修正程序與機關。但隨著時代的演進，其內容其實有很大的不同，例如 1939 年南京政府公佈的都市計畫法，並沒有土地使用管制的明文規定，導致 1945 年臺灣光復初期，祇能沿用日據時期的管制法令規定。

1964 年都市計畫法翻新，訂定授權條款，由都市計畫法施行細則加以規定，形成省市規定的不同。1969 年始將管制規定明訂於都市計畫法本文之內。主要有兩條，第一條是都市計畫法 22 條規定：細部計畫書與細部計畫圖應表明土地使用分區管制；第二條是都市計畫法 39 條規定，對於都市計畫各使用區及特別專用區內，土地及建築物之使用，基地面積或基地內保留空地之比例、容積率、基地內前後側院之深度與寬度、停車場及建築物之高度、以及有關交通、景觀或防火等事項，省市政府得依實際狀況於本法施行細則中，作必要之規定。

五、現有管制規定

臺灣省、臺北市、高雄市的管制規定，可以參考《都市計畫法臺灣省施行細則》、《都市計畫法臺北市省施行細則》、《都市計畫法高雄市施行細則》，大致的比較如表 8-1。

表 8-1　臺灣省、臺北市、高雄市土地使用管制規定之比較

使用區與適用區域	住宅區	商業區	工業區	風景區	保存區
臺灣省	採負面管制規定與條件式列舉規定	採負面管制規定與條件式列舉規定	乙種工業區採負面管制規定，特種工業區採正面列舉規定與條件式列舉規定	採正面管制規定	採保障私有土地所有權制度，允許容積移轉
臺北市	採正面管制規定與條件式列舉規定	採正面管制規定與條件式列舉規定	採正面管制規定與條件式列舉規定	採正面管制規定	採保障私有土地所有權制度，允許容積移轉
高雄市	採負面管制規定與條件式列舉規定	採負面管制規定與條件式列舉規定	乙種工業區採負面管制規定，特種工業區採正面列舉規定與條件式列舉規定	採正面管制規定	採保障私有土地所有權制度，允許容積移轉

六、現有分區管制規定的檢討

臺灣土地的過度使用，地價不合理的飆漲，環境的嚴重污染，市容章亂等等，層出不窮，現有的分區管制規定，存在有幾個缺點，第一是法令不完整，部分都市沿用戰前日據時期的管制規定，前後不連貫，正面列舉的管制規定持常導致不符合時代進步的需要，負面列舉的規定又導致互相妨礙的使用層出不窮；容積密度管制由於執行偏差，導致違建處處，第二是在計畫方面，計畫零星分散，缺乏整體的綜合規劃，管制技巧無日照、通風、採光、私密性、安全、防火的相關規定，不能適應時代的需要；第三在執行方面，採取被動主義，檢查機制流於形式，對高樓地下室違規使用、頂樓違建、騎樓加蓋、佔用防火巷等違規不能採取壯士斷腕做法，第四民眾對容積管制認識偏差，普遍認為影響權益，致實施不易。

第三節　都市管制工具

一、土地使用管制的演變

臺灣的土地使用型態普遍存在混合使用的情形，從土地的使用效率來說，不能說完全不好，中國人的空間行為，原本就是混合使用，混合使用之所以被認為不好原因有二：一是先進國家很少混合使用的行為，二是有些混合使用的確會有相衝突的問題。臺灣最早的土地使用管制通常僅指土地使用分區，而目前的土地使用分區規劃則包括包括土地的使用分區管制及編定，據行政院對我國空間規劃體系的檢討，未來將另訂城鄉計畫法來代替目前都市計畫法，使空間規劃不再以偏重都市規劃為主軸，而以城鄉發展兼顧的方式來規劃。

二、成長管理的興起

我國的土地使用管制法令（zoning code）主要學自美國，美國在 60 年代以前以 zoning 為都市土地使用管制最主要的工具，但 60 年代以後，所謂成長管理（growth management）遂漸受到注意，成長管理與傳統土地使用管制最大不同，在於經濟與環保平衡、開發與保育平衡、變遷與彈性的平衡。從此一觀點來看，臺灣的土地使用管制可以分為三個時期：

1. 著重分區使用的消極管制（60 年代）；
2. 著重成長總量的引導管制（70 年代）；
3. 著重環境影響評估，財政衝擊分析（80 年代）。

成長管理（詳請參見本書十五章）興起的目標包括追求公平、效率、永續發展的生活空間，所謂成長管理是指政府為達成都市發展或都市計畫目標，因時、因地、因勢採用種種傳統或現代的改良技術，企圖指導地方的土地使用型態，包括：區位、性質、程度、速度與態度的管理方法。成長管理不只是試圖管理開發的區位、數量和總額，同時也試著去管理開發的時機、品質和成本，是研究土地使用管制必須注意到的問題。

三、文字規定的管制

研究土地使用分區規劃應特別注意土地使用間潛在的衝突，包括：累積的衝突（混合使用與公共設施機能）、各級政府間的施政衝突（土地使用的競合）、財政收入的衝突（開發成本的轉嫁）、執行的衝突（理論與民意的落差、政治與行政的落差）四種。而以文字來表示都市或都會區內允許的使用類別、使用程度及其他特殊的規定。如都市計畫法第三章即對土地使用分區管制作概括性的規定：

1. 住宅區為保護居住環境而劃定；其土地又建築物之使用，不得有礙居住之寧靜。
2. 商業區為促進商業發展而劃定，其土地及建築物之使用，不得有礙商業之便利。
3. 工業區為促進工業發展而劃定，其土地及建築物，以供工業使用為主；具有危險性及公害之工廠，應特定指定工業區建築之。
4. 其他行政、文教、風景等使用區內土地及建築物，以供規定目的之使用為主。
5. 特定專用區內土地及建築物，不得違反其特定用途之使用。

四、管制圖規定的管制

土地使用分區管制可以使用管制圖來表明管制使用的類別、程度及界線，此類管制圖可分為使用分區管制圖及容積管制圖；分區管制圖乃是表明使用區別的管制圖，一般所使用的都市計畫圖均具有此一性質，容積管制圖乃是表明容許使用強度的管制圖，一般是以樓地板面積來表示。

五、管制表規定的管制

編製使用管制表首先要劃分使用區（如住宅使用、混合使用、工業使用……等使用區），編製使用組（如住宅、教育設施、醫院、機關……等），並規定使用程度（如容許使用的建蔽率與容積率，經許可後可使用、不許使用……等，通常可以符號表示）。一個簡單的土地使用管制表可以如 8-2 七堵暖暖都市計畫（細部計畫）土地使用管制所示：

表 8-2　七堵暖暖都市計畫（細部計畫）土地使用管制

單位：%

	住一	住二	住三	商業區	市場	學校	機關	倉儲區	工業區	電信用地	停車場	港埠用地	市府公告日
細部計畫區	容積/建蔽	容積/建蔽	容積/建蔽	容積/建蔽	容積/建蔽	容積/建蔽	容積/建蔽	容積/建蔽	容積/建蔽	容積/建蔽	容積/建蔽	容積/建蔽	
暖暖	300/60			300/60	300/60		200/40						74.7.1

資料來源：http://www.bp.ntu.edu.tw/cpis/cprpts/Keelung/html
基隆市政府工務局《基隆市政府公務申請須知》，83.6。

第四節　都市特別管制技術

一、容積率管制（zoning）

容積率又稱樓地板面積指數（floor area ratio），意指總樓地板面積除以基地面積之百分比，亦即單位土地面積上之建築容積比。容積管制之目的在於有效控制都市建築密度及人口分布，並提供建築設計的較大彈性，傳統的分區管制著重平面的發展控制，容積率管制則重視立體的合理發展。都市計畫法第三十九條亦原則性的規定：對於都市計畫各使用區及特定專用區內土地及建築物之使用，基地面積或基地內應保留空地之比例，容積率、基地內前後側院之深度及寬度、停車場及建築物之高度，以及有關交通，景觀或防火等事項，省（市）政府得依據地方實際情況，於本法施行細則中作必要之規定。

二、規劃許可制（planning permission）

規劃許可制起源於英國，沿襲的國定有法國、日本、新加坡等。其土地開發者在開發之前須取得規劃主管機關之許可，始得進行。計畫機關須由使用種類中，分別界定「開發」及「非開發」行為，在開發行為中依其各種相關法規界定不同層次的開發認定後，再授予不同等級之規劃許可。此一制度較具彈性，有關的許可申請若不符分區原則，祇要符合政令所定之條件，仍能獲得規劃許可。

三、發展權移轉（transferable development rights）

發展權移轉一般可視為土地使用分區管制的彈性運用，目的是以公權力創設一個虛擬的發展權市場，藉著發展權的界定及可轉移其他地點的特性，以保障原所有權人之利益，增進環境品質，由於發展權所重視的是「空中權」而非「地表權」，可允許具有歷史價值的建物、古蹟或名勝在自由競爭的社會中，完整的保存下來，而原所有權人則可將其發展權轉移他處，不致遭受損失。

四、計畫單元開發（planned unit development）

計畫單元開發乃是以簇群發展（cluster development）所作的大社區區塊的集體開發，目的是為了使整個社區保留更多集中的開放空間（open space），以配備更佳的社區設施，提昇社區居住與生活品質。

五、私人契約限制（private contract bound）

私人契約限制為美國休士頓（Huston）市的土地使用管制方法，此一制度，並無預先設計的使用分區，土地所有權人選擇土地使用類別，具有充份的自由，經濟力量的運作自然有類似分區的產生，由於當地居民對環境品質非常重視，可由居民間自訂契約的相互約束及監督而確保環境品質的維護。

六、分區管制趨勢

良好的空間規劃經常可以發揮以下的功能：政治性功能、社會性功能、生活性功能、環保與生態與功能與人道性功能。臺灣土地使用管制歷經四個階段：60 年代的土地使用分區管制；70 年代的引導開發：市地重劃、區段徵收、土地重劃；80 年代的衝擊分析、環境影響評估；90 年代——總量控制、彈性、創意、汙染泡、民眾參予、社區主義。二十一世紀民主許可主義的興起，使得空間計畫觀念的演變，由藍圖式規劃趨向於過程式；由命令式規劃趨向於服務性規劃；由機密性規劃趨向於公開性規劃；由實質性規劃趨向於強調非實質性規劃；由統計性規劃趨向於計量性規劃。

現代的分區管制趨勢有五：第一是適應現代生活，愈來愈符合人類尺度，特別是生活與環境的要求；第二是鼓勵重於限制，現代土地使用計畫為了要適應不斷改變的世界，已經不再強調管制，第三是特別注重發展的彈性，第四是注意發展密度以指導的方式提供適當的公共設施容量，第五是依不同的都市機能給予不同的分區管制。

第五節　都市更新

一、都市更新的意義

何謂都市更新，依據都市更新條例第一條規定，都市更新是為了促進都市土地有計畫之再開發利用，復甦都市機能，改善居住環境，增進公共利益。都市更新條例第三條規定，所謂都市更新是指根據本條例所定程序，在都市計畫範圍內，實施重建、整建或維護措施。都市如同有機體一樣有生命，從興起到發展再到興盛，最後也會走向衰敗盛致死亡，好的都市更新不只是更新使用與建築體而已，好的都市更新往往可以達到創造更多的工作機會、改善都市經濟、改善都市財政、符合環保要求、豐富文化活動、降低都市犯罪率等功能。

最早都市更新的意思是指（urban renewal），特別指美國 60 至 70 年代所進行的大範圍、大規模都市更新，以清除貧民窟為其目標；第二種都市更新是指都市的再發展（urban redevelopment），指個別街廓或數個街廓的小規模再開發或是舊市區居住與交通系統的改善，在日本稱為《市街地再開發》；第三種是指都市特定使用或建築的再翻新，稱為（urban reuse or urban remodel），主要是都市歷史性建物的保存或整修，針對建物賦與新用途，但不改變其使用性質，稱之為 remodel，對於土地或建物使用性質重新調整稱為 reuse；第四種為具有社經意義重新整合再出發的都市再生 urban regeneration。

二、違章建築

談都市更新，就要順便談一下違章建築，都市內的違章建築可能是臺灣都市發展的特色之一，在臺灣違章建築也成為都市更新的重要理由，違章建築通常是指違反建築法令的人造建築物而言，但在這個分類之下，依據蔡添壁教授（註二）的研究，又分為：(1)有建照違建與無建照違建；(2)合法違建與非法違建；(3)形式違建與實質違建；(4)違建物與違建人等類別。

違章建築在臺灣的歷史，可說淵遠流長，大致而言可以分成六個時期：(1)1945-1949 的無政府自由期；(2)1949-1957 的放任時期；(3)1957-1965 的違建處理初期，從 1957 年 12 月 7 日公佈違章建築處理辦法開始，以 1958 年 2 月 10 日為合法與非法違建劃分期；(4)1965-1975 整建住宅時期，主要政策包括：以違建面積大小來定分配住宅大小、屬全部拆除者分配整建住宅、屬部份拆除者發放救濟金、自行拆除者發給拆除獎金等；(5)1975-1983 村里幹事配合警勤區查報時期，主要政策包括：修正違章建築處理辦法，明定村里幹事應配合警勤區員警查報；(6)1983 年以後回歸建管單位接辦，由內政部研擬改進築管理方案，每鄉鎮四人，省轄市區六人，設置違章建築查報人員，但村里幹事仍應協辦，同時成立處理違章建築督導協調會報。

臺灣都市違章建築林立主要原因有四：人口都市化，都市房荒，都市住宅市場供需失衡、住宅政策不健全及歷史原因。處理可行對策包括自然淘汰、分期分區處理、法令鬆綁、配合都市更新、提高處理人員素質。

三、都市更新理論

都市更新主要有四種理論：

1. 第一種稱為**住宅更新論**，也稱為社會更新論，認為都市更新主要是住宅改善，住宅改善一直是人道主義者與社會改革運動家關注的焦點，特別是工業革命後，所造成大型工業都市眾多的勞工的窳陋住宅，環境骯髒、危險、擁擠，形成嚴重的社會、衛生、災害等問題，改善住宅環境可說是都市更新最原始的動機。二十世紀 60 年代，在美國總統詹森所推動大社會計畫下的聯邦都市更新計畫（Urban Renewal Program），也是依據根據住宅法（Housing Act）而來。
2. 第二種理論稱為**生物更新論**，係把都市看成一個具有生命的有機體，自然會有新陳代謝老化的過程，在某一部分都市衰敗之後，就必須經過代謝，塑造新的都市，若沒有都市更新的代謝機制，則都市自然會衰敗死亡，最後成為廢墟。
3. 第三種稱為**機能更新論**，主要認為都市之所以需要更新，是因為新的技術轉變帶動新的需求，使都市必須調整其機能以符合市民的需求，因此當交通工具由馬車轉變為汽車、再轉變為捷運時，原本的道路寬度必須拓寬、場站必須開闢，當科技的大幅度提升，造成人類的工作與生活方式轉變，自然會產生都市更新取代原有的土地使用機能。
4. 第四是**經濟更新論**，主要從都市經濟學的角度看，舊市區之所以要進行更新乃是因為舊市區存在外部不經濟性（external diseconomics），地區的社會成本明顯高於其效益，例如破敗地區使鄰近的房價下跌、交通的擁擠使整體都市交通系統受阻、設施維護費用遠高於其稅收、潛在的公共危險造成市民與市府的損失等等也為都市更新提供另一個理論基礎。

四、都市更新的推動

都市更新事業的推動者稱為「實施者」。依據都市更新條例規定都市更新事業的實施者可分為下列幾類型：第一種是政府本身，依據都市更新條例規定，縣（市）政府可以自行實施都更新，由縣（市）政府或縣（市）政府所組成都市更新專責機構實施，實施都市更新，鄉（鎮、市）公所如要作為更新實施者，經由縣（市）政府同意，亦可實施；第二種稱為委託實施，也就是委託都市更新事業機構實施；第三種是由民間主辦都市更新，依據都市更新條例第十條、第十一條，土地及合法建物所有權人可以組成都市更新會自行實施，也可以委託都市更新事業機構實施。

五、臺北市的都市更新

都市更新為一綜合性之研究，包括新市區開發、舊市區更新、歷史街區保留、古蹟保存等等，除了專業的規劃與溝通相互配合、協調外，最重要的，都市更新必須秉持著都市永續發展的宗旨。臺北市的發展定位為迎向未來國際競爭的多元複合式國際都市，將臺北市打造成世界級的首都，推動國際化策略，與其他國際大都市交流、合作並學習其成功的經驗。

面對國際城市—區域的競合、國內政經情勢的轉變，臺北市的都市發展已與國際脈絡環環相扣（註三）。在面對全球化競爭、合作、資訊的快速流通、地方自治的興起、社區意識的抬頭、永續發展等衝擊下，臺北市政府陸陸續續辦理都市更新地區公共環境改善計畫，透過公共環境整體規劃設計，補足或改善公共設施，辦理招牌美化等，推動策略性地區都市更新，針對臺北車站特定專用區、西門市場、理教公所、建成圓環等專案，研析推動困難癥結，採擇具體可行方式，期以在短期內展現開發成果。有效規劃利用公有房地，改善公共設施，辦理地區公有房地現況使用之檢討，透過社區參與規劃方式，轉化公有房地為社區公共設施或公共活動空間。有效結合民間力量，推動都市更新，持續辦理獎勵民間興辦都市更新事業，配合都市更新條例頒行，協助民間部門有效推動更新，研析以 BOT 方式辦理個案更新開發。

註釋：

一、鍾起岱（1998）：從政府再造來談政管制的改革。臺灣經濟。南投：臺灣省政府研究發展與經濟建設委員會。民國 87 年 12 月。

二、蔡添壁（1986）：住宅與都市計畫特論上課講義。中國文化大學實業計畫研究所。

二、張隆盛、林益厚、許志堅（2001）：《都市更新魔法書—實現改造城市的夢想》，參見臺北市都市更新資訊網 http://www.redevelopment.taipei.gov.tw

第九章　都市空間結構

第一節　空間理論基礎

一、理論的建立

在人類追求知識的過程中，理論實具有基本的重要性，理論（theory）是一種思想上或理念上的架構（framework of thinking or conceptual framework），其特色是將人類在現實社會中的經驗以合乎邏輯的方式納入理論的內涵，然後這些已經邏輯化（logicalize）與一般化（generalize）的理論內涵，再用以解釋或預測現實世界將要再發生的事件。理論可以說是詮釋過去、現在與預測未來事件或事實真象的一種嚴謹而正式的陳述。而界定一行專門職業或專門學術的最好方法，就是看看這行專門職業或學術是否有理論作為基礎，理論的重要性於此可見。

理論的建立通常是經過假設（assumption），推理（deduction）及實際印證（Empirical test）而成立。通常都市空間理論的基本假設有三：第一是效率性（efficiency）的假設，認為空間的使用通常有向效率高的區位集中的趨勢；第二是可及性（accessibility）的假設，認為都市居民的空間行為無時無刻表現在追求克服空間的阻隔；第三是聚集性（agglomeration）的假設，認為相容的使用或是互補性的使用，通常在空間表現會互相吸引，於是產生聚集的經濟。但由於每個人的空間經驗（spatial experience）、空間知覺（spatial awareness）與空間依賴（spatial interdependence）都不相同，自然而然的形成空間差異（spatial difference）。

二、理論建立的方法

關於如何建立理論，有兩種主要的方法（註一）：

1. **模式模型說**（pattern model）：理論應經由事件的觀察，找出其中的規律性（regularity）、或透過假說的驗證，建立一般性的陳述之後，再整合成完整的理論。模式模型說較重視理論與現實世界的關聯性，而忽略了理論本身結構上的內在嚴謹性與一般性。

2. **推論模型說**（deductive model）：理論應以假設、前題、或一般性的原則為基礎，然後運用嚴謹而高度符合邏輯的語言（如數學）推演其應有之結果。推論模型說在理論建立的開始階段，往往有過度簡化現實世界狀況的缺點。

三、空間結構理論

都市空間結構基本上反映出活動次系統、土地開發次系統、環境次系統、社會次系統、經濟系統與行政次系統交互影響所產生的一種結果；而都市空間結構理論即是針對此種結果所發展出來的理論。都市空間結構理論（urban spatial theories）是描述與解釋或猜測都市內各種土地使用（land uses）與其他實質要素（建築物、道路……）排列方式與相互關係較嚴謹之正式陳述。空間結構是土地、建築物、動植物生態、水、景觀等實質（physical）因素隨著時間的演變在都市空間中所顯現出來的相對組成或排列方式上諸種特色的總稱；而都市空間結構理論就是解釋或預測這些特色的形成與演變的邏輯化陳述。

四、空間理論與模型的類別

（一）都市空間理論

傳統的學術界對空間理論的研究一直著重在區位的探討，而有關人類區位行為（locational behavior）的研究一直只限於狹小而專門的領域中，有關都市空間結構理論，大致可分成三大類（註二）：

1. **描述性**（descriptive）**理論**：即理論的重點在說明都市空間結構形成後之狀況，至於這些狀況的形成原因則既無驗證且較少提及。通常依前述「模式模型說」所述的方法而建立的。

2. **解釋性**（explanatory）**理論**：著重都市空間結構形成過程與形成原因之解釋，通常是依前述「推論模型說」所示的方法而建立的。
3. **觀念性**（conceptual）**理論**：是最具挑戰性的一種都市空間結構理論，或稱為猜測性（conjectural）理論，僅用於未經驗證且不是經由推論而來的某些觀念，解釋都市空間結構之基本形態與成因。

（二）都市空間模型

空間模型的主要功能在模擬（simulate）都市地區（或都會地區）的人類活動型態，因著重點的不同，有許多不同類型的模型（註三），模型的分類主要有五類：

1. 依建立模型的方法，而將模型區分為相似模型（icnoie model）、類比模型（analogus model）、象徵模型（symbolic model）。
2. 有依模型所著重的要素（elements），而將模型區分為經濟模型、空間互動模型、行為模型、生態模型。
3. 依二重指標而予以分類為規範模型與實證模型。
4. 有依模型本質而分類為行為模型與非行為模型。
5. 依專注之不同而予分類為模擬性模型、預測性模型及規範性模型。

五、都市空間結構的形成

從人類歷史的發展過程來看，空間活動的轉變趨勢，是從空間上的粗放到集約的活動；從從經濟上的自給自足到商業化的活動；從從短距離的運輸到長距離的運輸；從從實物的流通到資訊的流通。空間結構的形成，主要的區位因素，包括：比較利益（comparative advantage）、互補性（complementary）、文化（culture）、經濟（economy）、科技（technology）、政治（political）等因素的區位差異，此種區位差異最後會形成某種梯度（gradient）

的特性，而用來解釋梯度空間理論的基本模型，主要有六：

1. **農業梯度理論**，例如圖能（Von Thunen）的孤立國；
2. **效率梯度理論**，例如克利斯泰勒（Walter Christaller）的中地理論（the theory of central places ）；
3. **成本梯度理論**，例如偉伯（A.Weber）的工業區位理論（industrial location theory）；
4. **空間使用梯度理論**，例如阿隆素（William Alonso）的地租理論（bid rent theory）；
5. **都市梯度理論**，例如柏捷斯（Ernest W. Burgess）的同心圓理論（concentric ring concept ）、何依特（Homer Hoyt）的扇型理論（sector concept）；哈李斯（Channcey D. Harris）與烏爾曼（Edward L Ullman）的多核心理論（multiple nuclei pattern concept）；山尼爾（M. L. Senior）的都市空間成長模型（urban spatial growth concept）；
6. **互動梯度理論**，例如勞力（Ira S. Lowry）的引力模式（gravity model）、古德曼（William I. Goodman）的經濟基礎理論（theory of economic bases）；里昂提夫（Leontief）的投入產出理論（input/output theory）。

第二節 空間理論的演進

一、一次大戰以前的區位理論

十九世紀初，屠能（Von Thunen, 1826）首先基於靜態的頂峰狀態（static climax）建立其同心圓土地使用平衡狀態理論，特別強調不同產品的市場價格將決定其土地使用的區位，此即著名的孤立國。此後，區位的研究轉向工業區位的探討，首先有郎哈德（Launhart）應用幾何原理於特殊工業區位的研究，還有麥金特（Halford Mackinder, 1902）及將之發揚的韋伯（A. Weber, 1909），他們均關注於現代經濟體系中個別廠商的區位考慮，即廠商如何追求運費最低的區位，此後胡佛（Hoover 1948）指出韋伯分析上的錯誤及忽視了路程選擇（route layout）、交口（junctions）及長途運輸經濟（long-haul economies）的考慮。此一時期的區位理論，強調的是人類的理性反應，無論何種學說均假定生產者對原料和市場的運輸均能作出合理的反應。

二、一次大戰至二次大戰期間的區位理論

一次大戰結束到二次大戰前後，雖然有短暫的和平，但基本上世界是動蕩的、不安的，此時期研究的焦點集中在三個方向：

1. 第一是引進生物生態的觀點進行都市生態的研究（ecological approach），1925 年派克及伯捷斯（Park and Burgess）應用屠能分析法，以生態學的觀點，引申農業土地使用模式以及動植物間由生存競爭所形成的各種使用地帶，對都市土地使用模式有所解釋，區位的研究，無疑的可視為“活動”在空間上的安排，單一核心的觀念正代表研究區位學者所做的一貫假設。
2. 第二是都市階層的研究，研究的重心在都市中心地區以及各級地方中心的空間分佈連同鄰近地區所形成的階層，此方向的研究，有 1933 年克利斯托勒（Walter Christaller）的中地理論（central place theory），同時柯培（Colby）確定了都市推拉理論中向心力及離心力（centripetal and centrifugal）在都市中發生的作用，分別有集中某些活動及疏散若干其他活動的效果，兩者之不同在前者是一種靜態的平衡狀態，而後者則是動態的觀點。
3. 1940 年洛許（August Losch）開始對早期有關工業區位、中心地方階層交通網、服務地區大小與形狀等區位理論作更進一步綜合性的研究。1941 年烏爾曼（Ullman）更主張將中心地方理論擴展到城市的大小及城市內土地使用模式的研究。1948 年胡佛（Hoover）則將工業區位的研究擴大至區位的變遷，區位的競爭以及政府政策對區位的影響。

三、二次大戰後的區位理論

二次大戰末期，有關人類活動的區位或空間的解釋，大體上都含有兩種共同的基礎，第一是平衡狀態的觀點，變遷被視作外來的干擾，干擾以後又達到一種新的平衡狀態；第二是有關區位的決定，都是有理性的，以便選擇最佳活動的地點。

在 50 年代以後，此二項假定均受到激烈的批判，由於對時間的考慮而提出了動態的觀點，由於對資訊的不完全性而著重機率的過程，理論與實務在規劃界已密切的配合和相互的刺激。

60 年代是人類區位行為理論有迅速進展的起點，變遷的觀念已取代傳統平衡靜態的觀點，土地使用的分派正式加入空間理論的領域，主要有基於空間互動的引力模型及其衍生模型，和基於最小成本的土地使用設計模型，藉以產生合理的土地使用計畫。而居住活動是人類基本活動之一，都市供住宅使用之土地亦非其他土地所能比擬，以往對區位行為的考慮居住區位行為無疑並不占重要地位，60 年代後期，居住區位開始為規劃界所重視，以後，更將此種關注轉至土地使用的最佳設計。

70 年代以後區位理論研究，著重在人類區位行為的研究，主張基於分析制度的需要，區位分析應是連續而非斷續的，以系統考慮各種活動彼此關連的重要性，以及認識回饋資料對最初擬定計畫需修正的影響。

80 年代以後基於人類隨意性相互作用之意義，區位研究主要以機率的觀點而不以決定性的觀點來觀察空間現象。90 年代以後則重視政策科學，計畫與行動之間的相互關係。

90 年代以後，都市遊戲理論盛行，美國普林斯頓大學數學教授那許（John Nash）以 the theory of non-cooperative games 得到 1994 年諾貝爾經濟學獎，所謂 Nash's equibillium 成為經濟理論的重要論述，也開啟了遊戲理論（game theory）在交通、運輸、通訊、互動等領域的研究，空間互動理論也因遊戲理論的加入而變的更多采多姿。

第三節　空間選擇理論

一、空間選擇理論概說

空間選擇理論，也就是區位選擇理論，因為區位選擇基本上是一種空間決策，而決策之困難，在於環境的變幻莫測，傳統上對研究區位選擇有二途徑，一是行為研究法（behavioral approach），由心理因素及價值觀而決定行為模式，進而影響都市結構體系；另一是非行為研究法（non-behavioral approach），傳統的非行為研究法區位選擇理論係在確定狀態（certainty）下追求利潤最高或成本最小的點，且偏重於工廠，此種研究是基於靜態的非行為的研究方法，因此在實際上的應用顯有缺陷，尋求動態狀況的不確定（uncertainty）決策論於焉產生。在實際應用上，應溶合此二種研究途徑，因為行為研究途徑實很難單獨進行，而非行為研究固可以單獨進行，但有時與現實不相一致，故良好的研究法應包括此二種方法。

二、行為研究（behavioral approach）

都市計畫大師恰賓（Chapin 1964）在論及影響土地使用之社會因素時，曾討論人的價值觀、行為模式與土地使用型態之關係，由個別住戶的遷移行為，心理因素，居民選擇住宅意願，營造商投資傾向及區位選擇等因素探討住宅分布。圖 9-1 為人類的行為模式如何影響土地使用型態的構想圖。人類的土地使用型態源於基本的價值觀，透過需要與慾望的體驗，確定目標對居所選擇的研究，進行方案的選擇、比較，進行相關的決策與行動。

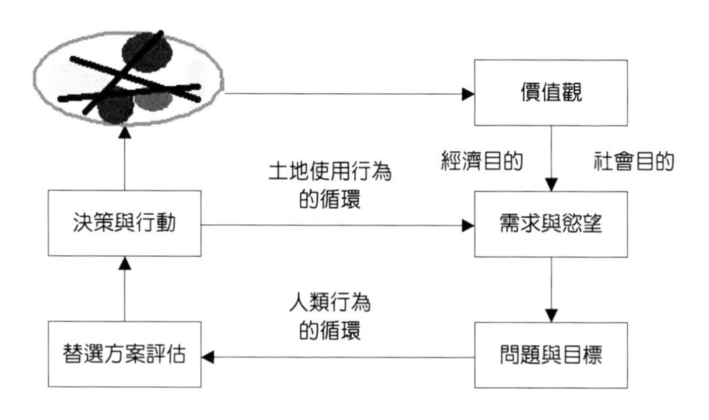

圖 9-1　人類行為與都市土地使用型態

三、非行為研究（non-behavioral approach）

（一）確定模型研究

確定模型取決於兩個要件：一是每一個可能的區位有一且僅有一個收益或結果，使決策者可以在無外部力量（無定性質或競爭對手）下，能做最佳之區位決策。二是決策者對每一區位能獲得之利益有完全的瞭解。因此對於區位選擇既不受無知的困擾，又不具錯誤的偏冗。

確定狀態下的區位選擇理論，依循十九世紀末葉屠能（Heinrich ron Thunen）的研究，以循求最低運輸成本之區位，此一觀點後為克里斯泰勒（W Christaller）、韋伯（Alfred Weber 1909）等學者所發揚，但當時甚少涉及居住區位問題。

此種區位的研究早期是談整個都市的地理區位問題，亦有稱為都市定位理論，都市區位理論發端於十九世紀人文地理學和都市社會學的研究，其中較重要的理論模式有六種，貨運中轉理論（freight transit theory）、中地理論（central place theory）、工業區位理論（industrial location theory）、住宅區位理論（residential location theory）、取捨理論（trade-off theory）與其他理論，分述如下：

1. **貨運中轉理論**，強調交通運輸在城市定位中的作用，所謂《貨運中轉》是指商品在運輸中不得不中斷原來的運輸方式，並轉到另一種運輸系統中去的情形。貨運中轉通常發生在兩種不同的運輸系統的相交處，如水、陸運的銜接點，或鐵、公路的交匯處，這些交通交會之處，提供都市的形成和發展所必須的條件。
2. **中地理論**，也有稱為中心場理論，由二十世紀 30 年代德國地理學家克里斯泰勒（W Christaller）提出，這一理論主張都市的存在是為了向周圍地區提供服務，都市規模越大，擁有的服務功能越專門化，就越需要有較大的服務領地。這樣，在中心都市的分佈格局中就出現了一種金字塔式的等級序列，都市的級別與其出現頻率呈反比關系。低級的中心場提供日常所需的商品和普通服務，中級的中心場提供的商品和服務趨於專門化，都市規模較大，最高級的中心場，通常是全部生產區域中最大的都市，往往祇有一個，並位於特定地域的中央，這樣的都市最後形成六角形的都市結構。
3. **工業區位理論**，以韋伯為代表，用以解釋影響工業區位的決定性因素及工業城市形成和定位的規律。這些因素包括是否有現成的市場，市場規模的大小如何，是否有足夠的技術和熟練的勞動力，原料產地及能源供應的位置如何，有無運輸設施及其成本狀況，土地和資本的條件如何等等。
4. **住宅區位理論**，在 1960 年代以前，居住區位的研究大抵來自社會學家和地理學家。羅許（Losch 1954）所論述的居住區位的個人選擇主要是在不同的城市間，而非在單一城市中，他認為：個人之所以改變其居住區位，唯在他所獲得的高工資足以補償他原先居家的利益及移動的損失。Turvey（1957）則認為往戶對區位的選擇決定於住宅的價值。此外阿隆素(W Alonso（1964）提出“歷史性理論”（historical theory）由經濟的觀點來解釋居住區位，此一學派強調不同住戶的區位型態取決於該地區過去的歷史和其成長的型態，此一論點最早起源於 E.W Burgess（1925）的同心圓理論（conceritric zone theory）和 Homer Hoyt（1939）的扇形理論（sector theory）。

5. **取捨理論**：Richardson（1971）所稱之取捨理論（trade-off theory），或 Beed（1970）所稱的最小成本（least cost）理論。Beed 自承此一理論起始於 L.F. Schmore（1954），Schmore 論證地租(或基地成本)隨著距市中心距離之增加而減少，但運輸成本卻因而增加，因此，最佳區位為追求地租與運輸成本之和為最小。最早應用 trade-off 理論以解釋都市居住區位型態的是 Hoover 及 Vernon（1959）。他們認為居住選擇決定於對生活空間（living space）及可及性（accessibility）的取捨。此一觀點，最後被 William Alonso（1960, 1964）和 Lowdon Wingo（1961）所綜合。

6. **其他理論**：此外凱恩（Kain，1962）提出住戶將選擇靠近工作地點的區位。他歸納出區位的選擇理論，大抵有六種：
   (1) 取捨理論（trade-off theory）及 Kain 的“journey to work”觀念。
   (2) Muth 的空間供給（supply of space）及 Turvey 的 availability of housing。
   (3) 基於都市過去成長和不同所得集團有空間上隔離的歷史理論（historical theory）。
   (4) Richardson 的住宅偏好（housing preference）和 Tibrout 假設。
   (5) Evan 的社會聚集（social agglomeration）和自然環境的影響。
   (6) Qi 的工資率（wage rate）和住宅租金(housing rent)的 trade-off。

（二）不確定模型研究

實際的區位選擇的運作往往在風險與不確定的情形中，複雜的未來與現時的狀況，加上，對各替選區位或市場情況僅有不充分又不正確的情報，因而，使區位的選擇往往非理論中所言必然的結果。不確定狀態下的區位選擇理論（註四）對區域投資的風險與不確定衝擊的分析，在外部力量超乎個人控制時，則區位決策將發生困難。決策影響力（degree of influence）可解讀為決策者導引區位決定結果的能力；資訊的完全性（complete of information），表示對資訊充分理解的程度。又分為三種情形：(1)決策者瞭解何種方案與何種結果有關，但不知其機率分配；(2)決策者對一些結果不知道；(3)決策者對一些替選方案未知。解決不確定問題之方法，主要有貝氏法(Bayes'method)、拉浦拉斯(Laplau method)，客觀(optimism)，悲觀(pessimism)及滿意(satisficing)等法。

韋伯（Webber 1972）更進一步將不確定特性區分為環境的不確定(uncertainty about the environment)與競爭的不確定(uncertainty about rivals)。依遊戲理論（Game theory）的說法，競爭的存在，並非不能避免損失。倘決策者知道競爭的程度，則其決策將會依樂觀或悲觀的情境，預測競爭對手的反應，同時將反映的可能性用於決定任一區位的預期利益上。

另一方面，如果對於競爭對手的預測是基於自利的考慮，囚犯困境（prisoner dilemma）理論最後可能會導致最不利的結果，如果參與遊戲的雙方都不是笨蛋，且雙方對對手的反應都有正確期待，則 Nash's equibililium 可能導致雙贏的區位選擇。

第四節　描述性理論

描述性理論以 1.同心圓觀念（concentric-zone），2.扇形觀念（sector），3.多核心（multiple nuclei）觀念為主。前兩理論著重面的發展狀況，後者則強調點的發展。同心圓與多核心涉及整個都市地區，而扇形則只適合解釋住宅地區的發展。

一、同心圓觀念

伯捷斯（Burgess）於 1920 年代提出，係基於生態學的觀點解釋土地使用在空間上的排列型態。伯捷斯應用古典人文區位學的理論和方法對芝加哥城的調查資料進行了統計分析，他認為，都市空間的擴展是競爭的結果，都市的發展呈放射狀，由中心到邊緣循一環一環的同心圈擴展。在此觀念之下，整個都市是由五個環狀地區所構成的同心圓，其各圈的結構包括：

1. 最內圈是中心商業區，本區的最核心地區是購物地區，其餘是批發商業區。在核心的購物地區往往包括大商店，戲院、旅館……等高級商業活動，在小市鎮這些活動彼此混合在一起，而在大都市則有個別分成專業區的趨向；在批發商業區常會有批發，貨棧及其他相關活動充斥於其間，不需要太多土地的工業有時也會存於本區，而且在面臨水域的都市，本區往往即為港埠之所在地。
2. 第二圈是所謂「轉變圈」zone of transition，以土地使用轉變既多且快為特色，通常有高層公寓住宅、舊貨商店、出租公寓、貧民住宅等雜陳於其間。
3. 第三圈主要是工人住宅區，包括市中心附近各種工廠及貨棧等勞工之住宅。
4. 第四圈是都市最主要之住宅區所在，亦即所謂「白領階級」及中產階級匯聚的地方。
5. 第五圈是通勤住宅區，通常集結於郊區交通幹道附近，居民以中上階層或高所得之住戶居多。

本理論充分顯示了都市空間結構轉變的動態過程；當都市膨漲時，內一圈的活動侵入外一圈的活動，生態學家所稱的「侵入與承替」（invasion-sucession）現象不斷產生；當都市衰頹而人口減少時，外圈通常不改變，而緊臨中心商業區的轉變圈漸漸侵入中心商業區。

二、扇形觀念

何耶特(Hoyt, 1939)認為,都市的發展不是循同心圈的路線,而是由市中心沿著交通路線發展，呈放射狀的扇形模式。在他對住宅區的研究中，提出本理論，他首先搜集了大量地價和房租資料,提出了一種模型:高租和低租的居住區在都市佔有不同位置,但並不一定按同心圈的方式排列。研究中發現第一，高租金地區多循建設完善的交通路線發展；第二，高租金住宅區擴張的地區通常沒有地形或人為的障礙；地三，高租金地區的發展通常向著精英居住的社區推進；第四，高租金出租公寓通常出現於商業區附近；第五，高租金地區的位置連接著中等租金地區。

與同心圓理論相比，這種理論的特點是能夠比較靈活地解釋都市的空間結構，住宅區沿交通路線向市郊呈扇形發展，也頗符合許多都是的發展實況，而不同所得的居民往往聚居於不同的扇形內，愈靠近市中心的，愈是高租金或高價格之住宅，且低租金住宅分佈的範圍最長，往往從市中心綿延至市郊。其空間結構如下：中心商業區、輕工業和批發業區。低收入的住宅區，相當於過渡區或工人住宅區；普通住宅區，是中產階級居住的地方；高級住宅區，是富有的精英階級居住的地方，本理論強調高租金或高價格住宅對整個住宅區的發展具有領導作用，而且類似的住宅總是在同一扇形內由市中心附近向外發展。高租金住宅之發展具有下列特色：

1. 高級住宅往往沿著既有交通路線向住宅或商店集結的中心發展。
2. 高級住宅區多向沒有水患的高亢地區沒有工廠或開曠空間較大的風景優美地區（河濱、河邊）發展。
3. 高級住宅多集結在自己社區內有名望人士住家周圍。
4. 高級住宅多沿現有快速運輸路線發展。
5. 高級住宅往往朝向同一方向作相當持久的發展。
6. 辦公大樓、銀行及商店往往引領高級住宅朝向同一方向去發展。

7. 豪華的高級公寓住宅往往在鄰近商業中心的舊住宅區內發展。
8. 房地產經營者往往可以左右高級住宅的發展方向。

三、多核心觀念

多核心的觀念早先是由馬肯傑（R. D. Mckenzie）在 1933 年所提出，哈瑞斯（C. D Harris）及烏爾曼（E. L Ullman）在 1945 年加以發揚。本理論與上述二理論之差異是強調都市土地使用模式常出現一系列的核心，而非只是單一的核心。據他們的觀察，都會地區有個別的若干中心，不斷發揮成長中心的作用，直至其中間地帶完全成長擴充為止，而在都市化過程中，隨著都市規模的擴大，新的中心也不斷產生。哈瑞斯及烏爾曼指出，核心數目的多寡及其功能，在各都會區往往有所不同。中心商業區是最常見的一種核心，另外還有工業中心，批發中心，外圍地區的零售中心，與大學聚集中心，以及近郊的社區中心等等。多核心理論提出中心商業區、輕工業和批發業區、社會下層居民住宅區、中層階級住宅區、上層階級住宅區、重工業區、外緣商業區、郊區住宅區、工業郊區等十種通勤區。中心區往往不是一個圓圈形，不但一個都市的商業核心是多個的，而且其功能也是多個核心的。促成多核心彼此分立的因素有四：

1. 某些活動因需要彼此鄰近，而產生相互依賴性。
2. 某些活動互輔互利，便自然集結。
3. 某些活動因必需利用鐵路等貨運設備，且產生對其他土地使用有害的極大交通量，因此就排除其他使用而自己集結在一起。
4. 高房租或高地價往往吸引較高級的使用而排斥較低品質的使用。

上述三種都市空間結構理論代表了都市生態學的古典模式。這些理論都以相同的活動為基礎，並得出了一個共同的結論，即住宅等區域的不同主要決定於土地的價值。這三種理論有兩個共同的弱點：一、是在強調經濟因素對都市空間結構的影響時，忽視了社會文化因素的影響。二、是在討論不同活動，尤其是對立活動的隔離性時，有絕對化的傾向。

第五節　解釋性理論

解釋性理論不僅界定都市空間內個人的行為及都市空間結構內發生的諸種現象，而且也討論這些現象何以存在時空之中？他們是如何形成的？彼此相互關係如何？隨著時空的不同如何轉變等問題。解釋性理論可以阿隆梭（W. Alonso）的競標地租理論（bid rent），溫戈（L. wingo）運輸偏向的土地使用理論（Transportation-oriented Theory of Land Use），及費瑞（W. Firey）的社會價值（Social Values）理論為代表。前兩者都是以經濟理論為基礎，而且可以溯源到空間經濟學者屠能（Von Thuren 1826），韋伯（A. weber 1928），洛許（Losch 1954）及艾薩（W. Isard 1956）等人的相關研究。以下分別予以論述：

一、阿隆梭的競標地租理論

阿隆梭（W. Alonso）發展出的土地價值和土地使用互動的模式，首先是一個住戶在已知的土地供給量、區位、其他財貨及其價格，及預算限制下達成其個別的均衡。之後，在此個別行為的基礎下建立一總體市場均衡模式。易言之，阿隆梭的理論主要是基於均衡理論，解釋地租與土地使用模式間的相互關係。其理論甚具一般性，可用以解釋住宅、商業、工業、農業等各類土地使用在都市空間內所形成的模式（patterns）。茲述其大要如下：

首先，阿隆梭理論有以下幾點的基本假設：(1)假定經濟行為皆是基於理性；(2)假定有一空間上無任何特徵的素地；(3)假定各區位之可及性均無差異；(4)假定中心商業區是唯一的就業地點；(5)假定土地買賣自由；(6)假定稅負擔一致；(7)假定居民具有完全的知識；(8)假定是基於完全競爭市場；(9)假定消費者有一定的收入；(10)並假定消費者的收入可用來購買：一般財貨、土地與運輸服務。

阿隆梭理論體係中最基本的觀念是競標價格（bid price）或競標地租（bid rent），他應用競標價格曲線以尋求經濟個體的個別均衡。此曲線是在可滿足一已知的滿意水準（住戶）或已知的利潤水準（公司）條件下，住戶或公司在距市中心的不同距離下，所願支付的一組假設的土地價格，由此可知任何一種使用的競標價格（或地租）函數皆為距離的函數，設為 $p(t)$，此一競標函數表示在各個區位上，使用者所願支付給地主的每單位地租額。由於離開市中心愈遠，競標價格或地租將會下降，即 $p(t)$之導函數 $\partial p/\partial t<0$。此一階導函數亦為競標價格（或地租）曲線之斜率。

如同經濟理論中的無異曲線一樣，每一條競標價格線反映一已知的滿意水準，經由各種使用競標的結果，市場達成均衡的過程開始於市中心。此項競標的結果與前述競標價格曲線的斜率有關，最中心的基地由具有最高競標價格曲線的使用者獲得，（斜率最大，曲線最陡如商業使用）即競標使用者對其區位之偏好會因距市中心距離之增加而急速的減少。在第一個使用者決定其土地消費量後，具有次高的競標價格曲線的使用者，將取得最近中心基地向外緊鄰的一塊基地（斜率次高，曲線次陡，如住宅使用）依次類推，直至最後一環的邊際使用者為止（斜率最低，曲線最緩如農業使用）。最後此一過程要以已知的城市邊界之價格予以調整。總之，阿隆梭所模擬的是土地潛在使用者競標使用土地，而地主將土地租或售給競標者的過程。因此，土地使用型態及土地價值型態變成交互影響，而達成供需的平衡。

二、溫戈運輸偏向的土地使用理論

溫戈（L. Wingo）也是以均衡理論的架構，提出關於都市空間結構另一系統化與嚴謹的說明，他研究的重點在於都市運輸成本影響地租和住宅用地的需求，他視運輸成本是距離和人口密度的函數。在供給面，以運輸費用來建立不同租金住宅區位的分佈。在需求面，他假定居民對住宅用地的需求彈性是固定不變，則其需求是地租的函數，租金愈高則所消費使用的空間單位便愈少。故而，在可及性愈高的區位，其租金愈高，空間消費的數量愈少，而密度愈高。最後，溫戈導出密度和租金的空間分布，以及住宅使用所需土地之面積，價值與分布。

三、費瑞的社會價值理論

在凱因斯的研究中，一些非金錢行為(如社會價值、偏好......)常以其他情況不變的假定來處理，但在社會理論的研究中，此點逐漸被強調而視為土地使用行為外顯的、直接的表徵。費瑞（W. Firey）即是在此方面研究中，較具影響力的學者之一。他研究波士頓許多地區，以決定過和現在土地使用模式中心價值和理想所發的影響。他發現現有解釋土地使用理論的一個主要缺點，就是忽視了適應空間的文化要素。因此，他強調區域和地方所隱含的觀點（sentiment）和象徵(symbolic)的意義，他認為這些因素可抵消生態學的次社會力量(sub-social forces)，所謂次社會力量是認為土地使用是藉由「合理性」和「競爭性」來分配。亦即是他認為土地使用之合理決定因素，不僅是競爭性，而更重要的是受隱含著的文化涵泳之價值體系所左右。

第六節　觀念性理論

有關都市空間結構的理論，尚有一種較具推測性質的觀念性理論，此類理論也稱為猜測性理論，他們把都市模擬成行動中的動態系統，初期的發展多屬唯真性（positive）的理論，以梅爾（Richard. L. Meier）的都市交通成長理論和偉伯（Melvin. M. webber ）強調人類交互活動的理論為代表，其後的發展則傾向於唯善（normative）性的模式，可以谷騰堡（Albert. Z. Guttenburg）基於可及性概念以研究都市成長的理論為代表，現分別介紹於下：

一、梅爾的都市交通成長理論

梅爾（Richard L. Meir）認為都市是人為要與他人保持交通（廣義）而形成交互活動系統，他認為交通技術的進步已將面對面相互活動的必要性降低，交通成為日益加強研究的重點，由於運輸的負荷過重，已使運輸路線促進彼此交流的機會受到限制，他認為狹義的交通系統對由人類關係而引起的人類交通（廣義）與活動系統，提供一個瞭解的基礎。同時，他提出情報理論（Information theory）和熵值理論（entropy theory），即是為了瞭解社會動態提供說明行為系統的基礎。此外，他提出都市時間預算（urban time burget）的概念，以推求各種活動的空間軌跡，而再建立位置關係後，又按照假定的技術標準，以配算活動的空間，以及移動模式。

《交通對於都市土地使用的影響愈來愈大，也愈來愈重要，運輸中繼站地點選擇，也深深影響土地使用的發展型態》

二、偉伯強調人類交互活動的理論

偉伯（Melvin M. Webber）以人類交互活動作為其理論體系的基本概念。強調把都市看成行動中的動態系統，他指出一種互動的空間場所（Space field），有的是全球性的，有的是全國性的，有的則是不同區域性。此種動態特徵可透過有關的個人、集團、公司或其他組織相互間的聯繫（linkage）表現出來。偉伯把聯繫的空間概念分成三種有關方面來看：

1. 把都市看成人類交互活動的空間模式。
2. 把都市看成實質形態（physical form）——適於人類活動的各種空間，以及交通網和運輸路線的模型。
3. 把都市看成活動位置的形態（confiuration of activity location）——經由經濟功能、社會角色及其他領域的多種活動所形成的空間分配。

三、谷騰堡的可及性概念

谷騰堡（Albert Z. Guttenburg）為都市結構及城市成長發展一套理論，他利用可及性為組織概念－他稱之：為克服距離的社區努力（community effort to overcome distance）。人的交互行動是要縮短距離的原因，他暗示交互行動是都市空間結構的基本決定因素。在其架構內，認為密度由內而外，從集中的設施形成一種坡度，是可及性函數，他特別注重都市活動區位與運轉效率的交互作用。因此，谷騰堡認為都市空間結構實與社區克服距離的努力有密切的關係。

第七節　都市空間理論評估

一、評估準則

都市空間結構理論評估之目的，在協助規劃師選擇最符合現實世界並能實際操作運用之理論，以為規劃基礎。本節提出下列準則作為評估的基礎：

1. 內部一致性。
2. 一般性。
3. 與現況相符。
4. 動態的本質。
5. 操作的功能。
6. 啟發的功能。
7. 適應綜合的功能。
8. 簡化或總括的功能。
9. 解釋及預測的功能。
10. 複雜性。

二、描述性理論的評估

描述性理論主要區點在於，自然區和傾度的矛盾性。因為一個區僅當它的界線在傾度上能明顯地區別才有意義，但傾度是連續性的，因此自然區的劃分也就無意義可言；過份依賴可見部分，故常將社會改變的條件，視為社會改變的事實，型程倒果為因；描述性理論的形成是模糊的。尤其是生物的「社區」和文化的「社會」之區別。因此，在某一方面他們所認為非社會性的，常在另一方面視為社會性，描述性理論的內部一致性似有不足。而描述性理論係依模式模型說所示之方法而建立的，經由某事件之觀察即說明都市空間結構形成後之狀況，甚少提及形成這些狀況的原因，故是特定的結果而非一般的結果，同時既無法解釋其成因，亦無預測未來的能力。描述性理論基於生態的觀念來透視都市空間結構，可從事時間序列的分析，以瞭解時間向度，具有動態的本質，但由於過於簡化，且忽略了受文化涵泳的價值體係，故往往無法與現況相符。更有甚者，此一學派的許多觀念都是純理論性而不能實際應用。因此，沒有放諸四海而皆準的模式，甚至沒有「理想」的型式。

從好的一方面來看，同心圖觀念對各種土地使用在都市空間中的相對位置與變動情況，有相當簡要的描述，但從反面來看，本理論失之於過度簡化現實世界的情況，現實世界並不如本理論所描述的那麼具有規律性。同時對他宅區發展過程的描述，扇形觀念顯然要比同心圓觀念精細（此點亦是扇形觀念得缺點。）至於多核心觀念雖說明了當代都市土地使用模式中的許多現象，不過嚴格說來，目前卻祇是一項極待進一步研究與實證的假設，距離實用階段尚遠。另外，未來可改進的部份，包括應區分出影響空間結構的要素與空間結構變遷動態間的區別。例如，解釋各種中心的形成原因在理論中可有不同：有的是因「市場力量」，有的是因運輸發展克服了「空間阻力」，有的是因著眼於社會福利而實施分區管制，有的是因為內在經濟、地價等因素。各種因素對於變動力量的反應，快慢不一，但卻均能產生各別的影響，促成中心的建立。

三、解釋性理論的評估

解釋性理論無論是基於經濟的觀點或是社會的觀點，均是以假設、前題或一般性的原則為基礎，然後運用高度符合邏輯的語言，推演其應有之結果，故極具內部一致性。但亦因此而有簡化現實世界的缺點。此外，基於經濟觀點的阿隆梭和溫戈固然假設均衡狀態是在存在的，有關區位的決定是純理性的，是為了要選擇活動的最佳區位；基於社會觀點的費瑞認為文化要素是生態過程的中心，他的比例理論（theory of proportionality）認為「社會價值的意義係透過土地使用的位置以達到多種目的表現，為使每種目的都能得到某種程度的實現，這些目的須要維持一個比率上的平衡」（註五），亦是基於均衡狀態及理性的假設。但事實上，均衡狀態是短暫的現象，變遷才是正常的。因此，解釋性理論既不太與現況相符，亦不具有動態的本質，同時亦非一種能實際應用的工具。

解釋性理論是基於推論模型說所示的方法而建立，故具有解釋及預測之能力，且此三種理論均可用以解釋在都市空間內形成之各類土地使用之模式，故較具一般性。在解釋性理論中，雖然阿隆梭的理論認為所得是外生決定的，但事實上所得應視為內生變數。此外，阿隆梭認為地租將隨距中心商業區之距離增加而下降，是基於靜態分析的概念；事實上，在動態的環境下，某一已知時間都市的土地僅有一小部分皆有競標地租，其他的都市土地都在過去不同的經濟條件下建築了永久性構物。在阿隆梭的理論中，他嘗試將兩個部份均衡模式，併在一起，而忽略了這兩個模式的基本假設是不一致的。阿隆梭理論儘管有這些缺憾，但無可置疑的，吾人可將此一理論應用於正在進行交易的土地市場，阿隆梭理論可用以解釋由活動系統引申而來的需求面如何決定其優先次序，亦可用以解釋由土地發展系統而來的供給面如何決定土地和區位，此兩者經由市場機能的協調而建立都市空間結構。

在溫戈的模式中，運輸所扮演的角色是消極的，運輸用的土地是外在決定的，因此這些模式某些方面是部分。同時，溫戈特別強調住戶市場的區位決定，而其他製造部門則預先分派至市中心，所有的通勤皆由市中心發生。因此，居住活動當然的被分派至一已知運輸系統和製造區位上。而費瑞的觀點其後為恰賓（Chapin 註六）所發揚。恰賓認為價值透過行為而決定都市土地使用模式，從而影響都市結構。

四、觀念性理論的評估

觀念性理論雖是最不成熟的一種都市空間結構理論，其內部一致性雖不若解釋性理論之嚴謹，但亦無如描述性理論之缺陷。觀念性理論雖僅止於某些「不成熟」的觀念但卻可以解釋都市空間結構之基本型態與成因。在基本上觀念性理論是基於人類「交互活動」為立論之基礎，此點深具動態之本質與一般性，且頗符合現況，同時具預測之能力，倘加以改良與發揚，甚可能具有實際運作之功能。

初期的觀念性理論著重於概念性的模式，但近來的發展，則著重於潛力的觀點，注意可及性的分配，如漢森（Walter Hansen）

使用可及性概念於住宅成長的分析，威爾遜（A. G. wilson）提出的極大熵法（maximum entropy）來處理都市及互活動現象等均是，但對空間結構的社會經濟層面則嫌不足。

五、綜合評估

綜上所述，描述性理論雖具有動態的本質，以及簡化適應、啟發的功能，但忽略了理論本身結構上的內在嚴謹性與一般性，實是本類理論的最大致命傷。解釋性理論是目前發展最佳的理論，可惜描述的是靜態的狀況，而非動態的本質，此點有待進一步的修正。觀念性理論除了不具操作的功能及複雜性外，其他各項均能大略吻合。由評估的結果可知，至今尚無一「完美」的都市空間結構理論可完全應用於空間特性的解釋及預測，這也許是由於評估準則間其相當程度的相互衝突性，例如，為了與現況相吻合的理由而要求理論能減少假設以保持其複雜性，另一方面為了便於瞭解、解釋及運用起見，又不得不要求簡化。但最大之原因仍是來自理論本身的缺陷；人類本身智識、資訊的不足，在在均限制理論的進展，儘管如此，我們仍認為理論發展的最終目標是希望能應用於現實世界，而提供一可供操作的工具以指導都市規劃，有待進一步的努力。

註釋：

一、Andrea Faludi（1969）：Planning Theory。Londen:Pergman,1969.

二、鍾起岱（2003）：計畫方法學。臺北：五南出版社。民國 92 年 10 月。

三、謝潮儀、鍾起岱（1980）：都市空間結構理論簡介及其評估。中興大學法商學報十五期。民國 69 年 6 月。

四、Dean R.D & Conoll T.M. L1977):"Plant Location Under Uncertainterite" Land Economies Vol.53.No.4

五、F.Stuant Chapin, Jr.,(1979) “Urban Land Use Planning” University of I11inois Press,1979.

六、F.Stuant Chapin, Jr.,(1979) “Urban Land Use Planning” University of I11inois Press,1979.

第十章　臺灣都市與土地開發

第一節　臺灣都市開發簡史

一、來自大陸的移民

人類居住的聚落以其大小來分，聚落大、人口集中者為都市或城鎮，聚落小、人口分散者為村落。都市與城鎮的古老或現代，與開發有關，臺灣的發展與中國大陸人口的遷徙有關，某種程度來說，她是中國閩粵文化的延伸，但另一方面，在四百年臺灣史中，除了來自中國大陸閩客漢族之外，也有來自歐洲西班牙與荷蘭的資本主義商團統治，及來自日本帝國主義的殖民統治，連同臺灣島上的原住民族，使得臺灣文化充滿多采多姿的多元風貌。

臺灣早年的聚落，可以說是閩粵移民以原有的生活方式適應新居地的過程，臺灣移民因受到地理、生態與歷史發展因素的影響，移民所面對的環境與遷出地有很大的不同，而必須重新的適應。

二十世紀以前，臺灣的聚落，以濁水溪為界，以北為散居型，以南為集居型，中部鹿港、員林一代則為兩者的混合型，造成這樣的區別，有歷史上的原因，有地理上的原因，也有氣候上的原因，更有宗族上的原因，研究臺灣都市發展，正可以看出臺灣開發的一頁滄桑。而從臺灣早期的聚落的名稱演繹，正可以了解這塊土地的開發歷程。

二、臺灣的開拓

臺灣開拓概可依其住民移居先後及統治者而分為：原住民墾獵時期、漢人移民時期、荷西殖民時期、明鄭時期、清朝治理時期、日治（據）時期、光復以後等七個階段，每一時期的開發都有其基本的特色，也有其歷史、文化上的意義。連橫的臺灣通史，是第一部以臺灣人的身分寫的臺灣史，所謂《身為臺灣人，不可不知臺灣事》，正顯先輩用以教導台人的用心，臺灣島橫臥在太平洋的萬頃碧濤中，傲視四週蕞爾小島，「鯤島」成為臺灣的一種雅稱。所謂「鯤」，是古代一種很壯大威武的魚。莊子的—逍遙遊篇，描述鯤曰：「北冥有魚，其名為鯤，鯤之大，不知其幾千里也。化而為鳥，其名大鵬，鵬之背，不知其幾千里也。」過去臺江內海一帶，今臺南安平附近，有所謂的「一鯤鯓、二鯤鯓……七鯤鯓」、臺南縣著名風景區馬沙溝附近，有所謂「青鯤鯓、南鯤鯓」，皆是指江海上的小島之意。

三、臺灣的古名

臺灣在三國時代稱「夷州」、隋朝稱之「流求」。宋朝稱「毗舍那」、元朝稱「留求」、明初稱「小琉球」、「東番」等化外之地的名稱。海權時代的興起，讓臺灣登上世界舞台，西元 1544 年（明世宗嘉靖 23 年），葡萄牙人初航臺灣近海，以 Formosa（美麗之島）來讚美臺灣。此後歐美人士以「福爾摩沙」之名稱呼臺灣。

「臺灣」的名稱如何得來？在荷蘭人、漢人尚未移居臺灣時，當時臺灣平地的居民統稱係「平埔族」，如依地區分，則又有各種不同族群名。如宜蘭的平埔族稱「葛瑪蘭族」、臺北地區的平埔族稱「凱達格蘭族」，臺中地區的平埔族稱做「巴則海族」，臺南地區的平埔族則叫做「西拉雅族」。當時臺南安平地區的居民就是屬「西拉雅族」的一支。在明朝萬曆年間，福建的漁民初抵安平地區，漢人詢問地名，原住民告知「Taywan」。漢人依閩南話之音，或譯為「大員」、或譯為「台員」、或稱「臺灣」。沙洲安平（即一鯤鯓）被稱為「臺灣嶼」。1684 年，清廷納臺灣入中國的版圖，康熙皇帝定名為「臺灣府」隸屬福建省。「臺灣」一詞正式成為全島的名稱。

四、臺灣開發簡史

理論上，有人居住就會有聚落，在漢人尚未移居臺灣之前，臺灣這塊新生陸地，早就有人類居住，史前先住民口承之聚落地名，常隨種族絕滅而湮沒。近年來，雖然諸如長濱、卑南、圓山出土的史前文明，包括長濱文化、粗繩紋陶文化、圓山文化、龍山文化、黑陶文化等等遺址的挖掘工作，有很大的進展，但由於迄今仍未發現類似甲骨文之原住民族之文字，故此等聚落常常待漢人大量湧入之後，再以漢字譯音，或以社、番、寮對原始聚落加以命名，漢字不僅創造有關臺灣這片土地的聚落文化，同時也提供了後人追尋足跡的蛛絲馬跡。此後，由於人與地的接觸頻仍，這些原創性的聚落名詞，客觀的為臺灣的拓殖及國土開發留下了歷史證言，也為臺灣歷史創造了多彩多姿的生命力。臺灣的開發史可以整理如表 10-1。

表 10-1　臺灣開發簡史

西　元	開　發　事　件
230 年	三國東吳孫權黃龍二年，遣大將衛溫、諸葛直征夷州。
605 年	隋陽帝大業三年遣朱寬招撫琉球。
606 年	隋陽帝大業五年遣朱寬再招撫琉球。
607 年	隋陽帝大業六年遣陳陵、張鄭州征伐琉球。
1171 年	南宋道乾七年總兵汪大猷屯兵於澎湖。
1292 年	元世祖忽必烈派楊祥征琉求。未至而回。
1335 年	元世祖至元年間設置澎湖巡檢司。
1403 年	明永樂年間鄭和遠洋船隊停泊澎湖。
1544 年	葡萄牙人船隊經過臺灣稱為 Formosa
1563 年	明嘉靖 23 年林道乾因俞大猷、戚繼光等人的圍剿入台。<<據施琅請剿疏估計，明時澎湖住有百姓五、六千人，臺灣約有兩、三千人，以耕魚維生>>
1580 年	明萬曆 8 年西班牙耶穌教會欲擊澳門，因遇颱風飄至臺灣。
1593 年	日本豐臣秀吉遣使家臣原田孫七郎來台。
1602 年	明萬曆三十年顏思齊、鄭芝龍入台。
1608 年	日本德川家康接見阿美族使者。
1609 年	荷蘭人據澎湖，同年日本德川家康派追馬晴信進入高砂國。
1621 年	明天啟四年，泉州南安人顏思齊與楊天生、鄭一官<<芝龍>>等二十八人結為兄弟。以顏思齊（振泉）為盟主。襲日事敗。顏思齊、鄭芝龍入台，於北<<笨>>港練兵。

1622 年	明天啟五年，顏思齊於諸羅山打獵歡飲過度而死。擲碗聖杯而不破。共成三十。眾舉一官為盟主。
1624 年	荷蘭人據台。於安平築熱蘭遮城。今安平古堡。
1625 年	荷蘭人築普羅民遮城。今赤崁樓。當時荷蘭人約有兩千多人。漢人約有二、三萬人。荷蘭人成立東印度公司。實施王田制度，以<<結首>>方式開墾，結數十佃農為一小結首，數十小結為一大結首，並從東南沿海招募漢人來台墾殖，估計全盛時期，約有漢人達十萬之眾。
1626 年	西班牙人入基隆及三貂角。
1627 年	崇禎元年鄭芝龍歸順明朝。
1629 年	西班牙人於淡水築 Santodomingo 今紅毛城。
1629 年	崇禎二年鄭芝龍妻翁氏（田川）偕成功歸中國
1636 年	荷蘭人開闢小琉球。
1642 年	明崇禎十五年荷蘭人逐走西班牙人。
1644 年	清順治元年。明崇禎十七年。明思宗自縊於梅山
1645 年	荷蘭人運耕牛前往淡水地區進行墾殖。
1646 年	清順治三年。鄭芝龍降清。成功勸以：虎不可離山、魚不可脫淵、離山則失威、脫淵則死。望吾父三思。是年成功與施琅束髮舉事。告孔廟曰：昔為儒子，今為孤臣，向背去留、各有所用，唯先師鑒之。
1653 年	漢人以壓艙石修築鹿港龍山寺成。
1654 年	荷蘭人清查人口有漢人十萬餘人。
1659 年	明永曆十三年鄭成功北伐失敗。
1661 年	明永曆十五年鄭成功於烈嶼<<今小金門>>誓師。率兩萬五千人於澎湖入台，並宣諭八條園地政策。自稱本藩明忠孝伯招討大將軍。通譯何彬。荷蘭總督揆一。
1662 年	鄭成功入台。勸降揆一，哀的美敦書：此地非爾所有，乃前太師練兵之所。事成芝龍來信勸成功投降。成功告知：從來父教子以忠，未聞欲以貳，倘有不測，只有稿素而已。未己父死。清軍攻克泉州。母死。清兵掘鄭氏祖墓。成功曰：生者有怨、死者何仇？敢如此不共戴天之仇，倘一日治兵而西，吾不寸桀汝屍，枉做人間大丈夫。永曆皇帝於緬甸為吳三貴所執。菲律賓馬尼拉漢人為西班牙人盡屠。四事踵至，成功悲憤而死，年三十九歲。事見楊英從征實錄。郁永河裨海記遊。江日昇臺灣外紀及荷蘭荷蘭巴達維亞城日誌。
1663 年	鄭成功軍師陳永華創天地會。設承天府及天興、萬年縣。施行<<寓兵於農>>政策。將<<王田>>變更為<<官田園>>。另設<<文武官田>>，為臺灣私有田之始。

1665 年	清康熙五年鄭經設置臺灣府學府<<今之臺南孔廟>>。以陳永華為院長。施琅攻澎湖。事敗。西班牙呂宋王遣巴禮僧要求傳天主教。被拒。
1666 年	清朝招撫臺灣，鄭經要求不入中國版圖。以朝鮮事例奉清朝為宗主國。施琅上<<請剿疏>>再請求征台。要求順則撫之，逆則勦之。<<據施琅請剿疏，鄭時順治十八年成功入台時，官兵眷口三萬有奇，操戈為伍者不滿兩萬，康熙三年鄭經又帶入官兵六、七千人，操戈為伍者不過四千人。內中無家眷者，十之五、六。估計明鄭時期臺灣約有民眾二十五萬人左右。>>
1671 年	清康熙十二年臺灣秋禾大收。
1672 年	清康熙十三年三藩<<吳三桂、耿精忠、尚可喜>>舉事，鄭經得訊，派兵反攻大陸，並親赴廈門。
1678 年	清康熙十八年三藩之亂平。鄭經不得已引兵回台。
1679 年	陳永華卒。
1680 年	鄭經卒。克臧、克爽爭國。
1683 年	清康熙二十二年姚啟聖、施琅克台。並上奏<<留台疏>>。聖祖於是決定設臺灣府，下設臺灣、鳳山、諸羅三縣。臺灣府設有道官。並兼轄廈門。收入版圖。鄭氏治台共二十三年。<<康熙特明詔宣示：鄭成功係明室遺臣，非朕之亂臣賊子。同時將漢人大量遣返中國大陸。對台採消極鎖國政策。台人大減。直至康熙四十年。
1685 年	台籍藤牌軍攻克雅克薩。
1689 年	中俄尼布楚條約成。
1701 年	康熙四十年取消實施將近 20 年的渡台禁令。閩粵人士大量來台。
1721 年	清康熙六十年臺灣鴨母王朱一貴之亂。亂平，十月頒布<<台疆經理事宜>>十二條。嚴禁入山。施琅重修鹿港天后宮。
1722 年	康熙六十一年福建巡撫楊景素下令於番界立石，嚴禁漢人越界，也制止番人越出，稱為<<官隘>>。
1724 年	清雍正二年臺灣總兵藍廷珍主張開放番禁政策。
1725 年	清雍正三年採納臺灣總兵藍廷珍主張漢民經核准者可以進入山區墾殖。
1737 年	鹿港興建三山國王廟。
1738 年	清乾隆三年全面劃定漢番地界。並勒石為界。
1746 年	清乾隆十一年取消禁令，准許漢人攜眷來台。
1786 年	清乾隆五十一年臺灣天地會林爽文之亂。
1788 年	清乾隆五十三年陝甘總督福安康平林爽文之亂。部將漳州人吳沙進入宜

	蘭<<葛瑪蘭廳>>墾殖。採用<<以番制番>>。駐守者稱為隘丁。以熟番充之。福安康於鹿港重修龍山寺、興建金門館及新<馬>祖宮，新祖宮也是臺灣唯一的一座官建馬祖廟。
1805 年	鹿港蔡牽舉事。亂平重修金門館。
1808 年	鹿港日茂行成立，來往於臺灣海峽之間的貿易。
1811 年	鹿港文武廟重修。
1815 年	鹿港地藏王廟興建。
1826 年	道光六年閩、粵械鬥。<<淡水廳金廣福大隘成，為臺灣第一座 BOT 的派出所。>>
1858 年	清咸豐八年，英法聯軍北上，於基隆二沙灣炮台受挫，但仍攻破大沽砲臺。簽訂天津條約。
1860 年	咸豐十年，英法聯軍再度佔領天津，簽訂北京條約。左宗棠於長沙成立楚軍，協助曾國藩對抗太平軍。
1861 年	咸豐十一年。七月咸豐帝去世。同治繼立。八月名臣胡林翼病逝。<<當時中國有五支主要力量：太平軍、湘軍、八旗軍、捻軍及回軍>>
1862 年	鹿港戴潮春舉事，不成。
1863 年	同治三年宗棠任浙江巡撫。太平天國亡。在杭州造了一艘機器輪船是中國第一艘自製的輪船。只是船速很慢。
1865 年	左宗棠出任閩浙總督，於福州創立馬尾造船廠。離開福州轉辦西北軍務後，造船廠委由沈葆禎辦理，也開啟了沈葆禎與臺灣的淵源。
1874 年	清同治十三年日本明治七年派華山紀資侵台。史稱牡丹社事件。
1875 年	沈葆禎來台。詠成功：開萬古未曾有之奇，洪荒留此山川，作遺民世界。極一生無可如何之遇，缺憾還諸天地，是創格完人。採<<開山撫番>>政策。分北中南三路開發臺灣後山。是為北中南橫貫公路之始。
1885 年	清光緒十一年中法戰役之後，臺灣建省。劉銘傳任首任巡撫。劉氏蒞台之初，清查田賦，清丈土地，統一臺灣度量衡，前後歷時五年，建立臺灣地政租賦制度，也定下臺灣現代化的基礎。
1891 年	光緒十七年邵友濂出任臺灣巡府。
1894 年	清光緒二十年。中日甲午戰爭。
1895 年	馬關條約成。孫中山廣州起義。割讓臺灣、遼東半島。臺灣乙未戰爭起。明治天皇之弟北百川宮能久率近衛師團五萬人馬入台，受到台人抵抗，據統計戰死 164 人、病死 4842 人、患病 26094 人>>。能久親王亦於新竹牛埔山遭楊再雲、吳湯興新楚軍<<落屎兵>>伏擊受傷，未幾，伏見客

	親王亦於嘉義遇刺，開啟日本 50 年的殖民統治。
1896 年	華山紀資總督頒布戶口調查令。日本開闢淡水軍港，並在淡水興建臺灣第一座自來水廠。姜紹祖發動北埔事件。日本總督樺山紀資頒布六三命令，實施軍事統治。
1897 年	日本將鹿港龍山寺更名為東京本願寺分寺。
1898 年	日本明治三十一年公佈<<臺灣地籍規則>>、<<臺灣土地調查規則>>，成立<<臨時臺灣土地調查局>>。
1900 年	日本實施全台三角點測量。
1904 年	日本完成臺灣土地調查。並制定公佈<<臺灣地租規則>>。
1905 年	日俄戰爭。中國宣布中立。乃木希典攻克旅順港二零三高地。
1908 年	臺灣縱貫鐵路成。
1910 年	清宣統二年，日本制定<<臺灣林野調查規則>>
1911 年	辛亥革命，中華民國成。
1915 年	民國四年，霧社事件起。莫那魯道、花崗一郎為指揮。因日人討伐番人，使大量番人死亡；共殺死日人 134 人。番人死者九百餘人。日本駐台總督石塚辭職。
1919 年	臺灣士紳辜顯榮仿臺灣總督府興建鹿港官邸
1921 年	臺灣文化協會成立。
1926 年	臺灣議會運動。臺灣民眾黨成，由林獻堂、蔣渭水領導。其後分裂，文化協會由蔡培火領導，臺灣讀書會由連溫卿、王敏川領導，又稱赤色俱樂部。總部設在臺北世界書局。
1928 年	臺灣共產黨成立。
1930 年	國民政府頒布土地法。
1935 年	日本公佈<<臺灣國有財產法>> 。日本國勢調查。臺灣人口約有 519 萬人。臺灣發生大地震，日人編有《昭和十年臺灣震災誌》紀其事。
1936 年	日本政府頒布臺灣都市計畫令及其施行細則。
1937 年	盧溝橋事變發生，中日戰爭起。日本推動皇民化運動。
1939 年	國民政府頒布都市計畫法。
1940 年	日本政府選擇臺北、臺中、高雄地區實施區域計畫。
1943 年	日本人於鹿港興建北百川宮紀念館<<今文開書院>>。
1945 年	日本戰敗，國府收復臺灣，行政院頒布收復區域鎮營建規則。
1947 年	發生二二八事件。發生原因有多種說法，包括：單純緝煙說、共產黨謝雪紅操縱說、省籍情結說、日本幕後說、黨團鬥爭說。

1949 年	大陸失守。臺灣實施三七五減租。
1950 年	蔣介石於臺北復行視事。臺灣省行政轄區劃分為十六縣五省轄市。
1953 年	臺灣展開四年經建計畫
1964 年	修正頒布都市計畫法。
1969 年	行政院公佈臺灣地區綜合開發計畫。
1974 年	頒布區域計畫法。
1997 年	修憲凍省。
1999 年	九二一大地震。
2000 年	民進黨陳水扁先生當選中華民國總統。

第二節　原住民墾獵時期

一、臺灣原住民簡介

臺灣的原住民截至 2003 年底估計人口約 45 萬人，最早時據稱有 20 族，包括屬於平埔族的雷朗（Luilang）、凱達格蘭（Ketagalan）、葛瑪蘭（Karalan）、道卡斯（Taokas）、巴則海（Pazeh）、巴布拉（Patora）、貓霧宿（Babuza）、和安雅（Hoanya）、西拉雅（Siraya）、邵（Thao）等十族，及通稱高山族的賽夏（Saisiat）、泰雅（Atayal）、阿美（Amis）、布農（Banun）、鄒（Tsou）、卑南（Puyurna）、排灣（Paiwan）、魯凱（Rukai）、達悟（Tau）等十族。但現在經行政院正式認定的有十二族。包括：

1. **泰雅族**：又分泰雅亞族及賽德克亞族，分佈於南投，苗栗，臺中，新竹等地，賽德克分布在中央山脈以西稱為西賽德克，以東稱為東賽德克，東賽德克亞分佈於花蓮縣境內山區，又稱太魯閣族，現已獨立為太魯閣族；西賽德克亞則分佈於南投縣山區內。
2. **賽夏族**：分為南北兩群，北賽夏分布於新竹縣五峰鄉山區一帶，南賽夏分佈於苗栗縣南庄鄉山區一帶。
3. **布農族**：包括六個同祖群，卓社群分布於南投仁愛及信義兩鄉，卡社群分佈於南投信義，丹社群分佈於花蓮萬榮，卓溪鄉一帶，巒社群分佈於南投信義，花蓮卓溪，臺東海端等鄉，郡社群分佈於臺東海端，高雄桃源，三民一帶與臺南縣交界附近。

4. **魯凱族**：包括下三社群，魯凱亞族及大南社群，下三社群分佈於高雄縣茂林鄉；魯凱亞族分佈於屏東縣霧台鄉；大南社群分佈於臺東縣卑南鄉。
5. **鄒族**：包括北鄒亞及南鄒亞族，北鄒亞族分為達邦特富野群，分佈於嘉義縣吳鳳鄉；鹿株大社群分佈南投信義鄉。南鄒亞族分；四社群及簡仔霧群，前者分佈於高雄縣桃源，三民二鄉；後者分佈於高雄縣三民鄉。
6. **排灣族**：屏東縣三地，瑪家，泰武，來義，春日，獅子，牡丹，滿州及臺東達仁，金峰，太麻里，大武鄉等地區。
7. **卑南族**：即舊志上所謂的八社番，分佈於臺東縣卑南鄉的平原之一帶。
8. **阿美族**：人數約有 13 萬人，Amis 原為北方人的意思，包括北族群，中部群和南部群，北部群即南勢阿美，分布於花蓮縣太魯閣一帶，與太魯閣族比鄰而居，中部群分秀姑巒阿美和海岸阿美兩群，包含花蓮，臺東兩縣，南部群分為卑南阿美和恒春阿美，卑南阿美分佈於臺東卑南鄉及臺東市；恒春阿美分佈於屏東縣滿洲鄉東海岸平原一帶。
9. **達悟族**：舊稱雅美族，居住於臺東縣蘭嶼鄉。
10. **邵族**：大部分的邵族人住在日月潭畔的日月村，少部分原來屬頭社系統的水里鄉頂崁村的大平林，兩地加起來的總人口數約為二百餘人，這樣的人口數可以說是全世界最袖珍的族群。
11. **葛瑪蘭族**：即舊志所稱蛤仔難三十六社，自稱為 Karalan，1812 年清政府設置葛瑪蘭廳治理其事，Karalan 意指平原的人，人數約有 1 萬人至 2 萬人之間。分部於蘭陽平原及花蓮一帶。
12. **太魯閣族**：原被歸類為泰雅族，稱為東賽德克族，2004

年元月 14 日獲行政院正式承認為原住民的第十二族，人數估計有 3 萬人，約於 17 世紀由臺灣西部越過中央山脈的奇萊山，定居於臺灣東部，族人自稱 Truku，又分為德魯固群（立霧溪）、德克達爾群（木瓜溪）、德烏達爾群（陶賽溪）三群。

二、臺灣原住民的起源

臺灣原住民始於何時，眾說紛云，有由語言學的觀點主張臺灣原住民是太平洋南島民族的發源地，也有謂臺灣原住民是由島外移入；有由體質人類學的觀點主張臺灣原住民為東南亞南方人的後裔或是南島亞種與蒙古人種之混血後裔；有從民族學的觀點主張臺灣原住民是華南古代閩越人或百越人之後裔；亦有由考古學的觀點主張臺灣史前文化具有濃厚的大陸北方要素（註一）。近年來，隨著考古挖掘，許多史前文化紛紛出土，或有助於此方面的釐清。推測其民族的來源，大體有三種說法（註二）：一是高山發源說；他們多數海的觀念不清楚，而祇注意山，如賽夏族以大霸尖山為發祥地、排灣族以大武山為發祥地，曹族以玉山為發祥地；二是平地及海岸發祥說：如卑南族以臺東海岸為發祥地；三海外發祥說，如雅美族（達悟族）之 Ivarinu 與 Iratai 兩社均有祖先自巴丹 Ivatan 移來之傳說。此三種發祥地傳說，也有學者主張高山各起源族一定來臺灣較早，可能直接來自大陸，而平地海岸及海外發祥者，則或為後來民族，而來自印度尼西亞或菲律賓群島。臺灣現居原住民約有 45 萬人。

除漢化甚深的平埔族外，依日本學者的研究（註三）大致有九分法、六分法、八分法等類，一般以通俗的九分法，目前依據行政院的認定，已擴充為十二族，大致可將臺灣原住民族予以表列如表。早年的原住民族除了卑南族與阿美族為定居社會外，大抵以漁獵燒墾為主要生活方式，且有棄村之現象；至於散居平原、盆地的原住民也有較進步的旱田農業及漁獵生活，但尚未產生水稻農業。原住民社會由於漢人的大量移入，其聚落都以漢字譯音成聚落名，稱為蕃仔寮、社寮、蕃社等等稱法，諸如新港社、阿猴社、北投社、大肚社等等，大抵原皆為平埔族的聚落。此一時期的經濟活動，大抵是以漁獵為主，耕作為副，可能是與居住之地理環境有關。

三、臺灣原住民的文化

十七、十八世紀來自中國漢民族的衝擊，原住民各族均曾發生大規模的遷徙，但很少異族雜居的情形。直至 1930 年霧社事件發生後，日本殖民政府為加強對原住民族的監控，對居於深山聚落的部落，以強制的方式，大量遷徙至淺山地區並將聚落予以集中，因而產生原住民聚落數目減少及不同族群的混居。時至今日，不可否認的原住民文化應在臺灣主流文化中，佔有一席之地，像泰雅族的鯨面文化、雅美族的飛魚文化、排灣族的百步蛇文化、雕刻文化及魯凱族的石板屋文化等，都是原住民文化中，難能可貴的傳統文化，最近在社區總體營造的理念的大力倡導下，母語詩歌、神話傳說、編織、雕刻、刺繡也能透過某種機制加以復甦，這是非常可喜的現象。

經過長時期的演變，在原住民的社會裡，基本的社區權力架構有四：一是行政系統的村長、村幹事、鄉民代表、鄉長；二是基層教育的國中、國小；三是教會的傳道人及牧師；四是傳統的頭目與貴族。這四種力量成為支撐原住民社會的支柱。他們的熱情產生出來的力量是無可限量的，因此，解決原住民問題，不應祇是從平地人的觀點、漢人的社會、現代社會的角度來探討，還要加入原住民的角度來探討，才能比較週全。表 10-2 顯示臺灣原住民族地區分布與文化特質。

表 10-2 臺灣原住民族地區分布與文化特質

地區分布	文化特質	民族別
北部諸族 (Northern tribes)	以埔里花蓮線以北為分佈範圍，以紋面、織具、祖靈崇拜為共同文化特質，生活方式主要為山田燒墾與狩獵採集。	泰雅族、賽夏族、葛瑪蘭族、太魯閣族
中部諸族 (Central tribes)	分布在中央山脈及兩側，以父系外婚氏族及男用皮帽、皮套袖、套褲、革鞋為共同文化特徵。	布農族、鄒族、邵族
南部諸族 (Southern tribes)	以貴族階級及貴族之土地特權、並系宗族、蛇崇拜、太陽崇拜、喪服飾、琉璃珠、花環頭飾、木石雕刻為共同文化特質。	魯凱族、排灣族
東部諸族 (Eastern tribs)	以母系親族、年齡組織、部落令所、燒疤紋身、風箏、巫師為共同文化特質	卑南族、阿美族
蘭嶼諸族 (Orchid tribes)	以漁團組織、椆布、銀飾、土偶、木笠、銀頭盔、短甲冑式背心、水菜栽培、拼板龍舟、漁釣、漁網為文化特質。	達悟族

第三節 漢人移民時期

一、移民初期

臺灣其地，中國舊志有稱島夷，隸屬於禹貢揚州，或秦之蓬來，漢之東鯷，但古史迷離，已無可徵。漢人的大量移入臺灣，可信的時期約在十七世紀，至明鄭而大盛，最早計載為三國東吳黃龍二年（西元 230 年），孫權使衛溫與諸葛直率甲士航海，獲夷州數千而返，據當時沈瑩所著臨海水土志對夷州的描述，以夷州之方位、物產、氣候、土人獵首、鑿齒等等習性，疑夷州即指臺灣（註四），夷州人疑為原住民，其後，又有東夷、流求、琉球等稱呼（註五）。東吳孫權之後，隋朝煬帝時代，亦曾遣朱寬、陳凌、張鎮等使於流求，唐代中葉，又有進士施肩吾曾遷居澎湖。

二、設置官衙

十一世紀時，宋朝汪大猷曾遣將留屯於澎湖，當時稱為平湖；元朝至元年間，時約西元 1335 年左右，中國政府設置澎湖巡檢司於澎湖，隸屬福建同安縣管轄，其時漁民往來也開啟了大陸與臺灣之間的貿易，泉州是當時世界上屬一屬二的大港，泉州人來台人數也最多。其後南昌人汪大淵寫成島夷志略一書，詳細計載澎湖其人、其事；明代鄭和下西洋，其所率領的遠洋海軍，亦曾出入澎湖，而此一時期，西方受到航海技術的發達與重商主義的影響，臺灣成為國際貿易舞台的重鎮。明嘉靖年間，朝廷賦稅繁重，不少閩粵民眾遁海為盜，以求生存，著名的海盜林道乾為躲避俞大猷的征伐，曾遠遁臺灣。

三、早期聚落

早期漢人移民社會，多數來自閩粵兩省，以壓倒性的人口數量及優勢文化，由西而東，由南而北，由低而高，三、四百年之間，已遍佈全台；引進的水稻種植，水利建設成為經濟與軍事的重要據點，而鑿濬引渠，蠻荒之域逐漸成為阡陌交織之地。早年由於治安不佳，故地緣與血源之結合，成為聚落社會的重要架構，因此，或基於同族血統、或基於防衛需要，也有一些小規模的聚落出現，這些聚落有些是原住民聚落的漢語化，如烏來社、通霄社；有些是象徵地理特性的新興聚落，如阿姆坪、三條崙、營盤口；有些是早期生活不安而期望吉祥比喻命名的聚落，如新化、永靖、安順、福興、永和等；也有些是與水利灌溉設施有關的聚落，如四汴頭、埤頭、大湖等，當然如果是屬於閩人聚居之地，多稱為厝、店、寮、宅，如泉州厝、安溪寮、興化店、同安宅等是；如屬粵人聚居之地，多稱屋或岡者，如彭屋、頭屋、石岡、五穀岡等是。

第四節　荷西殖民時期

一、荷蘭的經營

據連橫臺灣通史所載，明萬歷初年，西元 1573 年，先是葡萄牙人船行東海，途經臺灣之北，自外望之，樹木青蔥，名為福爾摩沙，譯為美麗之島，是歐洲人發現臺灣之始。萬歷三十二年，即西元 1604 年 6 月，荷蘭人因暴風飄流而抵澎湖，取其地，西元 1622 年，荷蘭巴達維亞總督顧恩（Coen）因攻取澳門不勝，回師攻佔澎湖，兩年間，先後命提督雷爾生（Reyersen）及遜克（Sonck），占白沙、鹿耳門港等地，與明軍發生激烈戰爭，臺灣從此成為海權時代的兵家必爭之地，也展開了荷蘭人經營臺灣的序幕。

二、西班牙的經營

西班牙人侵佔臺灣之企圖，最早於明萬歷十九年（西元 1591 年），但直至明天啟元年（西元 1626 年）五月，始成功的由呂宋北岸出發，佔領臺灣東北角之三貂角，臺灣形成北屬西班牙，南屬荷蘭的情況，由於經濟利益的相互衝突，也展開荷、西的幾十年的殖民爭奪戰爭，一直到明崇禎十五年（西元 1642 年），荷蘭人取得大優勢，西班牙被迫退出臺灣，臺灣全島全落入荷人手中，由於臺灣位於印尼至日本航線的中繼站，被稱稱為大員的安平港，成為當時臺灣第一大港口。

三、荷蘭的聚落

荷蘭人相當重視臺灣的開發，一方面提供優惠條件，吸引當時來自我國大陸沿海地區的剩餘勞力，結合荷蘭的西方資本，據信漢人的水稻生產技術，大約也在此一時期，隨著人口的移動，傳入臺灣，開始了農業的發展，當時的漢人估計五萬人左右。荷人據台期間，1624 年興築安平的熱蘭遮城，作為行政中心，繼築普羅文遮城作為商業貿易中心，荷蘭人先採放任懷柔政策，劃分本省為：淡水、噶瑪蘭、卑南、北部、南部等五個會議區，管轄者稱為宣教士，因其佔領臺灣僅有經濟上之目的（註六）而無政治上之企圖，定每年 5 月 2 日於牛墟交易，其後漢人日增，荷蘭人因懼怕漢人力量轉強，改採剝銷迫害政策，以防止漢人反抗，但仍發生郭懷一的抗荷事件（註七）。

荷人利用傳教、通婚、饋贈等方式攏絡原住民，藉以聯合對抗漢人，但最後仍為鄭成功所逐。此一時期，由西方異族統治形成的聚落，常以紅毛命名，如紅毛埤、紅毛井、紅毛厝、紅毛街等等；而隨著西人來台的黑奴所形成的聚落，就理所當然的稱為烏鬼埔、烏鬼洞、烏鬼井了。

第五節　明鄭時期

一、收復臺灣

明朝天啟年間，西元 1621 年，先是閩人顏思齊入台，與荷蘭共有臺灣之地，1625 年顏思齊於嘉義病故，鄭芝龍領有其眾，以臺灣作為練兵聚眾之所。其子鄭成功倡議反清復明，於北伐失敗後，退守金、廈，旋於公元 1661 年（清順治十八年，明永曆十五年）驅逐荷蘭人，收復臺灣。為長久計，設一府（承天府，今之臺南市）兩縣（北曰天興縣，今之嘉義縣；南曰萬年縣，今之高雄縣），清查田園冊籍，以作為徵稅納銀之依據。

二、開發政策

臺灣的開發逐漸由南而北，為了墾殖的需要，水利建設逐漸受到重視，如高雄的三鎮埤、鳥樹林陴，臺南的月眉池、蓮花潭，均開發於此一時期，全台人口初期約為十二萬人，晚期以增至二十萬至三十五萬人之間，鄭氏主政時期，採取寓兵於農的政策，農忙時，部隊教導以先進的農耕技術，農閒時則一律強迫軍事訓練，農村與軍隊屯駐地區逐漸在臺灣西不平原發展出相當規模的城鎮，這些城鎮主要有三種型態，一是漢民族民移民的聚落，二是平埔族傳統的聚落，三是鄭氏新建的屯田聚落。為了促進此三類聚落的和平，也為安頓文武官兵民眷，鄭氏設立衙門、村莊，分配田園，建築房屋，經商捕魚以增民富，永歷十五年，並宣諭八條款（註八）：

1. 承天府、安平鎮，本藩暫建都於此，文武百官及總鎮大小將領家眷，暫住於此，隨人多少，圈地永為世業。以佃以漁，及經商取一時之利，但不許混圈土民及百姓現耕田地。
2. 各處地方，或田或地，文武各官，隨意選擇創置庄屋，盡其力量，永為世業。但不許紛爭及混圈土民及百姓現耕田地。
3. 本藩閱覽形勝，建都之處，文武各官及總鎮大小將領，設立衙門。亦准圈地及創置莊屋，永為世業。但不許混圈士民及百姓現耕田地。
4. 文武各官圈地之處，有山林阪池，具圖來獻本蕃定賦稅。便屬其人掌管，須自照管愛惜，不可斧斤不時，竭澤而漁，庶後來永享無彊之利。
5. 各鎮及大小將領官兵，派撥汛地，准就彼處起蓋房屋，開闢田地，盡其力量，永為世業，以佃以漁及京商，但不許混圈士民及百姓現耕田地。
6. 各鎮及大小將領官兵，派撥汛地，其處有山林陂池，具啟報聞，本蕃即行給賞，須知照管愛惜，不可斧斤不時，竭澤而漁，庶後來永享無疆之利。
7. 沿海各港，除現在有網位、罟位，由本藩委官徵稅外，其餘分與文武各官，及總鎮大小將領，前去照管不許混取，候定賦稅。
8. 文武各官開墾田地，必先赴本藩報明畝數而後開墾，至於百姓，必先將開墾畝數報明承天府，方准開墾。如有先墾後報，及報少而墾多者，察出定將田地沒官，仍行從重究處。

這八條款可說是明鄭時期，最重要的土地開發策略，由於臺灣當時雖多未開之地，然已墾者亦不在少數，為保護原住民及先來漢人之利益，尤其是預防其麾下以征服者之姿態而強奪熟田，故有此圈地之限制。同時，為防止濫佔土地壟斷，故規定有墾地須向成功本人報明。此八條款實為明鄭時期，土地之重要政策。除了圈地政策外，成功的另一開發策略為屯田，主要為軍屯，除承繼荷蘭時代之墾殖區域（主要為臺南及鹽水港一帶）外，更將之擴充至諸羅、鳳山、水沙連、彰化、竹塹、臺北、雞籠、瑯嶠（恆春）等地，使農墾面積由原來之 15,000 甲增至 30,000 甲，確保軍需食糧。

明鄭時期，由於據傳當時荷蘭人囤積的糧食，僅能供應鄭軍半個月之需，徵收糧食也不足以解決問題，更可能激起民變，因此，為解決大批隨鄭軍來台軍民眷屬的生活問題，必須有效安撫平埔族，同時發展農業，以維持軍需，因此，圈地政策之外，就有屯田政策，初時，以鹽水港、鳳山為最多，臺南反而較少，屯田政策下墾成之田，稱為營盤田，而由當權宗黨招募佃農所墾之田，稱為私田或文武官田，由於屯田而設營鎮，而形成聚落，便以所屯之田為聚落之名，因而形成後鎮、新營、柳營、舊營、中營、下營等等，為具有軍事意義的聚落。

第六節　清領時期

一、鎖島政策

清政府收復臺灣後，早年並不太重視對臺灣的開發經營，康熙年間，臺灣設置一府三縣，即臺灣府及臺灣、諸羅、鳳山三縣，並於澎湖設置巡檢司，第一任的臺灣知府為蔣毓英，隸屬於福建省分巡台廈兵備道；嘉慶年間，增設為一府四縣三廳，其實諸羅縣已改名為嘉義縣，另增加彰化縣，及淡水、葛瑪蘭、澎湖三廳。清朝早期為防止臺灣再度成為反清基地，採取消極的政策，將臺灣特殊化。

二、開發政策

光緒十一年，中法戰役之後，清廷認為臺灣地位日益重要，有獨立建省之必要，首任巡撫為著名的劉銘傳，十三年，將臺灣省劃分為三府、一直隸州、十一縣、三廳，劉銘傳並向江浙士紳募得十萬兩，建設臺北城及臺北到新竹的鐵路，並設郵政、電訊兩局，為臺灣的現代化奠立初基。其後沈葆禎繼續繼續經營，渡海來台的漢人日益增多。由於農業生產的需要，施世榜、黃世卿與傳奇人物林先生引自濁水溪所共同開鑿的彰化八堡圳（又名施厝圳或施公圳）、鳳山知縣曹謹引自高屏溪水所開鑿的鳳山曹公圳，及由漳洲世紳郭錫瑠所開鑿，引自新店溪水的臺北瑠公圳（原稱金合川圳），並稱十八世紀有清一代臺灣三大水利工程。

三、都市發展

在此一時期，而由於臺灣與大陸地區之間的貿易往來，逐漸頻繁，以西海岸港口為據點的商業來往成為都市發展的重要因素，當時臺灣都市發展大概被臺南、鹿港及萬華三個地方所括，併稱『一府二鹿三艋舺』，這三都市的興起，和移民有密切關係，三個都市都是海港，分佈在北、中、南三地區，尊定臺灣社會地域均衡發展的基礎。

根據光緒十三年的人口統計，此時期，臺灣人口已達三百二十萬人。而此一時期都市主要集中在三條南北走向的都市軸線上（註九），第一是從基隆到東港的海岸軸線，包括基隆、萬華、後龍、梧棲、北港、鹿港、安平、高雄、東港等海港市鎮；第二是從羅東到屏東平原軸線上的都市，如羅東、汐止、板橋、桃園、新竹、大甲、臺中、南投、員林、西螺、水上、岡山、屏東等農業市鎮；第三條軸線位居臺灣西部主要地理區域中心的行政都市，如：臺北、新竹、苗栗、潭子、彰化、斗六、嘉義、臺南、鳳山等行政市鎮。

《興建於 1871 年的潭子摘星山莊，搭配著八卦風水節奏，是臺灣早期聚落有名的閩南建築》

清政府治理時期，或因行政建制的緣故而成立新的聚落，如彰化原名半線，本為平埔族半線社，雍正年間，由諸羅縣分出，稱為「彰聖天子丕海隅之化」，改為彰化；有因械鬥而起的聚落，如嘉慶年間，因閩、粵械鬥慘招破壞的關地廳莊，易名為永靖，以喻「永保平靖」，有因民變而改變聚落之名，如諸羅山改名為嘉義等等。1984 年終日甲午戰爭爆發，戰敗後，臺灣割讓給日本，淪為殖民地，展開另一階段的發展。

第七節　日治時期

一、行動的開始

日本人在臺灣島群活動，其事甚早，最早在十六世紀明朝嘉靖年間，即有倭寇擾台，據傳林道乾事即有與倭寇合流的可能（註十），但都被明朝海軍擊退，當時日人稱臺灣為高砂國，稱原住民為東番，十七世紀，日本德川幕府時代，曾派遣村山率船十三艘犯台，但被擊敗，指揮官村山切腹自殺。當時福建巡府黃承玄感於事態嚴重，曾上書朝廷，增強臺灣及東南沿海防務。日本覬覦臺灣的行動直至十九世紀，才獲得基本的成功。

二、甲午戰爭

1894 年，中日甲午戰爭，清朝政府戰敗，清廷與日本訂立馬關條約，將臺灣、澎湖與遼東半島割讓給日本。由於俄、德、法三國從中斡旋，日本才將遼東半島主權還與中國，但臺灣、澎湖終被日人佔據，光緒帝曾言：臺灣割，天下民心皆去。可見臺灣割讓，對中國革命運動具有深遠的影響。日本利用高壓政策，對臺灣實行殖民統治，曾引起臺灣同胞的群起反抗，臺灣同胞抗日著名的事蹟有北埔事件、林杞埔事件、羅福星事件、余清芳事件、六甲事件、霧社事件等。但由日人有計畫的開發臺灣，對臺灣地區的開發自有其地位，再加上此一時期，臺灣的經濟由於農業的現代化與新興工業的興起，現代化的經濟發展逐漸成形。

三、現代化都市

1896 年臺灣總督府公佈《臺中縣臺灣新市街設計圖之設計》，展開了日據時期一連串的都市規劃，1900 年公佈《臺北城內市區計畫》、1901 年公佈《臺中市區計畫認可案》、1905 年公佈《新竹市街市區改正案》、1906 年公佈《嘉義市區改正案》、1907 年公佈《基隆市區計畫案》、1908 年公佈《打狗市區改正計畫》、1910 年公佈《花蓮港街市區計畫案》，此後並陸續公佈全島主要都市計畫的新訂與修正直至 1943 年（註十一）。日據時代的都市主要有臺北、臺中、高雄、臺南、基隆五大都市，此時期，由於大陸移民被禁止，加上港口水土保持不良大多汙塞。原來之都市多成廢墟，但由於鐵、公路的修築，發展了臺灣的內陸都市，但仍以西部沼海地區為主。主要的行動有：

1. **土地調查：**日本由西元 1895 年至 1905 年，利用十年的時間實施臺灣土地調查，做為產業開發的依據，又作林野調查，有層次的劃分臺灣森林，作為掠奪本省林產資源的依據。

2. **改革金融制度**：日本為使三井、三菱、薩山三企業操縱臺灣糖及茶的經營，特別改革臺灣原有的金融制度，使適於糖及茶的資本化經營。
3. **開發交通系統**：日人對交通系統的開發不遺餘力，主要有三方面：第一，1908 年完成臺灣西海岸的南北鐵路之連接；第二，自 1911 年利用台省民伕修築公路系統；第三，1899 年築基隆港；1908 年建設高雄港作為攻略南洋之軍事基地及工業輸出港；1931 年開發花蓮港。
4. **架設電信系統**：日本為便於統治及管理，在各地均架設電訊系統，使通訊非常便利。此外，由於日本對衛生方面的建設非常重視，使得由 1905 年至 1945 年，臺灣人口增加 50%以上。

第八節　光復以後

1945 年二次世界大戰結束，日本投降，也結束了其對臺灣五十年的殖民統治，光復以後，臺灣在擴展外銷的策略之下，有一段很長的時期，不僅維持了高度的經濟成長，同時也使得臺灣的經濟發展與整個世界經濟結合在一起。基本上，臺灣的都市化過程，有極特殊的意義，一方都市人口不斷的增加，慢慢的吞蝕了鄉村的人口。另一方面；鄉村的現代化和工業發達，已有迎頭趕上之勢，其表現於二方面：一是教育人才集中都市之趨勢已有減少之傾向；二是從事於非農業人口逐漸由都市向外擴散。具體而言，臺灣的發展表現於國土開發者有四階段：

1. 西元 1945～1960 年：在此一階段，由於受到大陸淪陷的影響，本省住民增加的相當快而且多，此時期，發展的方向是農業及工業，尤以民國 38 年（西元 1949 年）的三七五減租及民國 42 年（西元 1953 年）的耕者有其田最為著名。此一時期的實質規劃，以個別市鎮之都市規劃為主體，其重點在於市鎮實質設施的設計，截至民國 49 年（西元 1960 年），臺灣地區共有九十個市鎮公布實施都市計畫，又基於『疏散政策』，同時減輕臺北市人口之壓力，於民國 44 年（西元 1955 年）開始建設臺灣地區第一個新市鎮－中興新村。此期間推動實質建設的法令依據主要有：都市計畫法、建築法、實施都市平均地權條例等。

2. 西元 1960～1975 年：由於個別的都市規劃不足以解決日益複雜的實質建設問題，民國 62 年（西元 1974 年）公布區域計畫法，將規劃單元擴大為區域，規劃的重點為針對該區域的發展課題，擬訂區域發展目標與政策。同時為管制非都市土地之使用，內政部逐民國 65 年發佈『非都市土地使用管制規則』一種，以為管制非都市土地使用之法令依據。
3. 西元 1975 年～1996 年：我國目前尚未制定國土開發計畫法或類似法規，但行政院經設會（經建會前身）於民國 59 年（西元 1970 年）即著手研究全國性的綜合開發計畫，直至民國 68 年（1979 年）3 月 15 日始奉行政院第一六二二次院會核定通過。此外，為了鼓勵工業成長，80 年代總統陸續布獎勵投資條例。產業升級條例，以獎勵投資，加速經濟發展。
4. 西元 1996 年～現在：主要是進行國土改造與區域重整，先是透過國家發展會議，進行憲政改革、經濟振興與兩岸關係的調整，以行政區劃法作為地方行政領域調整的依據，2004 年總統大選期間，亦有部份候選人提出區域政府的重整，未來理想的行政領域重整，鄉鎮市數目將從 309 鄉鎮市調整為 100 個鄉鎮市左右，25 個一級地方政府（直轄市及縣市）調整為 10 個區域政府左右。

註釋：

一、參見重修臺灣省通志第三卷第一冊。一頁～二十頁。

二、臺灣省通志稿，卷八，第一冊，一頁－八一頁。

三、主張六分法學者如伊能嘉矩（西元 1918 年）：主張八分法者如野鹿忠雄（西元 1938 年）；主張九分法的學者如移川之子藏（西元 1935 年）。

四、參見重修臺灣省通志第一卷。一頁。

五、同註四第四卷。四頁。

六、當時經濟主要是以本省所產米茶銷售大陸換取蠶絲，再以蠶絲銷售南洋以換取香料，再將香料銷售歐洲。

七、臺灣先民之抗荷運動始於西元 1624 年，而規模最大者除鄭成功復台外，首推西元 1652 年之鄭懷一事件。

八、臺灣通志稿。卷九（臺中：臺灣省政府文獻委員會，民國 58 年 3 月）二〇五頁－二〇九頁。

九、參見侯怡泓（1989）：早期臺灣都市發展性質的研究。臺中：臺灣省文獻會。民國 78 年 6 月。

十、參見重修臺灣省通志第一卷。十一頁。引明史外國傳。

十一、參見黃武達（1997）：日治時代臺灣都市計畫歷程基本史料之調查與研究。臺北：臺灣省政府住宅及都市發展局委託研究。

第十一章　區域計畫

第一節　區域與區域計畫

一、區域的形成

區域是一種空間單元的概念，區域的構成通常有五種特性：獨特性、一致性、固有性、改變性、階層性。區域的形成有三種理論（註一）：

1. 第一種理論來自於於達爾文(Charles Darwin)於西元 1859 年提出的物種原始論，稱為環境決定論（environmental determinism）；主張空氣、水、地方形成空間環境的三大因素，地理、氣候乃至各種天災是決定人類社會生活方式、文化型態、社會組織與政治制度的主要理由，區域因而形成。
2. 第二種理論原於法國學者的可能論（environmental probabilism）；可能論者認為自然環境僅提供了一系列可能的機會，人類具有相當大的選擇自由，基本上，可能論是與環境決定論相對立的一種觀點，在人與環境的關係中，人是積極的力量，所以不能用環境的控制來解釋一切人生事實。
3. 第三種理論源於美國學者的適應論（environmental adaptism），適應論者認為自然環境與人類活動之間存在著互相作用的關係，也存在著相互協調的關係，自然環境固然對人類活動產生限制，相反的也意味著人類社會對自然環境的利用。

二、區域空間的劃分

區域空間的劃分，有基於自然環境而劃分的地理空間單元，或基於人文環境而劃分的人文空間單元。

所謂地理空間單元即是地理區域，一般所稱的平原、高原、盆地、丘陵即是。所謂人文空間單元即是人文區域，乃是基於社會、經濟、歷史、文化等人為的需要而自然形成或劃定的區域。

一般又將同性質或特性相近或相似所劃的區域、或在統計表現上有類似特質的區域稱為同質區域（homogoneous regions）、正式區域（formal region）、統計區域（statistic region）或靜態區域（static regions）如：農業區、森林區等是。而在功能上具有動態相關聯的區域，藉著商品、貨品或服務、資訊之流動與交流，建立地理空間上的流動關係稱為異質區域（heterogenous rigions）、集結區域（nodal regions）或動態流動區域（dynamic flow regions），如：通勤區、購物區、通學區等是（註二）。如圖 11-1。

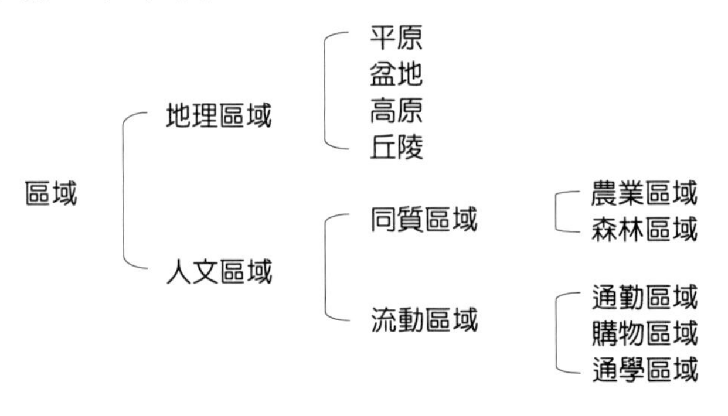

圖 11-1　區域的概念

三、區域發展

《區域發展》是一門科際整合的學域，至少涵蓋了經濟學、貿易學、地理學、政治學、社會學等，自 1940 年代後期，「區域科學」的問世後，有感於區域經濟分析的侷限性，更加入了環境與生態的研究，以及調和城市與鄉村發展不均衡之「區域發展規劃」等。區域規劃所討論的乃綜合性質的區域計畫，將都市間的發展與發展不對稱的問題也包括在內。

而另一個區域研究的方向是涵蓋好幾個國家的區域為範圍，例如東北亞、東南亞、中東等等區域的研究，這是二次世界大戰後歐美新興的學術研究方向，藉由對特定區域以科際整合的方式，求得該區發展的特色與未來動向的評估。90 年代東歐的自由化、德國的統與蘇聯解體，世界進入後冷戰—國際新秩序的時代，這種區域性的經濟統合蔚為風潮，也為各國戮力以求的目標，此種區域研究並非本章關注的領域。

四、區域計畫的意義

依據我國的區域計畫法第三條規定：本法所稱區域計畫，係指基於地理、人口、資源、經濟活動等相互依賴及共同利益關係，而制定之區域發展計畫。區域計畫（regional plan）其實就是區域發展計畫（regional development plan），強調依據區域特性及發展潛力，尋求區域開發之機會與方向。因此，區域計畫在本質上屬於區域性的綱要發展計畫，在這個區域之內有都市有鄉村，也有共同的區域意識，這種計畫通常缺少細部發展計畫。區域計畫之任務為指導與協調該區域依照區域計畫從事開發，但並不負實際開發工作。

區域計畫有三種型式，一是以一國領域為基準的區域計畫（national/regional plans），此即第十三章要談的國土計畫；一是以一國內部行政或地理區域為基準的區域計畫（local/regional plans），此即一般所稱的區域計畫，第三種是以中心都市為基準的區域計畫（urban/regional plans），也就是都會區計畫，將在第十二章中介紹。本章要談的是以一國內部行政或地理區域為基準的區域計畫。

五、區域計畫的種類

區域計畫的擬定，原則上在行政區劃上，應儘量以縣市為單位，以避免統計資料換算之不便；同一區域內主要地形應盡量相似，而氣象、雨量、風向、風季、氣溫應大致相同；人口成長呈現同一級人口成長率；水資源應力求水系流域及地下水之需求與供應達到平衡；經濟活動的產業與就業人口比，應有互補作用，同時有一個最大城市，其社會經濟活動影響所及之範圍，或同一都會區內之各縣市或同一工業地帶之縣市均應包括在內。

常見的區域計畫型態有四種，第一種是強調天然資源保育與開發的區域計畫，例如美國田納西河谷計畫（Tennessee valley development project）；第二種是以農村發展為主的區域計畫，目的在穩定農村人口；第三種是控制都市化速度與深度的區域計畫，這其實就是都會區域計畫，目的在控制大都會之惡性膨脹；第四種是綜合區域計畫，目的在對該區域之資源開發，工農林漁牧礦之發展、水土保持、交通運輸、都市發展等擬定整體而綜合之計畫。

第二節　區域計畫的目標與功能

一、區域計畫的目標

區域計畫法第一條開宗明義說：為促進土地及天然資源之保育利用，人口及產業之合理分布，以加速並健全經濟發展，改善生活環境，增進公共福利，特制定本法。依此規定，區域計畫之立法目標有五：

第一，促進土地及天然資源的保育利用。

第二，促進人口及產業的合理分布。

第三，加速並健全經濟發展。

第四，改善生活環境。

第五，增進公共福利。

而這五項也可以說是我國區域計畫的五大目標。

二、區域計畫的功能

區域計畫由於規劃及管制事權不統一，管制事權分屬各目的事業及土地使用主管機關，而土地使用管制執行人力經費短缺等等原因，常常引起非議，特別是都市計畫範圍外的違規使用，更成為區域計畫難以落實的藉口，而改進之法包括：寬籌經費嚴格查察杜絕違規、補助地方執行違規查報、聯合稽查取締小組徹底取締、從重處罰違規使用並加強追蹤考核等等建議，又難收效，健全計畫體系成為一個適當的方向。而區域計畫的功能，通常可以分為消極與積極兩大類：

1. 消極的保育與管制：區域計畫強調水、森林、自然資源的保育，以防止資源的濫用、誤導與浪費，除了須劃定各種生態保育區和保護區外，同時區域土地經由分區與編定全面納入管制，對都市土地依使用計畫來建立分區管制制度，對非都市土地亦實施土地使用編定，予以適當的保護和管制，以促進土地的合理使用，消除土地不當使用之現象。
2. 積極的開發與建設：區域計畫為配合區域內之人口成長與分布；土地使用、交通運輸、公共設施的實質發展及相互的協調配合，往往須於適當的區位投資各項重大實質建設，以引導城鄉均衡發展，建立合理的都市體係，引導人口及產業的合理分布，促進天然資源的有效平衡開發。

三、區域計畫實施範圍

依據區域計畫法第五條規定，應擬定區域計畫地區有三種情況：

1. 第一是依全國性綜合開發計畫或地區性綜合開發計畫所指定之地區。
2. 第二是以首都、直轄市、省會或省（縣）轄市為中心，為促進都市實質發展而劃定之地區。
3. 第三是其他經內政部或省政府指定之地區（其中經省政府指定之地區因精省條例已遭凍結）。

實際上，臺灣區域計畫的發展，早在 1969 年由行政院經濟合作發展委員會（簡稱經合會）著手規劃，以縣、市為基礎，將臺灣地區劃分為七個區域，其後依據臺灣地區綜合開發計畫三稿之說明及當時行政院蔣經國院長指示（註三），將此七個區域調整為北部、中部、東部及南部四個區域如圖 11-2。

圖 11-2　臺灣區域計畫之區域範圍

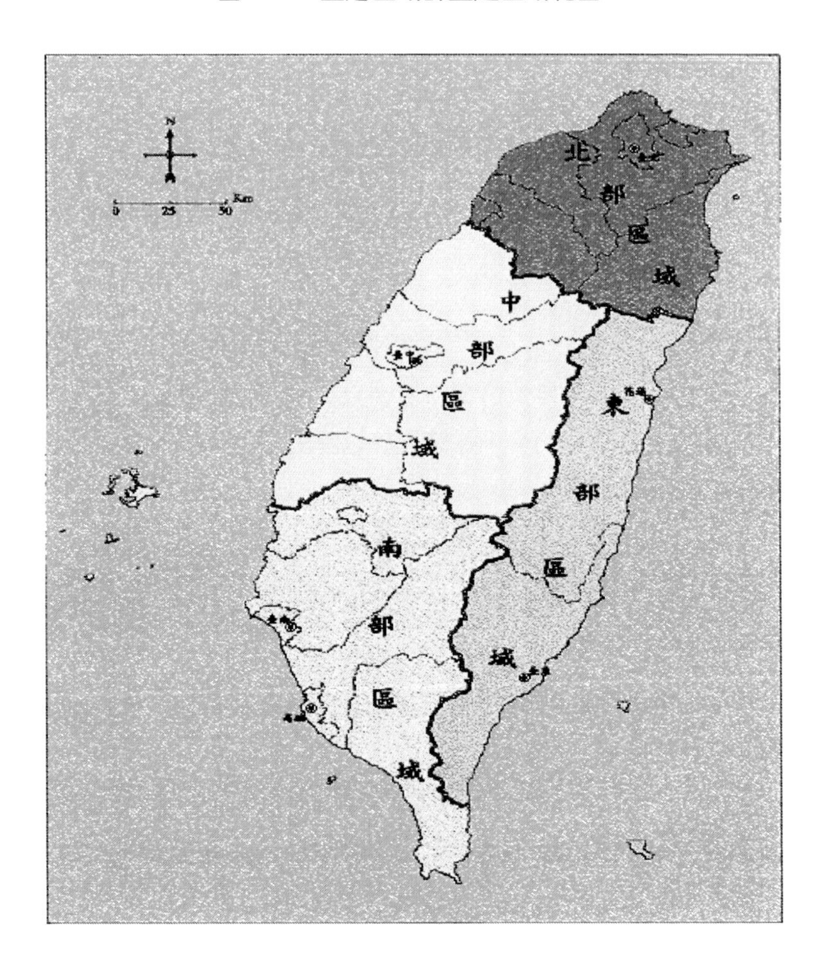

第三節　區域計畫的實施機構

臺灣當前計畫體系多達四級，國土綜合開發計畫、區域計畫、都市計畫、鄉鎮計畫，雖各具功能，但功能似乎並未充份發揮，不僅規劃、審議費時，而且層級太多，不能符合社會經濟的快速發展，而為配合精省政策，中央綜合性國土規劃將以國土綜合開發計畫為主，地方綜合性計畫將以縣市綜合發展計畫為主，區域計畫未來可能面臨存廢的問題，或改為功能性計畫，所謂功能性計畫，係指以某一特定功能而劃定的指導計畫，例如流域管理計畫、海岸管理計畫等等。依據我國區域計畫法及其施行細則規定，我國區域計畫之實施機構可分主管機關、審議機關、擬定機關及推動機構等四種，分別說明如下：

一、主管機關

我國區域計畫之主管機關，中央為內政部（營建署主辦）；直轄市為直轄市政府（直轄市政府由工務或建設單位、地政單位主辦）；縣（市）為縣（市）政府（工務或建設單位、地政單位主辦）。

二、審議機關

各級主管機關為審議區域計畫，應設立區域計畫委員會，其組織由行政院定之（區域計畫法第四條後段）。行政院復於民國 66 年 5 月 21 日發布「各級區域計畫委員會組織規程」一種以資遵循。

三、擬定機關

我國區域計畫凡屬跨越兩個省（市）行政區以上之區域計畫，由中央主管機關擬定；跨越兩個縣（市）行政區以上之區域計畫由省主管機關擬定；跨越兩個鄉、鎮（市）行政區以上之區域計畫，由縣主管擬訂。其應由省主管機關或縣主管機關擬定而未能擬定時，上級主管機關得視實際情形，指定擬定機關或代為擬訂。

四、推動機關

中央、省（市）主管機關為推動區域計畫之實施及區域公共設施之興修，得邀同有關政府機關、民意機關、學術機構、人民團體、公私企業等組成區域建設推行委員會，其任務包括：1.有關區域計畫之建議事項；2.有關區域開發建設事業計畫之建議事項；3.有關個別開發建設事業之協調事項；4.有關籌措區域公共設施建設經費之協助事項；5.有關實施區域開發建設計畫之促進事項；6.其他有關區域建設推行事項。有關區域計畫之範圍、主管、擬定、審議、核定、備案機關如表 11-1。

表 11-1　區域計畫之範圍、主管、擬定、審議、核定、備案機關一覽表

區域範圍	主管機關	擬定機關	審議機關	核定機關	備案機關
跨越兩省市行政區以上	內政部	內政部	中央區域計畫委員會		行政院
跨越兩縣市行政區以上	內政部	內政部	中央區域計畫委員會	內政部	
跨越兩個鄉鎮市行政區以上	縣政府	縣政府	縣區域計畫委員會	內政部	

資料來源：鍾起岱（1985）：計畫方法學導論（臺北：楓城出版社），182 頁。

五、區域規劃的程序

完整的區域規劃程序，如圖 11-3 所示。

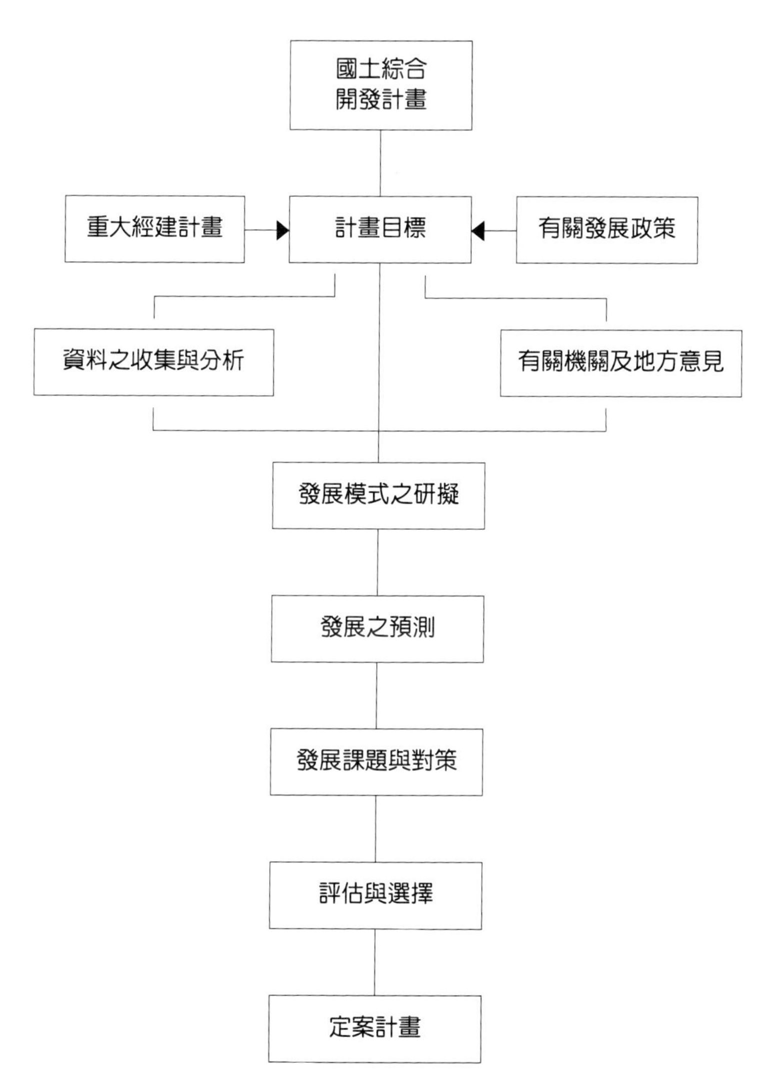

圖 11-3　區域計畫規劃程序圖

第四節　區域計畫的實施

一、區域計畫之內容

依據區域計畫法施行細則第五條第一項後段規定區域計畫年期以不超過二十五年為原則；又依區域計畫法施行細則第三條規定區域計畫之擬定或變更，主管機關於必要時並得委託有關機關或學術團體研究規劃，依區域計畫法第七條規定區域計畫應以文字及圖表，表明下列各項：

1. 區域範圍
2. 自然環境
3. 發展歷史
4. 區域機能
5. 人口及經濟成長、土地使用、運輸需要、資源開發等預測。
6. 計畫目標
7. 都市發展模式及工業區位計畫。
8. 自然資源之開發及保育。
9. 土地分區使用計畫及土地分區管制。
10. 區域性運輸系統計畫。
11. 區域性公共設施計畫。
12. 區域性觀光遊憩設施計畫。
13. 實質設施發展順序。
14. 實施機構。
15. 其他。

二、區域計畫之公告實施

區域計畫核定後，擬定計畫之機關應於接到核定公文之日起四十天內公告實施，並將計畫圖說發至各有關地方政府及鄉、鎮（市）公所分別公開展示；其展示期間，不得少於三十日。並經常保持清晰完整。以供人民閱覽（區域計畫法第十條）。區域計畫公告實施後，人民得向主管機關繳納工本費，索取該區域計畫書及有關圖說（區域計畫法施行細則第九條）。區域計畫公布實施後，凡依區域計畫擬定市鎮計畫、鄉街計畫、特定區計畫或已有計畫而須變更者，當地都市計畫主管機關應按規定期限辦理或變更手續。未依限期辦理者，其上級主管機關得代為擬定或變更之（區域計畫法第十一條）。區域計畫公告實施後，區域內有關之開發或建設事業計畫，均應與區域計畫密切配合；必要時，應修正其事業計畫，或建議主管機關變更區域計畫（區域計畫法第十二條）。

三、區域計畫之檢討

區域計畫公告實施後，擬定計畫之機關應視實際發展情況，每五年通盤檢討一次，並作必要之變更。但有下列情事之一者，得隨時檢討變更之（區域計畫法第十三條）：

1. 發生或避免重大災害。
2. 舉辦重大開發或建設事業。
3. 區域建設推行委員會之建議。

第五節　區域使用管制

一、區域土地使用管制

區域計畫所涵蓋之區域土地使用管制可分為兩種；一為都市土地之使用管制，一為非都市土地之使用管制。前者可由都市計畫予以管制，或另訂土地使用管制規則及容積管制規則予以管制。後者之使用管制依區域計畫法第十五條規定，區域計畫公告實施後，非都市土地應由有關直轄市或縣（市）政府，按照非都市土地分區使用計畫，製定非都市土地使用分區圖，並編定各種使用地，報請上級主管機關核備後，實施管制。內政部於民國 65 年所頒布之非都市土地使用管制規則即依據區域計畫法第十五條第一項規定訂定。

《位於山坡地邊緣的建築使用，有賴於良好的土地使用管制，才能為自然環境與人類的開發活動創造雙贏。》

二、非都市土地使用編訂

非都市土地得劃定為特定農業、一般農業、工業、鄉村、森林、山坡地保育、風景、特定專用等使用區。非都市土地依其使用區之性質，編定為：甲種建築、乙種建築、丙種建築、丁種建築、農牧、林業、養殖、鹽業、礦業、窯業、交通、水利、遊憩、古蹟保存、生態保護、國土保安、墳墓、特定目的事業等用地；凡經編為某種使用之土地，應依其容許使用之項目使用；使用分區內各種使用地之變更編定，應以使用分區允許變更編定者為限。各種使用容許使用項目及附帶條件及其編定原則請參閱非都市土地使用管制規則。

三、非都市土地變更編訂

使用地之變更編定，應在原使用分區範圍內為之，並劃分為三種，第一種為允許變更編定為該類用地；第二種為不允許變更編定為該類用地；第三種為如變更編定為該類用地，應先徵得各該事業主管機關之同意。在特定專用區土地變更編定應經該專用區主管機關同意，並符合專用區性質為限；工業區以外之現有丁種建築用地，經工業主管機關會同地政、農業主管機關認定有：增置防治公害設備、擴展工業所必須、增闢必要之通路等情形之一，而原用地確已不敷使用時，得在其需用面積限度內以其毗鄰土地變更編定為丁種建築用地；山坡地範圍內各使用區之土地，應依山坡地開發建築管理辦法之規定申請開發建築，並於雜項工程完工經查驗合格後，檢附證明文件依其開發計畫內容之土地使用性質，申請變更編定為允許之用地；森林區、山坡地保育區及風景區內土地變更編定為丙種建築用地者，田地目土地不適用。

註釋：

一、參見：http://sts.nthu.edu.tw/~medicine/html/history/publication/ ArnoldE.htmhttp://gisedu.geog.ntu.edu.tw/gisteach/GIS16/geogconcept.htm 及 http://lincad.epa.com.tw

二、參見歐信宏、史美強、孫同文、鍾起岱（2004）：府際關係：政府互動學。臺北：國立空中大學。

三、依據臺灣地區綜合開發計畫三稿之說明：臺灣地區高速公路、鐵路電氣化等重大建設完成後，由於南北交通時間距離縮短必然影響活動或功能空間之結構，原來新苗、雲嘉、宜蘭三個次區域今後勢將逐漸併入相鄰之三個主要區域。而依據民國 66 年 9 月 15 日行政院長蔣經國提示包括：(1)為便於區域間之配合原有七個區域宜合併為北、中、南、東部四區域；(2)今後區域開發政策，應求平衡開發原則，緩和中部人口往南北部遷移，緩和東部人口向西部遷移。

第十二章　都會區計畫

第一節　都會區的意義

一、都會區的重要性

都會者，通都大邑，居一方之會。美國稱之為“metropolis”，英國稱為“conurbation”，西班牙稱“metropolitans”，德國稱“agglomeration”，其定義各國均有不同，如表 12-1。如前所述，都會區域（metropolitan region）可以說是都市化過程的結果，而其衍生之間題顯比都市問題更複雜，影響更深遠。依據國土綜合開發計畫（註一）之規劃構想，未來臺灣都會生活圈主有四：臺北圈、臺中圈、臺南、高雄圈。例如臺中都會區，臺中市可說是都會中心，豐原市、彰化市、南投市為次都會中心，臺中港特定區為發展中心，以此五都市生活圈為基礎，做多軸、多核心發展。如何發揮都會區機能，健全都會建設，提供居民更佳之生活環境，實為現階段長中程規劃之重要課題。

二、都會區的定義

由表 12-1 可知都會區之定義眾說紛云，基本上，都會區是由一個中心都市所主導的動態流動區域（dynamic flow regions）。有廣、狹二義（註二），狹義的都會是指中心都市連同緊臨發展之市郊，廣義的都會則是指都會區域而言，亦即除了中心都市及其緊鄰發展之市郊外，還包括鄰近市鎮，在政治、經濟、文化等種種層面均明顯依賴中心都市的整個動態流動區域而言。

表 12-1 各國都會區域定義一覽表

定義種類	中心都市規模	都會特徵	都會整合
1.SMSA	大於 50,000 人	1. 毗鄰郡非農業就業人口在 75%以上。 2. 毗鄰郡人口密度在 58 人／平方公里以上。	1. 毗鄰郡有 15%以上之就業者到含有中心市之郡工作。 2. 在毗鄰郡工作之就業者，有 25%常位於含中心市之郡。
2.MEM	大於 50,000 人	1. 毗鄰郡非農業就業人口在 75 %以上。 2. 毗鄰郡人口密度在 58 人／平方公里以上。	1. 毗鄰郡有 15% 以上之就業者到含有中心市之郡工作。 2. 在毗鄰郡工作之就業者，有 25%常住於含有中心市之郡。 3. 再加上凡任何外圍地區(郡)，其就業者到中心市工作之百分率，均包括在內。
3.SMSA	20,000 人以上之就業者（中心市及其腹地）	就業密度在 12.4 就業者／公頃。	1. 毗鄰地區有 15%以上之就業者中心市工作。 2. 中心市及這些毗鄰地區之人口總數在 70,000 人以上。
4.MELA	20,000 人以上之就業者（中心市及其腹地）	就業密度在 12.4 就業者／公頃。	1. 毗鄰地區有 15%以上之就業者到中心市工作。 2. 中心市及這些毗鄰地區之人口總數在 70,000 人以上。 3. 再加上凡任何地區，其就業者到此一中心市之百分率，大於其他中心市之百分率，均包括在內。
5.CMA	大於 100,000 人（包括整個都市化地區）	1. 連接的建成地區稱為都市化地區。	1. 毗鄰之都市，其全部或部分在中心都市化地區內者。 2. 其他條件：常住人口就業者有 40%以上到中心市工作。在該都市工作就業者有 25%以上常住於中心市。
6.REC（日本）	大於 100,000 人	1. 中心市晝夜間人口比率在 1.0 以上。	1. 從屬市、町、村有 5%以上之就業者到中心市工作。

		2. 中心市及從屬市、町、村非農業就業人口在 75%以上。 3. 縣、廳治。	2. 附近 20 公里範圍內之其他中心流入之就業者為最多時，以該中心市為中心市。
7.FUR（日本）	大於 100,000 人	1. 中心市晝夜人口比率在 1.0 以上。 2. 中心市及從屬市、　、村非農業就業人口在 75%以上。3. 縣、廳治。	1. 從屬市、町、村有 5%以上之就業者到中心市工作。 2. 附近 20 公里範圍內之其他中心市與此一中心市共同協調中心市功能，兩市影響圈合併。
8.都市圈（日本）	大於 50,000 人	1. 中心市晝夜間人口比率在 1.0 以上。 2. 中心市及從屬市、町、村非農業就業人口在 75%以上。	1. 從屬市、町、村有 3%以上之就業業者到中心市工作。 2. 與中心市毗鄰地區。
9.大都市圈（日本）	大於 1,000,000 人，並毗鄰 500,000 人以上之市		1. 十五歲以上之就業者及通學者，到中心市之通勤率、通學率在 1.5%以上。 2. 到中心市之通勤率、通學率在 1.5%以上之市、町、村必須與中心市毗鄰。 3. 通勤率、通學率未達上述標準，而被中心市或被達上述標準之市、町、村所包圍之地區、村亦應包括在內。
10.劉克智氏：臺灣都會地區	大於 100,000 人都市化地區所屬之市、鄉、鎮	1. 毗鄰聚居地人口規模在二萬人以上所屬之市、鄉、鎮。 2. 未符上項原則，但位於預定劃分之都會區範圍內或鄰近之鄉、鎮，且屬已進行中之大規模經濟建設計畫所在地（如臺中港計畫），或經剔除，即破壞都會區域完整之市、鄉、鎮，亦一併包括在內。	1. 劃出之都會地區有連接不斷者，即首先根據都市化地區間之依據都市化地區間之依存關係，次以行政隸屬系統為標準合併或區分之。 2. 都會地區之名稱以區內第一或第二大都市的名稱稱之。

資料來源：陳益宜（1985）：都會區域定義之研究。法商學報第二〇期。臺北：中興大學法商學院。一二七頁。

三、都會區域的形成

都會區域的形成，可分為三個步驟：第一是都市的實體結構（如住宅、交通、商業……等），逐漸廣泛的擴張於市郊，此一擴張的速度逐漸增強，甚而駕於正常市政機能之上，明顯的郊區化（sub-urbanization）逐漸形成；第二是中心都市的影響力隨著實體界限的擴張而伸入廣大的區域，使得其主領地位（Dominace）逐漸增強，從而對其鄰近市鎮產生一種在經濟上、政治上甚至文化上的領導地位；在此一區域內的非都市生活型態逐漸與都市生活型態融合一致，而不易辨識，從表 12-1 中可看出都會區的定義一般以中心都市規模，都會特徵及都會整合三項指標予以界定。

四、現代都會的發展

如以一百萬人口為標準，西方世界人口最早達到一百萬的都市首推十八世紀的倫敦，依據佛斯特教授的估計（Richad L. Forstall 註三），在 1870 年世界有七個都會區：倫敦、東京、北京、武昌、巴黎、紐約及維也納，總人口約為一千三百萬，約佔當時世界人口的百分之一，至 1964 年，全世界約有一四〇個都會區，總人口為三億六千二百萬，約佔世界人口百分之十一點三。由此可看出都會區的數目和人口成長率一年比一年高，也可以說都市都會化乃是世界各國都市發展的必然趨勢。第一次世界大戰後，歐美各國面臨都市過大膨脹的困境，1924 年於荷蘭首都阿姆斯特丹，舉行第四次國際住宅及都市計畫會，中心議題訂為「區域計畫」，並議決宣佈大都會計畫七項原則，包括：(1)防止並控制都市的過大發展、(2)建立衛星都市分散過都市人口、(3)以綠帶圈圍限制市區無限擴大發展、(4)調適汽車時代來臨的新交通策略、(5)重視區域計畫、(6)區域計畫必須保持彈性、(7)重視土地使用分區管制，確立土地政策。此七原則即成為近代都會區計畫的基本原則。

60 年代後期，法國地理學者古德曼（Jeam Gottmann）推測由美國東北沿海，北起新罕普夏州（New Hampshire）南端，南至維吉尼亞州（Virginia）北端，西起亞帕拉契山（Mt Appalachian），東至大西洋的廣大區域內的六大都會區（波士頓、哈特福、紐約、費城、巴爾的摩、華盛頓特區），連同其衛星城鎮與郊區已緊密的連結在一起，形成超大都會區（Megalopolis），隨著時間的推宜，這個名為 Boswash 的超級都會已逐漸形成。不僅如此，從倫敦（London）到利物浦（Liverpool）的英格蘭南部，從舊金山（San Francisco）到洛山磯（Los Angels）的美國加州西海岸，從東京到大阪的狹長地域，都已逐漸形成人口稠密的超大都會區。

第二節　都會區計畫的層次

一、都會區計畫的層次

都會區計畫，即以都會區整體的觀點所研訂之都會發展計畫，一般以其計畫層級之不同，可分為國土計畫層次、區域計畫層次及都市計畫層次三種類型（註四），如圖 12-1 所示。

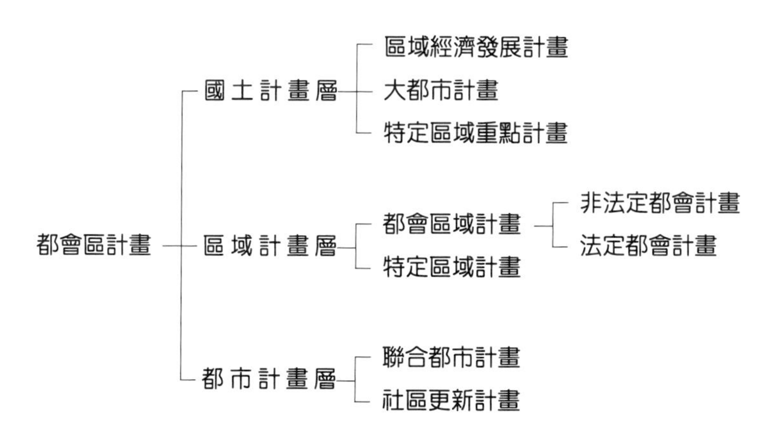

圖 12-2　都會區計畫的層次

資料來源：鍾起岱：我國都會發展課題與建設制度之研究，臺灣經濟一一八期。（南投：臺灣省政府經動會。民國七十五年十月）三頁。

二、國土計畫層次

將都會區計畫視為國土計畫的重要策略之一，如法國在 60 年代所推動的以中心都市為中心之區域經濟發展計畫，日本在 50 年代後期積極進行之大東京首都圈整建計畫。

三、區域計畫層次

將都會區計畫視為區域計畫的一種，如英國的大倫敦計畫，日本的大都市計畫，我國區域計畫法第五條第二項規定：以首都、直轄市、省會或省（縣）轄市為中心，為促進都市實質發展而劃定之區域，可以擬定區域計畫，此種區域計畫即屬都會區計畫。

四、都市計畫層次

以擴大都市計畫或聯合都市計畫方式所研擬之都會區計畫，在基本上，仍是都市計畫的一種，如美國在 60 年代所進行一系列的貧民區更新徙置計畫，80 年代所進行之中心都市復甦計畫，我國都市計畫法第十三條第三項亦規定，相鄰都市得擬定聯合都市計畫。

《為了促進中心都市與衛星市鎮的聯繫，重疊綿密的交通路網系統成為都會區形成與擴大最重要的原因與結果之一。》

第三節　都會區計畫之組織

都會事務經緯萬端，有其特殊性，臺灣地區三個都會生活圈，規模不盡相同，性質亦異，在全國行政體制之位階亦有差異。都市都會化為未來臺灣地區都市發展的必然趨勢，解決都會共同發展問題，尤賴政府在法令、計畫、組織各方面予以檢討改進，才能建立適當的都會發展體制。都會行政組織之型態及功能，不僅受到整個國家體制、法令及政策的規範，亦需滿足其特殊需要，依據憲法規定，我國是實行均權制度的國家，既非中央極權，亦非地方分權，有關都會建設之

各級組織具有以下特色（註五）：

1. 牽涉機關組織眾多，除各種正式機關組織外，尚有基於特定任務而成立之各種臨時性協調會，有些機關職掌重複、混淆，有些業務互相孤立，形成職掌空隙，過份遷就既往事實，行政制度無法因應都會區發展需要，又缺乏有效的整體協調行動，形成各自為政的現象。
2. 資源分配受限於行政層級，直轄市因屬第一級，可分配較充裕的資源，都會區中心都市外圍地區之縣或鄉鎮因行政層級較低，須由中央或縣再轉分配資源，形成同一都會區，受益程度卻有不同，加以財政劃分問題，致基層機關經費短絀，事事仰賴上級政府，難以發揮同步建設效果。
3. 跨越行政區界限之行政協調會報，精省前大都由省及直轄市共同主持協調，而屬同一都會區之縣，卻無法參與協調，或僅為列席備詢性質，形成參與的無力感，進而影響都會區整體建設，精省之後，縣市地位大增，自主性提高，屬於官派的行政院長相對的缺乏協調的正當基礎，各縣市有各種都會性質的組織，例如臺北縣與臺北市的協調會報、臺中市與臺中縣的協調會報、高雄市與高雄縣屏東縣的協調會報，這些協調會報如果執政的縣市長屬於同一黨籍，協調就為容易，如分屬不同黨派，其協調就備感吃力。

第四節　都會區計畫體制

在臺灣都市發展過程中，有兩大力量引導著都市化走向都會化：一是向心的集中過程（centralization）；一是離心的擴散過程（decentralization）。向心的集中過程固然形成都市聚落，離心的擴散過程更擴展都市領域和影響，此兩種力量交互運作，從而形成跨越行政藩離的都會區與都會區域。我國最早之都會發展計畫，首推前臺灣省政府前公共工程局（內政部住宅及都市發展處的前身)分別在民國 47 年及 49 年研擬之『配合高雄港擴建計畫』、『臺北基隆都會區計畫』兩種，惜因缺乏法令依據，亦無專責組織而未能實施（註六）。目前對於都會區計畫，在地域開發體系中究屬區域計畫層次，或聯合都市計畫層次，似尚無定論，但似乎以屬區域計畫層次較勝，圖 12-2 顯示都會區計畫與計畫體系的關係，其規劃流程示意如圖 12-3。

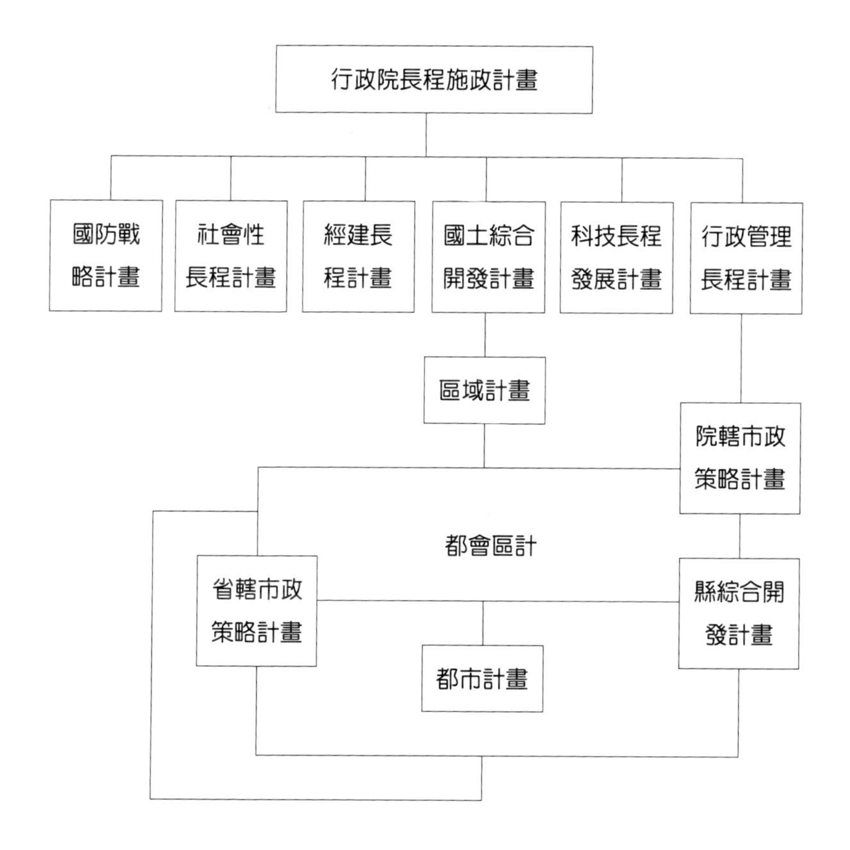

圖 12-2　都會區計畫與計畫體系

資料來源：國立中興大學都市計畫研究所：都會區規劃建設制度之研究（臺北：內政部營建署，民國 76 年 4 月），二八頁。

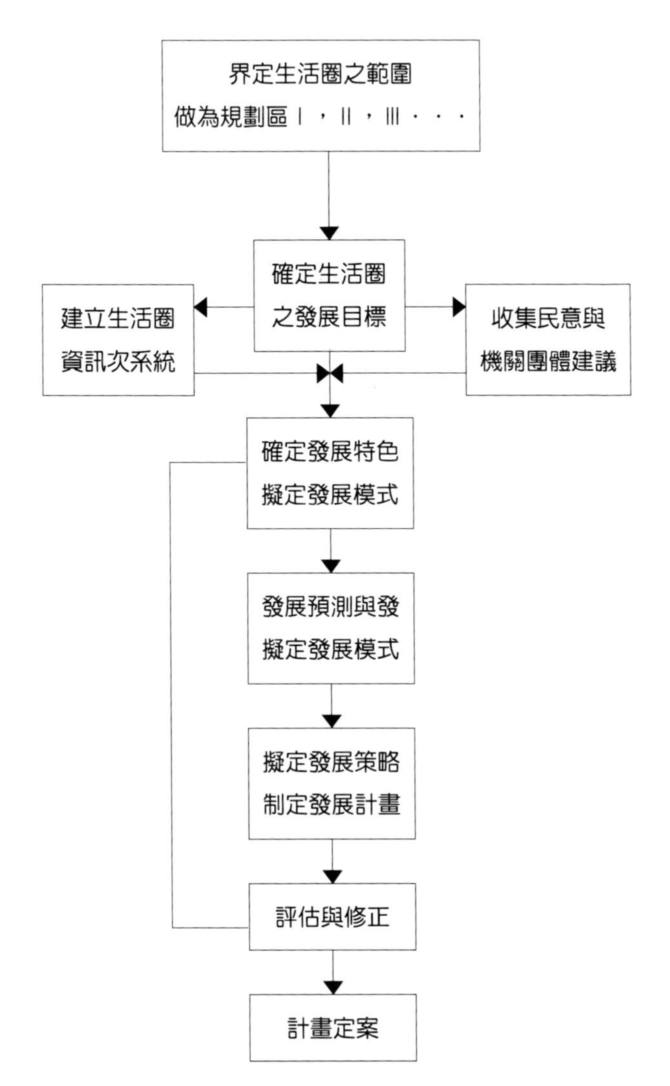

圖 12-3　都會生活圈計畫規劃流程圖

資料來源：國立中興大學都市計畫研究所：都會區規劃建設制度之研究（臺北：內政部營建署，民國 76 年 4 月）。七十五頁。

民國 74 年 12 月，臺灣省臺北市建設協調會報第四次會議曾聯合提案建議中央擬訂『臺北都會區計畫』，並建議在內政部下設『都會區建設指導小組（註七），惜未能實現。其實都會區計畫的推動方式有多種；區域計畫、聯合都市計畫、發展計畫、策略計畫，其比較表如表 12-2。目前各種與都會區有關之長中程計畫散見各部門，如表 12-3，其特色分述如次：

1. 對都會區之整體發展，缺乏長期的政策規劃，短期問題的折衝協調重於長期發展需求的追求。
2. 各部門計畫間欠缺橫的調整適應，除少數由中央推動或執行的計畫外，均以各自的行政權為考量，欠缺都會區共存共榮的觀念。

表 12-2　各類都會區計畫推動方式比較

推動方式 優缺點	區域計畫	擴大或聯合都市計畫	英國地方發展計畫二級制	策略規劃及立案制
計畫特性	都會區被視為區域計畫之一種，依據區域計畫法加以推動。	1. 都會區計畫被視為擴大都市計畫、聯合都市計畫或特定區計畫。 2. 著重土地使用、交通及公共設施等傳統實質計畫。	都會區計畫為地方計畫二級制中之高階計畫（如結構計畫），為都會區未來土地使用、交通及實質環境改善之長程政策計畫。	1. 都會區計畫非但是都會空間利用計畫且為長程開發計畫。 2. 針對策略性發展問，進行選擇性之策略規劃，提出干預策略。 3. 著重立案、財務規劃及組織、人力之配合，並強化計畫組合。 4. 行動規劃及協調為重點工作。
優點	可運用現有區域計畫組織加以推動。	可運用現有都市計畫組織加以推動。	1. 在區域計畫及個別都市計畫之間，擁有完整的都會計畫單元。 2. 可作為都會實質	1. 能因應不同的都會特性及策略性發展、服務或管理問題，進行策略規劃，較能滿足個別都會發展需要。

			性發展之政策指導文件。	2. 以中、短程行動、財務及預算規劃，實現長程策略性目標及空間利用構想。 3. 較能結合各級行政運作及施政規劃。 4. 長程目標與中短程行動決策作業能夠彼此結合及相互回修正。
缺點	1. 現有區域計畫法令缺乏都會規劃及執行有關之具體規定。 2. 都會計畫實際為次區域計畫，與四大區域計畫範圍及內容特性有別。	1. 計畫內容項目僵化，侷限於部分實質計畫項目，較無法滿足不同都會實質發展及服務需求。 2. 規劃及執行單位分歧且分離，計畫目標不易落實。	1. 缺乏完整的都會計畫法令作為規劃及推動之依據。 2. 結構計畫侷限於實質性策略計畫，無法完全結合所有發展決策作業，亦無法解決社會、經濟、政治、及管理性政策。	1. 都會發展有關之中央及地方單位發展決策趨於零散，亟待以都會生活圈觀念予以協調及整合。 2. 為使策略規劃及執行結合，執行組織及行政轄區亟待彈性及有效配合調整。

資料來源：國立中興大學都市計畫研究所：都會區規劃建設制度之研究（臺北：內政部營建署，民國 76 年 4 月），三十七頁。

表 12-3　都會區各項建設課題與相關計畫一覽表

課　題	有 關 計 畫 或 方 法
1.都會區發展	1. 臺灣地區綜合發展計畫。 2. 北部區域計畫。 3. 中部區域計畫。 4. 南部區域計畫。 5. 各都會區域內之各都市計畫。
2.水污染防治	1. 臺灣省水源保護區水污染防治計畫。 2. 臺灣水源特定區污水下水道計畫。 3. 高雄市仁愛河污染整治計畫。 4. 高雄港海域水質污染調查計畫。 5. 高雄區污水下水道計畫。 6. 臺北區衛生下水道綱要計畫。
3.空氣污染防治	1. 臺灣地區空氣污染防治計畫。 2. 臺灣地區公害防治先驅計畫。
4.垃圾處理	1. 都市垃圾處理計畫。 2. 區域垃圾綜合處理計畫。 3. 木柵福德坑垃圾掩埋場計畫。 4. 內湖垃圾焚化爐計畫。 5. 高雄西青埔垃圾處理計畫
5.治山防洪	1. 臺北地區防治計畫。 2. 臺北市河川工程計畫。 3. 高雄市河川工程計畫。 4. 山坡地緊急防災計畫。 5. 臺灣省水文氣象網站五年觀測計畫。 6. 區域及防淇排水計畫。
6.公共給水	1. 臺北地區自來水給水工程計畫。 2. 翡翠水庫計畫。 3. 鯉魚潭水庫計畫。 4. 南化水庫計畫。 5. 臺北水源集水區特定區計畫。
7.交通運輸	1. 臺北市區鐵路地下化工程計畫。 2. 林口新市鎮聯外交通系統計畫。

	3. 北部區域第二條高速公路系統計畫。 4. 臺北都會區捷運系統計畫。 5. 高雄市捷運系統計畫
8.新市鎮開發	1. 林口新市鎮計畫。 2. 臺中港新市鎮計畫。 3. 大坪頂新市鎮計畫。 4. 南崁新市鎮計畫。 5. 澄清湖新市鎮計畫
9.區域性遊憩	1. 觀光資源開發計畫。 2. 墾丁國家公園計畫。 3. 陽明山國家公園計畫。 4. 東北角海岸風景特定區計畫。 5. 國民旅舍十年整建計畫。

資料來源：鍾起岱，都會發展政策之比較研究。臺灣經濟第一二七期。南投：臺灣省政府經動會。民國 76 年 7 月。三十七頁。

第五節　都會區建設法令

民國 60 年代以後，由於綜開計畫與區域計畫陸續頒佈實施，但單獨就都會區建設予以立法卻未能實現，與都會區建設計畫有關之法令規章依課題別予以整理如表 12-4。法令規章可說是現代生活不可或缺的一種規範，基本上，法令規章是屬於組織形式化的一種正式規範。在民主法治國家，政府一切作為，必須依法行事，法令眾多，似乎是不可避免的現象，我國都會區建設法令具有以下特色（註八）。

1. 各種有關都會建設之法令，分散於各類法律或行政規章之中，多數的法律或行政規章，或著眼於一般地區的需求，忽略空間的差異性，或著眼於某一特殊問題的解決，缺乏都會區整體的概念。
2. 許多行政規章，多為各行政機關基於自己之立場，行政之方便而訂定。由於過份重視法規之重要性，而部分法規又不能隨時代之變遷而修正，許多跨越機關組織之事務，各以自己之立場與利益來運用法規，增加處理事務的複雜性及機關間的矛盾與衝突。

3. 行政規章之運作僅及於行政界線，對跨越行政界線之都會發展，往往很難適用，甚至，同一課題，各有各的規定適用，造成相互矛盾脫離現實環境，執行不易貫徹的現象。

表 12-4　都會區各項建設課題與相關計畫一覽表

課　題	法　律	行　政　規　章
1.都會區計畫的擬定	1. 區域計畫法 2. 建築法 3. 地方制度法 4. 都市計畫法	1. 非都市土地使用管制規則。 2. 區域計畫法施行細則。 3. 實施區域計畫地區建築管理辦法。 4. 實施都市計畫以外地區建築管理辦法。 5. 各級區域計畫委員會組織規程。 6 都市計畫法臺灣省施行細則。 7. 都市計畫法臺北市施行細則。 8. 都市計畫法高雄市施行細則。 9. 都市計畫定期通盤檢討實施辦法。 10.都市計畫書圖製作規則 11.臺灣地區擬定擴大變更都市計畫禁建期間特許興建辦法 12.各級都市計委員會組織規程準則臺灣省施行細則。
2.水污染的防治	1. 水污染防治法 2. 下水道法	1. 水污染防治法施行細則 2. 工廠廢水管理辦法 3. 新店溪工廠礦場廢污放流水標準。 4. 工業廢水及廢棄物處理手冊。 5. 臺灣省工廠礦場放流水標準。 6. 基隆河工廠礦場放流水標準。 7. 船舶廢污物管制辦法。 8. 淡水河水區河川分類及水質標準。 9. 臺灣省違反水污染防治法案件處理說明。

3.公共給水	1. 自來水法 2. 飲用水管理條例 3. 水污染防治法	1. 臺灣省地下水管制辦法 2. 新店溪青潭水源水質水量保護區管制事項。 3. 房屋價格評點標準運用需知。 4. 翡翠水庫水區私有土地造林獎勵輔導要點。
4.區域性遊憩	1. 國家公園法 2. 發展觀光條例	1. 臺灣省鼓勵民間投資興辦風景特定區觀光遊樂設施要點。 2. 臺灣省森林遊樂區管理辦法。 3. 觀光旅館管理規則。 4. 風景特定區管理規則。
5.空氣污染防治	空氣污染防制法	1. 空氣污染防制法施行細則。 2. 軍事機關所屬單位空氣污染管制實施辦法。 3. 交通工具空氣污染物排放標準。 4. 臺北市煉焦業空氣污染排放標準 5. 空氣污染防治手冊 6. 中華民國臺灣地區環境空氣品質標準 7. 臺灣地區空氣污染物排放標準。
6.垃圾處理	廢棄物清理法	廢棄物清理法臺灣省施行細則。
7.噪音污染防治	噪音污染防治法	噪音污染防治施行細則。
8.治山防洪	1. 水利法 2. 山坡地保育利用條例 3. 森林法 4. 礦業法 5. 礦業安全法	1. 水利法施行細則。 2. 臺灣省治山防洪養護辦法。 3. 加強山坡地推行水土保持要點。 4. 山坡地開發建築督導防範措施執行要點。 5. 臺灣省海堤管理規則。 6. 私有林造林實施要點。
9.新市鎮建設	1. 都市計畫法 2. 土地法 3. 平均地權條例 4. 國民住宅條例 5. 獎勵投資條例	都市土地重劃實施辦法

10.交通運輸	1. 鐵路法 2. 公路法 3. 市區道路條例 4. 工程收益費徵收條例 5. 道路交通管理處罰條例 6. 商港法	1. 臺北市外縣市長途客運班車進入市區行駛路線管制措施。 2. 工程收益費徵收條例施行細則。 3. 公共設施管線工程挖掘道路注意事項。 4. 高雄市漁港興建及管理

資料來源：鍾起岱，都會發展政策之比較研究。臺灣經濟第一二七期。南投：臺灣省政府經動會。民國 76 年 7 月。三十七頁。

註釋：

一、請參見行政院經建會：臺灣地區綜合開發計畫（臺北：行政院經建會，民國 67 年），七二頁－七九頁。此一計畫民國 85 年改稱國土綜合開發計畫。

二、鍾起岱：都會發展政策之比較研究：臺灣經濟第一二七期（南投：臺灣省政府經動會，民國 76 年 7 月），三一頁。

三、Simon R. Miles (1970): Metroplitan Problem (Canada: Methuen Publication) P.10-P.11。

四、鍾起岱：我國都會發展課題與建設制度之研究，臺灣經濟第一一八期（南投：臺灣省政府經動會，75 年 10 月），三頁

五、鍾起岱：臺灣地區都會建設制度之研究，研考月刊第一一 九期（臺北：行政院研考會，民國 76 年元月），四三頁。

六、鄭秋榮：臺灣地區區域發展問題與對策（臺北：中華民國區域科學學會論文，民國 75 年 5 月），二頁－三頁。

七、臺灣省政府研考會：臺灣省臺北市建設協調會報第四次會議紀錄，74 年 12 月。

八、鍾起岱：臺灣地區都會建設制度之研究，研考月刊第一一九期（臺北：行政院研考會，民國 76 年元月），四五頁。

第十三章　國土計畫

第一節　國土計畫的意義

一、我國國土計畫的歷程

國土計畫（national plans）一詞最早見於日本，其理論則來自法國空間秩序（national spatial orders）的觀念。臺灣的國土計畫體系建構在 1970 年代外銷導向工業化政策下，國土規劃與都市基礎設施，主要用來支持工業發展，以取得臺灣在世界經濟體系中的應有地位。為了建立合理的國家規劃體系，臺灣先將都市計畫擴充成區域計畫，區域計畫又擴充為臺灣地區綜合開發計畫，整個國土計畫體系在 1970 年代到 1980 年初期大體建構完成。這個體系的完成，經過 20 年的政治、社會與經濟演變，一方面雖然臺灣獲得很高的經濟成長，但高度的發展也帶來都度的失衡，陸續出現城鄉的失衡、都會區的擴展、農村的相對落後、生態的漠視破壞、交通的擁擠失序、住宅的供需失調、公共服務基礎設施的不足等等問題，1986-1988 年的都市公共設施保留地問題，更讓臺灣省政府背負龐大的中央債務，埋下精省的伏筆。

這些問題與結構性危機，帶動產官學界重新調整國土計畫體系的思考焦點，首當其衝的就是區域計畫的存廢問題與在性質上為國土計畫的『臺灣地區綜合開發計畫』，而後者的期程，原先的設定就是從 1977 年起至 1996 年為期二十年。

二、國土計畫的意義

國土計畫是考慮一個國家的領土、地理、實質、生活及各項主、觀條件，從經濟、社會、政治、文化等等各層面的觀點，將整個有效統治的國土區域作綜合性的開發、利用和保育的空間配置構想；國土計畫也同時將國民多項空間活動，諸如：產業、居家、購物、教育、交通、遊憩等等活動，就其所需區位及數量，依據時間順序（timing series）和空間位置（spatial location）作適當的安排和配置。簡言之，國土計畫即是以一個以國家空間領域為規劃單元的綜合開發計畫。

所稱『綜合』其意義有三：一是區域的綜合，不祇強調對某一地區或區域的開發，同時更希望藉此而刺激或帶動鄰近區域甚至全國的開發；第二是活動的綜合，綜合社會、文化、政治、經濟等各方面的考慮；第三是時間的綜合，綜合過去的歷史背景，現在需要，並顧及未來的發展。所稱『開發』意指將土地、勞力、資本、知識及創造精神相互配合以開創新的局勢、新的機運而言。所以國土計畫的規劃重點，即在於將有限的資源與力量，有效地分配於各區域之各種產業活動與各項實質建設，以達成國家建設預期目標。

三、國土計畫的法制化

面對二十一世紀，地狹人稠的臺灣，國土的開發、土地的利用已成為臺灣非常重要的公共議題之一，傳統強調經濟效益、強調施工技術、強調土地最有價值利用的土地開發方式，逐漸受到衝擊與反省，土地的綜合管理、空間價值的重新定位、生活品質的強調，逐漸成為追尋理想家園的主流。由於具國土整體規劃功能之「臺灣地區綜合開發計畫」，自 1979 年核定實施以來，原先的設定的期程（1977-1996）到了二十世紀的 90 年代，也已經到了必須見討的地步，為了因應臺灣社經環境大幅變遷的需要，也為了迎接 21 世紀的來臨，1993 年行政院公佈實施「振興經濟方案」，要求經建會修訂「國土綜合開發計畫」及研擬「國土綜合開發計畫法」，目的是要對國土提出下一階段妥善的規劃及研提新的發展政策，並建立法制，以期在環境保育與永續發展的前提下，對土地做合理的有效利用，進而提高國民的生活品質，並兼顧生產環境的需要。

1994 年 9 月，報紙媒體開始報導我國國土空間規劃體系將有所調整的訊息，同年 10 月，內政部長林豐正向中國國民黨中央常會報告「國土規劃再造」（註一），提出現階段臺灣地區國土綜合開發計畫欠缺法定功能、土地開發法制尚欠完備、敏感地區土地不當開發利用等問題，林部長並建議由內政部邀同相關機關成立「土地政策審議委員會」，統籌土地政策，有效解決相關土地問題；他也建議政府應儘速制定國土綜合發展計畫法，規範國土綜合發展計畫、直轄市、縣市綜合發展計畫及城鄉計畫，以健全國土綜合發展計畫體系。

幾乎同一時間，1996 年 11 月號天下雜誌，有一個由鄭一青先生所執筆的「荒煙蔓草中，高樓滿地起」的專文中，也一針見血的指出（註二）：荒煙蔓草中炒作起來的高樓大廈，近年來像野火般的在臺灣的山邊、海岸延燒，由於缺乏週邊設施與整體規劃，許多別墅已成廢墟、大樓已變空城，一場土地的豪賭、掠奪式的開發搶建，對國土造成了最深的斲傷。1996 年 11 月，經建會完成「國土綜合開發計畫」的擬定公告，內政部亦配合研擬了「國土綜合發展計畫法草案」，1997 年 4 月經行政院院會後，送交立法院審議。

四、國土計畫的發展

未來國土綜合發展計畫法完成立法後，區域計畫法將面臨存廢的命運，依據「國土綜合發展計畫法草案」，「國土綜合開發計畫」必須經國土綜合發展計畫委員會審議通過後，再由直轄市、縣（市）政府主管機關依國土綜合發展計畫，擬定各縣市綜合發展計畫（參見第十四章）；各項計畫公告實施後，主管機關至少每五年再通盤檢討一次，並因特定情形隨時檢討變更。整合國土規劃、開發及管理系統，將配合行政層級的精簡，簡化國土開發審議機制為二級制，審議中的國土綜合發展計畫法草案，賦予國土綜合發展計畫及直轄市、縣（市）綜合發展計畫明確的法定地位，現行四個區域計畫及以下的十種使用分區與十八種用地均將編訂納入綜合發展計畫中。在國土綜合發展計畫法中，也將建立土地開發「許可制度」，以總量管制落實成長管理（參見第十五章），由開發人繳納「開發費」回饋地方。

第二節　國土計畫體系與目標

一、國土計畫體系

為有效達成國土綜合開發計畫之規劃與執行目標，並簡化行政層級，未來的計畫體系必須予以調整。國土綜合開發計畫主要作為各地方政府擬定縣市綜合發展計畫之依據，區域計畫則將調整為依特定目的的擬定及執行之功能性計畫（參見第十一章）。縣市綜合發展計畫則秉承上位計畫之指導，就個別縣市研擬土地使用計畫，並實施發展許可制加以管理，以及依地方特性及需要，研擬推動各部門施政短中程計畫，進行公共建設。現行的國土計畫體系如圖 13-1，理想的國土計畫體系如圖 13-2。

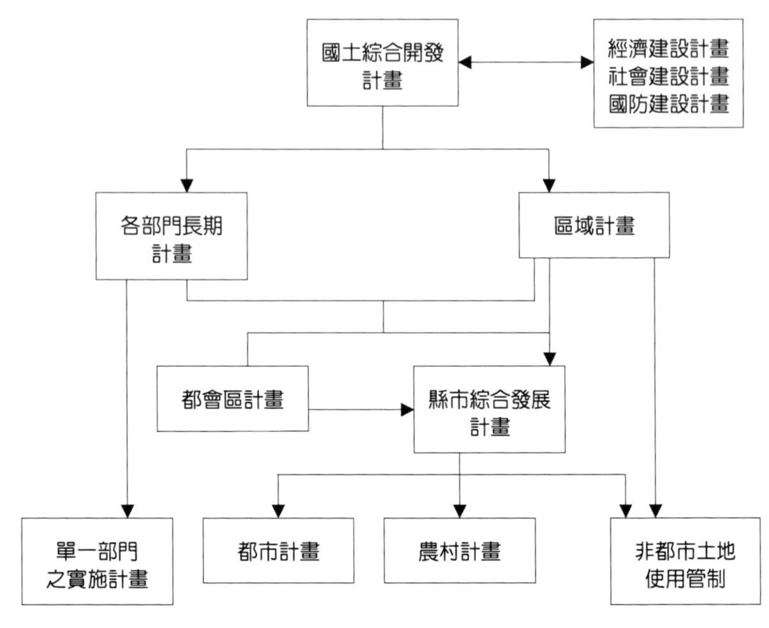

圖 13-1　我國現行計畫體系圖

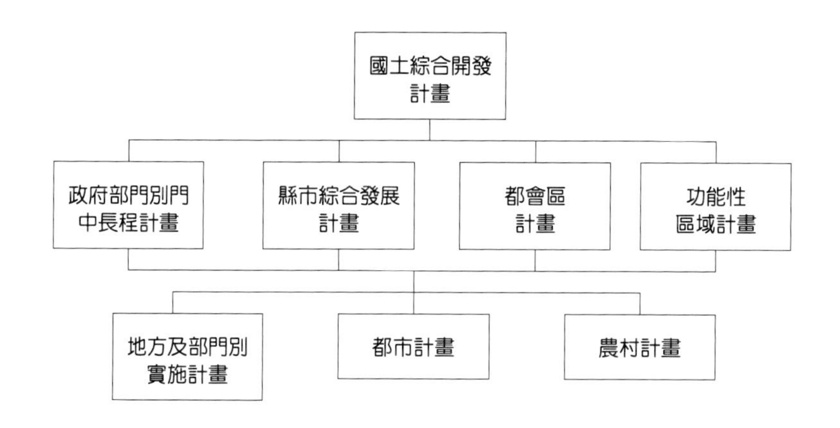

圖 13-2　我國未來計畫體系圖

二、國土計畫的目標

「國土綜合開發計畫」為臺灣最高位階的國土開發計畫，其主要功能包括：確定國家未來長期展望與目標、國土空間基本架構、提供研提生活、生產、生態環境之基本政策及構想、研提限制發展區（包含自然保育、國防安全、水資源、文化古蹟、海岸地區、潛在災害地區等不適宜做建設開發之地區）劃設準則，與研訂各部門長期建設方針。

一國的國土計畫乃是一國最高位階的計畫，故其謀慮不可不深遠，目標不可不遠大，一般而言，國土計畫所揭櫫的目標有三：

第一是增進國民福祉，為達成此一目標，一般採行的開發策略有三：

1. 促進區域間人口與產業活動之均衡發展：一國的國土可依其自然地理環境及人文條件劃分成許多大大小小的區域，這些地區或由於歷史淵源的綿延流長、或由於地理位置的得天獨厚、或由於氣候土壤的容受力，有些地區富裕、有些區域貧窮，此種貧富在地理空間的不平衡，往往造成人口與產業分佈的不均衡，導至地域間的閡隔及人心的不平感和疏離感，甚而形成雙元社會型態（dual societies

註三)，如何調和此兩極發展，如何依各地區之特性，適當的鼓勵、投資予以開發，以促進區域間的平衡發展，平均國家財富的空間分配，實為國土開發的重要策略。

2. 都市的有效建設：人口集中都市為現代化過程中最普遍的現象，由於公共建設的速度遠遜於人口集中都市的速度，導至都市公共設施（public facilities）和基本設備（infrastructures）普遍的缺乏或不足，不可避免的產生許許多多如污染、擁擠、噪音等都市公害問題，如何在都市發展過程中，適時的建立或調整合理的都市體系（urban hierachy)，並依其都市機能（urban function）來配置適當的公共設施或基本設備，實為都市整體建設的重要策略之一。

3. 交通通訊系統的整體建立：國土計畫強調區域間的均衡發展與都市體系的建立，為了適應未來社會與經濟活動的需要，在區域與區域間、市鎮與市鎮間如何建立快捷、有效的運輸網路（transportation network）與通訊系統（communication system)，以引導開發與發展，亦為增進國民福祉的重要策略之一。

《戰後臺灣國土開發最令人稱道的應該是四通八達的交通系統建設，但這也引起許多環保的爭議。》

第二是創造優良的生活環境：優良的生活環境往往予人清新可喜的活動空間、樂觀進取的奮鬥精神和天人合一的歸屬感。所以國土計畫第二個目標是創造優良的生活環境，其所採取的主要策略有二：

1. 整頓都市與農村的生活環境：都市化（urbanization，註四）為現代化必經之過程，也是現代化的產物。無可諱言；都市為人類帶來高度的物質享受與精神文明，但卻也由於都市的不適當與無計畫而帶來精神的煩燥緊張及感官的過度與不適。另一方面；由於農村人口大量湧向都市，導至農村經濟頻於破產，生產能力減退而生活環境亦趨惡化。一般來說；都市環境惡化導因於功利主義的追求、財富的創造與科技的濫用；農村環境的惡化則由於年齡結構的老化、所得低落；又由於近年來社會、經濟的蓬勃發展，農地及其他的邊際地（marginal lands）的大量開發，但在開發的同時並未顧及其可能造成的反效果，更加深環境惡化的嚴重性。整頓都市與農村的生活環境實為創造優良生活環境所採的主要策略之一。
2. 適當的提供公共設施：公共設施的提供必須考慮的因素包括：人口規模；區域機能；所得水準；文化特質；產業類別；人口集中度；都市位階等項。由於各區域的特質不同，未來的需要與面臨的問題亦不盡相似，發展潛力亦殊，所以要求的公共設施種類與品質亦有不同，如何因應地方需要，適時提供適當的公共設施，滿足區域發展的需要，亦為創造優良生活環境的策略之一。

第三項目標是資源的開發、利用與保育：自然資源（natural resources）種類繁多，如依其存在數量及其可能再生產的程度可分為三大類（註五）：

1. 限量資源（fund resources）；又稱儲存資源（stock resources）是指地球上某些存在數量有限的資源，經過開發利用一次，其數量即減少一次，而不能再生產或補充其損失，如煤、銅、鐵、石油、天然氣等是，此類資源的取得往往需付出相當代價，故經濟學上稱之為經濟財（economic goods）。

2. 長流資源（flow resources）；是指數量無限而經常流動的資源，如日光、空氣、雨水、風力等是。這類資源在自然界存在的數量相當多，且可以循環運行不息，其利用不感有任何損失，不利用亦將自由消逝，故這類資源的使用往往不需付出代價，故經濟學上稱之為自由財（free goods）。
3. 生物資源（biological resources）：包括自然生產的一切動、植物而言，如森林、鳥獸、微生物等是，此類資源兼有上述兩種資源的特色，其生產力可能受不當利用而減少（類似限量資源），亦可能維持已有水準而不變，更可能用人為的協助而使其產量增加（類似長流資源）。

人類一如其他生物一樣，須仰賴自然資源而生存，唯人類憑藉其聰明機智，大量而有深度的利用各項天然資源，一方面固然解決了不少人類需要與問題，唯資源之所謂有限或無限，及其可能再生與否，祇不過是一種比較而已，並無絕對不同的意義，由於人類漫無限制的採掘，已然破壞了自然生態系統的自身平衡作用，造成大面積的森林、植被遭致砍伐，土壤流失，山坡地的濫墾開發，公害的污染又導至自然界遭受無可彌補的創傷，這種種現象在「我們祇有一個地球」的觀念下，資源與開發、利用與保育之間便需要有一個適當的平衡。因此，如何足進資源的開發、保育與利用便成為國土計畫的重要目標。

第三節　國土開發論

一、國土開發論概說

國土開發的理論頗多，有基於農業發展的農業開發論；有基於人口配置的人口收容論；有基於公共建設的公共工程開發論；有基於資源利用的未開發資源開發論；有基於經濟共同圈的經濟領域擴大論；有基於產業特性的產業專業區位論，亦有基於縮小區域所得差距的縮小區域間每人所得差距論，有基於生活品質的人類生活環境論；但最重要而著名於世的有努克思（Pagna Nurkse 1907-1959）的均衡發展理論（balanced developmental theory）及海徹曼（Albort O.Hirschman）的不均衡成長理論（unbalanced grouth theory），羅斯特（W. W. Roster）的階段成長理論（Stages of Grouth Theory），前兩者是基於羅森斯坦．羅丹（Paul Rosenstein-Rodan）的大推進理論（Big Push Theory 註六）而立論，後者則依據美國經濟發展史而立論。

二、均衡發展理論

努克思（註七）認為落後國家之所以落後，乃由於資本形成（capital formation 的不足而產生惡性循環所致，所謂資本形成是指一個社會如果沒有將其全部的財力投資於消費活動的滿足，而將一部分儲存起來用於購買機械或投資於基礎工程建設（infrastructure）等可用於繼續生產各種財貨的過程稱為資本形成（capital formation）。就供給面（supply side）而言；由於所得低造成國民儲蓄低，儲蓄低必然形成資本不足，資本不足又使生產力偏低，生產偏低又形成低所得。在需求面（demand side）而言；由於低所得造成國民的一般購買力偏低，購買力低必然使投資誘因減少，投資誘因小，生產力無法累積或提高又造成所得便低，因此在需求面和供給面都形成惡性循環，即構成貧窮的惡性循環（vicious circle of poverty）。

努克思基於此一認識，他認為要打破此一資本形成惡性循環的陷阱，落後國家所能採行的最佳策略是均衡成長策略理論。由於各部門的均衡發展具有互利互賴的效果，所以落後國家倘能維持直接生產部門與間接生產部門的均衡發展，將資本同時投資於許多不同的產業部門，必能打破國家貧窮的現象。努克思認為要解決此一問題以求一國之均衡發展，須採行兩種方式：1.產業的均衡投資；2.選擇地點的均衡。

努克思認為由各產業之建立所形成的一種蓬勃的企業心，必然可以透過乘數效果（multiple effect）創造出產業開發的新契機，至於如何將各產業予以適當的分布，以打破區域間的阻絕，則須藉著運輸或通訊等交通設施予以互相影響。基本上，均衡成長理論藉著部門產業的均衡及其在空間上開發據點的均衡，以達成一國的開發目標。

三、不均衡成長理論

對均衡成長理論提出熱烈批評的，首推辛格（Hans Singer，1964），而集大成者，則為海徹曼（Albort Hirschman，註八），海徹曼認為均衡成長理論並不能使落後國家由貧窮中解脫出來。因為落後國家之所以落後，就是因為資本無法累積，如今再分散投資，不但不能解決貧窮的困境，反而造成更深的貧窮與落後。基於此一認識；海徹曼提出不均衡成長策略理論，認為要想使落後國家的經濟起飛，達成國土均衡發展的目標，必須選擇一關鍵性產業（key industry）集中所有的資本投資於適當的某一地點，做為開發的成長極（growth pole），才能藉著關鍵產業發生波及效果，產生聯鎖反應，從而達成均衡的開發目標。這種關鍵性產業通常是具有資本密集特質而關聯性極為複雜的產業，例如石化工業、汽車工業等等。也就是由產業的關聯帶動相關產業的發展，再由關鍵性產業在空間上的波及效果而帶動全國的均衡發展。

四、階段成長理論

由於均衡成長與不均衡成長理論都是基於羅森斯坦．羅丹（Paul Roosnstein-Rodan, 1943,1963）的大推進論（big push theory）而來。羅斯特（W.W. Roster, 1960, 註九）則依據美國經濟發展的歷史，認為一個國家的發展大致可分為幾個個階段：

1. 傳統、蕭條、低所得階段（traditional and stagnant low capital stage）：此乃傳統農業經濟型態，一國的生產品純粹以農產品或其它初級產品為主，此時，國民所得偏低，經濟蕭條。

2. 轉型階段（transitional stage）：此乃由農業社會步入工商社會。此時，人口大量的由農村移向都市，資本開始形成或累積，小型、零星的工廠開始出現。
3. 起飛階段（the "Take-Off" stage）：資本累積到某一水準時，一國的經濟開始起飛，同時也帶動地區的發展。
4. 工業化階段（Industrialized Stage）：當一國的經濟起飛到某一程度後，必然產生大規模的經濟利益及大量的消費，大量的消量，必然促進生產的增加，此一階段為落後國家國土開發的最後階段，又稱為發展階段（development stage）。

第四節　國土計畫的規劃

一、產業的區分

國土計畫是以全國國土為規劃單元的一種綜合開發計畫，其內容包羅萬象，彼此間互相關聯，互相支應，互相影響，通常為了分析的方便，可將開發項目區分為三大部門：

1. 直接生產部門（directed productive parts）：乃是直接與增加生產以供輸出或其他最終需要（final demand）有關的開發部門。如農業、漁業、畜牧業、礦業、製造業等基礎產業。
2. 間接生產部門（indirected productive parts）：乃是間接與增加生產有關的開發部門，而為直接生產部門所需要的生產部門，如：運輸業、通訊系統、能源及水資源的建設等。
3. 公共福祉部門（public welfare parts）：乃是為增進公共福祉有關之開發部門，如：都市發展、住宅建設、污染防治及其他天然資源的保育等均是。

基本上，此三部門開發之最終目的均相同，所以，如何協調各個開發部門，俾使各開發部門間相互作用的結果，在空間配置符合開發模式的需要。這便是國土計畫的主要目的之一。

二、國土計畫的內容

國土綜合開發計畫構想及目標的付諸實現，有賴次一階層的區域計畫及各部門建設計畫的執行。行政院經濟建設發展委員會於民國 85 年 11 月研擬定案的「國土綜合開發計畫」，計畫範圍包括臺灣、澎湖、金門、馬祖地區；計畫年期以民國 100 年為目標年；計畫目標為「在環境保育與永續發展的前提下，促進國土的合理利用，提高人民的生活品質，並兼顧生產環境的需要」；計畫內容主要為：

1. 訂定國土規劃及建設的目標、策略和配合措施；
2. 確立未來國土發展的遠景和空間結構；
3. 協調未來各部門建設的發展方向；
4. 研擬國土的經營管理策略，包括計畫的規劃及執行體系、財源籌措原則的建議，以及相關法令的配合研（修）訂等。

三、綜合開發計畫法

依據立法院審議中的國土綜合開發計畫法草案，立法的要點包含：國土綜合開發計畫法是程序法；綜合性國土規劃分為國土綜合開發計畫及縣市綜合發展計畫二級；國土綜合開發計畫主管機關在中央為內政部，直轄市為直轄市政府，縣（市）為縣（市）政府；中央及縣主管機關負責擬定國土綜合開發計畫及縣市綜合發展計畫。完成之後，臺灣的國土規劃體制法制化，可以確立國土計畫體系之層級、功能、階層關係，建立國土綜合開發計畫與縣市綜合發展計畫之法定地位，釐清各級政府、目的事業主管機關之規劃、審議及執行權責，確定各層級計畫的主要內涵，建立公平有效率的土地使用、開發、管理制度，包括：確立發展許可制之架構及法律基礎以及建立國土經營管理及土地開發之公平制度。

此外，國土綜合開發計畫法（草案）之內容尚包含：1.中央設置國土綜合開發計畫審議委員會，直轄市及地方政府分別設置計畫審議委員會，負責綜合開發計畫有關之審議工作；2.國土綜合開發計畫對國家重大發展、建設、開發計畫制訂指導、協調與修正之程序；3.限制發展區由中央主管機關會同目的事業主管機關及縣市政府協商劃設，並繪製限制發展區圖，由地方政府公告；4.建立土地發展許可制，限制發展區以外之地為可發展區，分為規劃許可、開發許可及建築許可三階段申請開發，除規劃許可由上級政府核發外，其餘由地方政府主導；5.民間參與各層級計畫之方式。

註釋：

一、林豐正（1996）：國土規劃再造：有效促進土地開發利用。民國85年10月23日。中國國民黨中央常會報告。

二、參見1996年11月天下雜誌。

三、雙元社會型態（Dual Societies）的含意相當廣泛，概指繁榮和貧窮、進步和落後、開放和封閉等等兩極的現象併存於同一國家或同一社會的現象。

四、都市化（urbanization）係指某一社會或社區隨著時間的變化，因文明進步，使其人口、產業逐漸集中於某一地區，導至該地區在人口組成上，社會結構上，人際關係間及社會價值、規範與制度等等亦隨之發生變化的一種過程。

五、參見張德粹：土地經濟學。297頁-314頁。

六、P．N．Rosentein-Rodan “Notes on the theory of the Biy Push” Readngs in Eonomic Devolopment P143。

七、Pagna Nurkse: Problems of Capital Formation in Underdeveloped Country.

八、Albert O. Hirschman: the Strategy of Economic Development. 及 Hans W. Singer (1964) International Development: Grouth and Change.

九、W. W. Roster (1960): The Stages of Eonomic Grouth, a Non-Communist manifesto。

第十四章　縣（市）政計畫

第一節　縣市政領域

一、縣市為地方自治基本單位

市與縣均為地方自治的基本單位；無論由政治、歷史的觀點或是由社會、經濟的觀點來看，皆自成一完善的活動體系。縣市政領域的觀念，由來已久，國父孫中山先生說：以一縣為自治單位、縣以下為鄉村區域而統於縣。「縣」與縣同級的「市」也是我國憲法所規定三級均權制度中最基本的地方政府組織（註一），也是實施地方自治的公法人。隨著 1998 年的修憲凍省，縣市諸侯現象也已陸續浮現，縣市地位益形重要。

二、縣市政計畫

縣市政府的權責，我國憲法與地方制度法缺有完整的規範，縣（市）政計畫，簡單的說，就是縣（市）政府施政的書面宣告，亦即以縣（市）政府為主導，為建設發展所為之一系列前瞻性計畫文件及規劃過程。由縣（市）政計畫的發展來看；縣（市）政計畫的範疇有狹義、廣義、最廣義三種，狹義的縣（市）政計畫是指其年度施政計畫而言；廣義的縣（市）政計畫，在期程上包括長、中、短程的行政規劃系列，在空間上涵蓋都市與鄉村的綜合發展劃系列，在內容上包含重大投資的經建規劃系列，最廣義的縣（市）政計畫則涵蓋各公私部門的一切計畫作為。

就期程而言，它需涵蓋長、中、短的施政理念。就整體而言，它需包括各政府部門的建設構想。縣（市）政計畫的功能至少有四：(1)執行上級政府委辦事項，指導鄉、鎮、市、區施政的上下聯繫功能；(2)協調各有關施政部門、溝通各階層意見的左右配合功能；(3)兼顧長程發展方向、中程發展需要與短程利益的前後一致功能；(4)整合各鄉鎮市區人文、產業……等特色的地域特性功能。縣（市）政府的各項施政，除了「年度施政計畫」為法定的年度施政內容外，它可能包括三大規劃示列：沿襲年度施政計畫制度，屬指導系統規劃的行政規劃系列；沿襲都市計畫制度，屬空間規劃範疇的綜合發展規劃系列；持續重大經建計畫，屬策略規劃之經建規劃系列（註二）。

三、整合觀點

臺灣經過戰後超過五十年的演變，縣市領域成為地方性綜合發展計畫最基本的空間規劃單元。另一方面，縣市政府為縣市公共事務的推動者，其施政與人民福祉休戚相關，必需有前瞻性的整體計畫，而以建設目標為基準，對跨年度的施政業務作整體、適切、賡續的多年期執行方案，通稱為中（長）程行政計畫；目的是希望政府的施政目標能有計畫的落實到年度的預算配置。縣綜合發展計畫與中（長）程施政計畫及中長程經建計畫所涉及的領域，如圖 14-1 所示。三者實為互容與互補的系統。

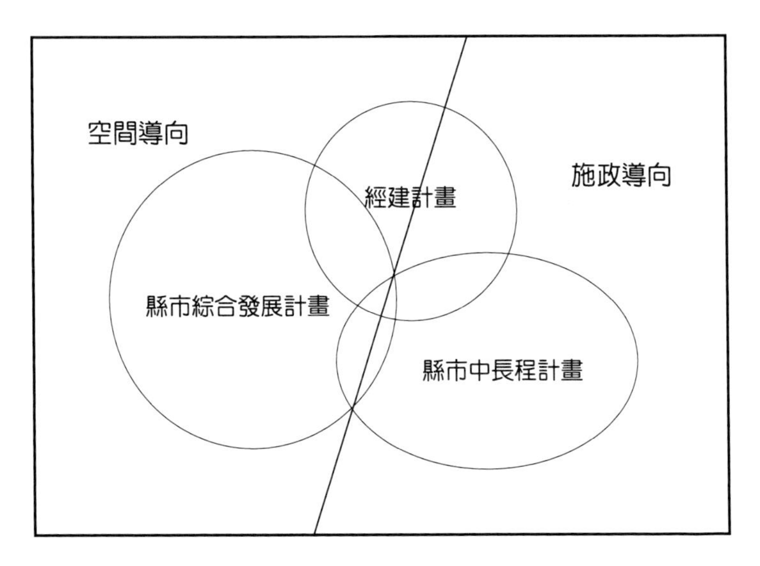

圖 14-1　縣市綜合發展計畫與經建計畫、中長程計畫關係圖

第二節　縣市政計畫的範疇

一、行政規劃系列的發展

我國的行政計畫源於年度施政計畫制度，各級政府每年均訂有施政計畫以逐年編列預算的方式來執行各項建設。其所依據之法令，主要有：憲法、預算法、政府各級預算編製與國家建設計畫配合實施辦法、行政院年度施政計畫編審辦法等。惟年度施政計畫往往難窺未來施政發展全貌。1980 年第一次全國行政會議通過之中心議案「提高行政效率加強為民服務」中，即將「要求各級行政機關積極推動非經濟性的行政計畫」為重要措施之一，先是 1977 年 12 月，臺北市政府研考會成立計畫作業室，1978 年試辦中程計畫作業，1979 年全面推動實施，可說是此一制度的濫殤。當時李登輝先生主持省政，特別重視省政整體規劃工作，在就任後第一次府會，即將「加強輔導各縣市政府推展新計畫」列為十二項重點工作之一，並將「推動省政建設整體規劃，輔導縣市策訂長中程計畫」列入施政綱要中。

1982 年省府訂頒「臺灣省政府中程計畫作業手冊」，作為省屬各機關釐訂中程計畫之準據，各縣市政府亦分別參考省府之作業手冊，依地方特性及需要訂有作業要點、手冊或須知，據以遵循。其後，為進一步建立「建設目標體系－長程計畫－中程計畫－年度施政計畫」一貫脈絡的計畫體系，1985 年 12 月，臺灣省政府修訂原頒作業手冊為「臺灣省政府長中程計畫作業手冊」使計畫作業制度更為完備。1995 年行政院研考會訂頒「行政院中長程計畫編審辦法」，行政計畫由年度而中程而長程的推動，至少有三點理由：

1. 年度施政計畫的前瞻化，規劃與執行均屬同一行政單位，可使政府施政具有連貫性，不因首長更迭而中斷，不僅可以減少失敗，增加成功的機率，同時，亦可增進公務員自我學習的機會，從而提高政府部門的行政生產力。
2. 藉著長、中程的行政計畫來指導政府預算的分配與運用，可避免預算的追加，防止資源的誤用，亦可消除預算保留的現象，防止資源的浪費。

3. 在追求國家現代化的過程中，行政管理的脫節與落後，往往阻礙國家進步的努力，長、中程行政計畫的推動正可彌補此一缺憾，從而帶動政府部門的革新與進步。

臺灣各縣市政府早在 1983 年左右，先後成立負責綜合計畫與控管的單位《計畫室》，辦理綜合規劃業務，但空間面的綜合規劃業務則通常劃歸在建設局或工務局的都市計畫業務，1998 年修憲凍省後，地方制度法賦予縣市政府組織權，縣市的計畫室有了多種的面貌，也有成立城鄉發展局主持綜合規劃業務。在此之前，縣市政府主要是依據臺灣省政府頒布之「臺灣省政府中長程計畫作業手冊」策訂適合各縣市政府之中程計畫作業手冊、要點或需知，並據以策訂中程計畫。最盛時期，依據 1991 年的統計，全省二十一縣市中，正執行中之有中程計畫共 594 項（註三），這個數目遠超過過去十年計畫數的總和。此一期間，中程計畫係以建設目標體系為基準，對跨年度之專案計畫作整體、適切、賡續（四年為原則）之執行方案，並分年納入年度計畫付諸實施。同時使年度預算作最佳之配置，對於年度計畫項目進行評估，以排定優先順序，使新舊計畫項目，均能在同一立足點上爭取預算，做到當用則用，當刪則刪的要求。

二、綜合發展規劃系列的發展

一般所稱的綜合發展規劃，大都指全國取向的國土計畫而言，1979 年行政院經建會完成之「臺灣地區綜合開發計畫」即屬此一性質。在同一時期，地方取向的縣市綜合發展計畫亦逐漸萌芽，同年 3 月淡江大學完成「臺中縣綜合發展計畫」，8 月完成「嘉義縣綜合發展計畫」，此一時期的縣市綜合發展計畫，研究的性質重於執行，甚或止於完全沒有執行的「規劃報告書」。縣市綜合發展計畫的推動，亦有三個理由：

1. 由於區域計畫涵蓋數個縣市，然而擬定時，或因地方政府參與不夠，或因考慮因素無法周全，或因欠缺執行工具(如組織、經費……等)，導至既不能有效指導都市發展，亦不能合理引導資源有效開發，故亟需在區域計畫與都市計畫之間建立承上啟下的縣市綜合發展計畫以為因應。

2. 同一縣市轄區之下各級鎮市區之都市發展，各有各的都市計畫，欠缺整體的發展構想，都市與非都市地區發展步調不能一致，如能有一個全縣或全市的綜合發展計畫予以統合、協調、較能引導適當的發展。

3. 縣政府或市政府之基本施政資料，長久以來的貯存、增修、補充並無系統可言，往往雜陳於各部門、各檔案之中，資料取得費時，運用困難，如能藉著綜合發展計畫的研擬過程，有系統的建立綜合發展的基本資料庫，當可加深對縣市施政的瞭解，有助於施政作為的成功。

縣市綜合發展計畫為未來推動地方實質建設與實施土地管理之主要計畫體制，所謂縣（市）綜合發展計畫係指一地區對其領域內有關人民生活之經濟、交通、衛生、保安、國防、文教、康樂等設施作有計畫的發展，同時對土使用作合理的配置。所以縣（市）綜合發展係一縣綜合開發之長期性（通常為二十～二十五年）目標性藍本，它是各項縣政建設的基本方針、指導架構。綜合發展計畫特別強調長期性的空間設計及開發次序時程的安排，它同時具有綜合性、長程性、綱要性及前瞻性等特色。在我國的地域開發計畫體系中，由於區域計畫與都市計畫銜接未盡理想，使縣綜合開發計畫更形重要（註四)。

完整的縣市綜合發展計畫，包括縣市總體發展計畫、鄉鎮市地區建設綱要計畫、部門及鄉鎮市短中長程建設實施方案等等。它的意義是為了促進整體的經濟發展、改善生活環境，對土地利用、公共設施、交通運輸、教育文化、醫療保健、社會福利……等等，做有計畫的發展，以創造一個更美好的生活環境。最早的縣市綜合發展計畫起始於 1979 年，淡江大學教授張世典博士率先接受臺中縣、嘉義縣等縣政府委託主持、綜合發展計畫或綜合開發計畫之研究。前臺灣省政府住宅及都市發展局於 1985 年度起逐年協助尚未擬定綜合發展計畫之縣市研訂縣市綜合發展計畫（註五）。

臺灣由於地小人稠，土地資源非常有限，然隨著經濟、政治、社會的多方面發展，不但生產所需的土地取得有了困難，更重要的，連生態環境亦遭受嚴重的破壞。土地資源的分配有了扭曲，生態環境保育當然無法盡全功，人民生活的品質也未能隨著經濟發展而同步提昇。而為了具體達成國土綜合開發之目標，國土綜合開發計畫的國土空間架構係以生活圈建設為基本單元，生活圈建設之各項構想，也將透過縣市綜合開發計畫予以落實。

《良好的綜合規劃最後仍然要落實在人民的生存、生活與發展之上。》

綜合發展計畫目的在規範一地實質（如：土地使用、交通運輸、公共設施、環境生態……等）與非實質（如：經濟、人口……等）所形成的空間結構（Spatial Structure 註六）設計；中程計畫目的在規範達成組織目標的行動途徑。前者是一種空間設計計畫，後者則是組織行動的方案設計計畫。組織行動的方案設計須有助於空間設計的合理安排，空間設計亦需足以顯示組織目標的具體結果。就縣市政府而言；為達成縣（市）政建設所揭櫫之目標，對新興或重大教育、文化、地政、福利、工商、農林漁牧、交通運輸、衛生、警政等工作，均需釐定四年的執行方案。故中程計畫之內容應包括經濟性與非經濟性計畫。本質上；中程計畫有若策略性的管理規劃（strategic managerical planning），它是為達成組織的基本目標而設計的一套包含廣泛，具體性、綜合性、協調性的行動計畫。

三、經建規劃系列的發展

臺灣自 1953 年起，即陸續推動四年或六年為期的經建計畫，1988 年進入第九期經建計畫，1991 年中央政府開始推動六年國家建設計畫，其後尚有十二項計畫、擴大內需計畫、8100 臺灣啟動計畫、挑戰 2008 計畫等等，此類中央主導型的經建計畫，早期以直接生產部門有關者為主，間接生產部門有關者次之，社會福祉部門者又次之，但隨著臺灣實體建設的日益充實，補貼性質的社會福祉計畫更有日益增加的趨勢。縣市政府所執行的經建計畫，有些屬中央直接推動者，有些是中央地方以對等負擔經費方式而推動者。就經建計畫而言，縣市政府被動者多於主動。由於經建計畫是地方向中央爭取經費補助的有效方式之一，吾人可預期，經建計畫在縣市政府的地位必然益形增強。經建計畫的推動，亦有三個理由：

1. 以大規模的公共投資，在景氣低迷時期，創造就業機會，帶動相關產業的投資，刺激景氣復甦，在經濟景氣時期，吸收社會過剩之有效需求，以防止通貨膨脹。
2. 運用成長極策略（growth pole）或集中性的分散策略（concentrated decentralization），以基礎性、關鍵性工業的投入，厚植經濟發展潛力，達成區域均衡成長的目標。

3. 以經建計長提供適當而充足的公共設施，整頓都市與農村生活環境，創造優良的生活環境，增進國民福祉。

第三節　縣市政計畫的系統觀

一、指導系統（guidance system）

指導系統意指公共部門為達成公共利益企圖影響各項公、私決策所從事一系列政治與行政的運作過程。公共利益的涵意甚為廣泛，一般可歸納成：健康（health）、安全（safety）、近便（convenience）效率（efficiency）、節約能源（energy conservation）、環境品質（enrironmental quality）、社會平等（social equity）、社會選擇（social choice）和寧適（amenity）九項觀念（詳見第四章）。在自由、民主的社會，公共利益為政府部門介入社會、行使公權力提供合理的理由，而指導系統即為政府行使公權力的主要手段。指導系統強調政治或行政組織與發展過程的結合，中（長）程計畫（含經建計畫）則強調公權力的行使應排除本位主義對有限的資源進行整體規劃。兩者之目的皆是促進地域開發的平衡發展，滿足人民對政府興辦公共建設和提供服務的要求。具體的說；指導系統目的在影響開發活動，它是政府為維護公共利益所產生有計畫的決策過程。中（長）程計畫由政府各部門提出後，由計畫案彙整提交縣（市）務會議討論，並據以編列預算，納入年度施政計畫付諸實施，它可說是指導系統的具體文件之一。

二、空間系統（spatial system）

空間系統可說是由三大關鍵系統：活動系統（activity system）、開發系統（development system）及環境系統（environment system）所構成的地域系統（註七）。縣市綜合發展計畫是以縣或市為地理單元的空間模擬計畫，它涉及經濟、人口、社會等現象在空間的合理配置型態，它特別重視發展品質與量的空間配置

（spatial allocation），所以綜合發展計畫可說的空間系統模擬的合理化結果。

第四節　縣市政計畫的系統設計

空間系統的觀念提供人類瞭解地域發展的可能途徑，指導系統的觀念提供人類以理性來引導地域發展的可能方法。兩者共同運作以達成以公共利益為依歸的土地使用型態。分析如下：

一、系統設計的特色

縣（市）綜合發展計畫在方案設計的中（長）程規劃過程中應扮演指導的角色，它所提出的政策架構亦應形成中（長）程規劃的主要政策。事實上；指導系統本身必須在發展的過程中與縣（市）綜合發展計畫相結合才能達成期望既的空間配置構想。可以說，以系統整合的觀點來看；縣（市）綜合發展計畫扮演著兩種角色；一是它是研擬中（長）程計畫及其他行動工具的主要指導，一是綜合發展計畫所建議的政策形成中（長）程計畫的一部分。兩者具相輔相成的特色。而中（長）程計畫特別強調達成開發目的的手段。縣（市）綜合發展計畫則著重整合的發展目標的追求。中（長）程計畫著重開發的指導，綜合發展計畫強調提供開發的服務。中（長）程計畫可視為綜合發展計畫更精細的延申，而綜合發展計畫則可視為中（長）程計畫的主要政策。在進行指導系統與空間系統設計時，必須注意兩者的特性與差異才能明晰的指出兩者之間的相對步驟。

二、系統設計步驟

以上的討論將中（長）程計畫視為具體而微的指導系統設計，縣（市）綜合發展計畫則視為地域發展的空間系統設計。共分為五個步驟，在最初的兩個階段，綜合發展計畫的空間設計先於中（長）程計畫的方案設計；在後面的三個階段，中（長）程計畫的重要性逐漸增強，因而在第四階段，規劃過程實際上已落在行動方案的研擬。現分述如下：

第一步驟：政策架構階段

規劃之初，空間系統設計強調長程目標年的發展構想；指導系統設計強調手段取向的方策研擬。因之，空間設計可能指出縣（市）未來可能發展的都會或都市中心；完全開發地區、計畫都市化地區、成長中心、鄉村地區等等大致的發展概念和區位。而方案設計則可據此觀念性構想界定出公共服務的種類及其大致的範圍，諸如：自來水、學校、遊憩、購物……等大致的水準及服務的範圍，甚至可進一步的針對其地區特性，發展潛能來研擬各部門未來努力的目標。

第二步驟：開發政策與長程計畫階段

系統設計進入第二步驟，空間設計依然居於領導地位，此時的空間設計強調二十年至二十五年的都市期望社經發展型態，特別是區位和發展時序；例如：規範全縣的市鄉發展體系，及其特別使用區：國家公園區、農業區、保護區、開發區、邊際地區等等，這些地區均可描繪成發展圖以便從事更精細週延的研究。本階段的方案設計則須強調指導的時序及採行政策或策略所需遵循的原則；例如說明達成空間設計所建構的發展型態須採行何種政策？這些政策所遵循的原則為何？允許的土地使用型態是否合於界定的標準？土地的空間容受力為何？污水或雨水下水道等公共設施的容量為何？農田轉作的極限……等等。本階段所定的各項政策仍需依發展的時序予以區分優先順序。如最需要可行者，可列第一優先；需要更廣泛的分析和討論者列為第二優先；至於以後再考慮的政策則列為第三優先。

第三步驟：開發計畫與中程計畫階段

系統設計的第三步驟可視為空間設計與方案設計相結合的開始，它是由事先規劃（advance planning）過渡到行動規劃（action planning）的轉折點。本階段；空間設計強調五～六年的土地開發計畫，而方案設計則著重特定的行動建議。因此；在空間設計強調強開發預定的時序及特別的限制，在方案設計則將特定的行動方案依行政組織的職掌予以分別歸類，做為組織行動的初步設計。

第四步驟：擬定重大建設方案

本階段，空間設計與方案設計逐漸結合為一，因為土地開發計畫的一部分將轉換為一年的實施方案，而其實施必須有賴於行政部門的密切配合，亦即就政府部門而言，土地開發計畫的第一年方案需將之納入年度施政計畫之中，做為政府施政的一部分。

第五步驟：採選、核定與執行

系統設計進入最後一個階段，整個系統整合的設計將集中在特定的行動工具與執行的詳細安排，它可能使縣（市）綜合發展計畫具有適法的參考地位，也可能促使中程計畫的第一年完成編列預算與施政計畫的程序而賦諸實施。

綜上所述，系統的設計是由一般的政策到特定的行動建議，前兩步驟偏重空間設計的發展方向，後三步驟則一步步的導向組織行動中方案設計的特定行動建議。具體的說，在規劃的早期，空間系統設計往往較指導系統設計早半拍，所以方案設計需針對空間設計的結果加以政策化；在規劃的晚期，方案設計由於不斷的吸收空間設計的成果而成為行動的主要架構，用來引導間設計的逐步達成。

第五節　指導系統設計步驟

空間設計與方案設計的相對步驟已如前述，其次將論述指導系統規劃所考慮的研究順序。規劃學者恰賓及凱色（F.Sturt Chapin Jr and Edward J.Kaiser, 1979）曾建議四個主要階段，分述如下：

一、準備研究

準備研究階段是研究指導系統設計的起始步驟，必須涉及以下五個子題：

1. 確立指導系統的正確範圍和焦點：就發展的層面而言，須決定縣市地域發展的程度，如：都市化的程度、發展的空間型態、鼓勵或限制的土地使用類型、發展密度、發展時機、發展品質、人口特徵、生活品質等等。其次；就服務的層面而言；須確定指導系統包含服務的種類、區位和服務的水準。再就公共利益的層面來說；指導系統需決定所強調的公共利益所涉及的指標。例如，住者有其屋可能涉及社會平等的觀念。最後則是無法明確其歸屬層面亦可歸為其他一類，如特別強調的工業發展、古蹟維護等等。
2. 現行指導系統的分析：亦即對現行指導縣政發展行動的種種政策、法令、管理……等所做的必要分析，它包括現行政策的研究、現行縣（市）政服務狀況的分析、現行管理機能的檢討、租稅措施及其他可能限制因素的描述等等。
3. 開發系統的研究：也就是對空間系統的開發過程加以瞭解，同時需對影響開發的潛在因素及開發過程對指導系統判入的反應做回顧性的研究。
4. 影響指導系統決策的組織和政治因素分析：也就是對政府各部門的行政權、財力限制及其他相關研究所做的分析、研判。
5. 指導系統構想清單：指導系統構想清單可說是準備研究階段的具體文件，它不僅需提出現成的目錄式構想，同時亦需將研究過程中所刺激的新構想加以闡述，並進一步的將新、舊構想做新的組合。

二、設計前分析：因素與規劃原則

準備研究完成後，在實際從事指導系統設計之前，須考慮一系列的設計前分析，這些分析將有助於以後將討論的設計後分析的研究。這些設計前分析包括：

1. 效益（effectiveness）原則：包括創始性目標取向原則，區位適合性，可量化的需要、時序、敷地設計、土地使用設計等等，及此等原則與開發系統內涵之間的比較。
2. 效率與平等原則：達成期望目標的手段或策略的選擇是否符合效率及公平原則必須予以考量。
3. 可行性：可行性的研究包括法律、財務、行政、政治及其他限制因素的研究。
4. 其他設計前進一步的考慮：在將效益、效率與平等、可行性等研究應用至一階段的系統設計以前，須加以適當的重組，綜合或圖示成空間解釋地圖（spatial interpretation map 註八）以備使用。

三、指導系統設計

系統設計是研擬整個指導系統的核心過程。一般而言；設計前研究致力於準備正確的規劃背景以便改進瞭解，同時設定方向和各種可能限制。設計後研究則協助評估替選案以供汰選。設計研究則是界定內容、區位、時序及執行組織以便指出指導系統的特殊機能及架構情形，它明確的說明各政府部門將執行那一種管制措施、進行何種公共投資或補貼，以及將提高何種服務水準。同時亦須指出縣（市）政發展的界線（如說明第一年度或往後年度自來水管線服務的地理範圍）以及提供公共投資或投資發展誘因的時機。

四、設計後分析

為了評估擬議的指導系統，必須對指導系統可能造成的衝擊加以評審。當然；這些評估必須顧及空間設計的發展構想，同時亦需有助於公共利益的達成。

第六節　縣市政計畫的整合

一、整合的困境

縣（市）政三大規劃系列的整合，可說是發展的必然趨勢，但在研擬整合模式之前，可能須考慮到此種整合可能面對的問題，具體來說，整合的困境主要來自三方面，一是來自組織架構，一是來自計畫性質，一是來自法令規章，分述如次：

（一）行政機關組織任務職掌不易釐清

計畫是行政現代化的基本要素，而行政現代化能否成功，最重要的因素之一是行政組織能否隨現代化的腳步而不斷革新。縣市政計畫範圍包羅萬象，有些部門計畫屬經濟性，有些屬非經濟性；有些部門計畫屬實質性，有些屬非實質性；有些則兩種性質均有。有些計畫涉及數個行政部門之任務職掌，倘協調不易、分工不明，彼此不免發生爭執；有些計畫看似不屬任何部門主管，倘不設法調整機關之任務職掌，不免形成任務空隙，如何適當的調整機關組織，使各機關的職掌完整無缺，應為縣市政計畫整合所面臨的第一個困境和課題

（二）法令規章難以適應實際需要

我國預算有預算法，計畫則尚無統一的計畫法，有關計畫的法令規章散見於「區域計畫法」、「都市計畫法」、「行政程序法」及各種計畫作業手冊、要點、須知、編審辦法及注意事項。長中程行政計畫之法令主要依據主管機關的行政命令，綜合發展計畫雖可依區域計畫法第六條第一項第三款規定擬定，唯我國目前尚無「法定」的縣（市）綜合發展計畫，各類計畫各有各的法令依據，製作方式亦異，往往須依各別法令製成多種文件，分別層報。

二、整合的方向

下列幾個努力的整合方向，或有助於此一課題的合理解決：

1. 強化建設目標體系的現實化。綜觀各縣市政府的目標體

系，往往偏向於口號性的組織任務陳述，至如何將各項目標予以具體化，則付厥如，因此如何透過資料系統整體的規劃來達成目標的具體、可行、應為重點工作。

2. 建立資訊系統的常備化。從事規劃作業，必然需援引多方資料，然而基層規劃人員即或知道建立資料的重要，亦往往因不知如何蒐集，如何分門別類建立資料檔，偶能搜集到所需之資料，亦往往隨計畫之製作完成而隨案歸檔，甚而遺失，因此如何建立規格化、常備化的資訊系統，亦為重要的課題。

3. 提昇計畫人員素質。縣市政計畫三大規劃系列的推動，中央雖分別由不同機關掌理，但在縣市政府，負責綜合的單位厥為計畫室，因此如何提昇計畫室的地位與相關人員「專業綜合」的能力，可說是另一項重要的課題。

三、整合的模式

縣市別的綜合發展計畫、中長程計畫與經建部門計畫三種計畫文件，各有其發展的背景與功能，整合的模式基本上有三種，分述如下：

（一）將縣（市）綜合發展計畫納入行政部門長中程計畫

縣市綜合發展計畫與縣市長中程計畫在性質上各有其相似與相異之處。如前所述；綜合發展計畫偏重空間設計，而長中程計畫則偏重組織行動的方案設計。在討論體系配合可能性之先，須將縣市綜合發展計畫納入長、中程計畫的可能性做一探討。如眾所知；綜合發展計畫的內容包含甚為廣泛，往往因地方特色而異。

（二）縣（市）綜合發展計畫與中（長）程計畫的進行體系整合

計畫是有限資源在特定時、空的一種特別設計，依據時間與空間的配合方式，可提出縣（市）綜合發展計畫與中（長）程計畫的整合模式。兩者的整合模式有以下幾種：

1. 將綜合發展計畫視為建設目標體系的空間配置配想，分別納入長、中程計畫中。

2. 將長中程計畫視為綜合發展計畫的時程安排，而視綜合發展計畫為長中程計畫的空間配置構想。
3. 將長中程計畫納入綜合發展計畫的分期分區發展計畫之中，視為綜開計畫的一部分。
4. 視綜合發展計畫為縣政建設目標體系之下的長程發展計畫，而將中程計畫視為綜合發展計畫的短期行動方案。

（三）以綜合發展計畫來釐定部門別中長程計畫之操作化模型

如前所述，縣綜合發展計畫與中（長）程計畫在性質上各有其相似與相異之處。綜合發展計畫偏重空間設計，而中（長）程計畫則偏重組織行動的方案設計。中（長）程計畫與綜合發展計畫往往因地方特性、自然環境條件及地方需要而異其重點各縣市的中（長）程計畫內容目前雖尚乏文獻予以研究比較，但其重點亦必有所不同。要將這些涉及廣泛領域的發展構想分別依組織任務或組織目標予以納入各部門的中、長程計畫中，無疑的；需有多方面的協調和配合。其程序說明如下：

1. 依據本單位或本部門的組織目標或組織任務將綜合發展計畫有關的部分予以彙整、歸納。
2. 審查此部分是否可以規範施政的基本遠景、或可能納入中（長）程計畫的範籌，並說明可能有關的配合單位。
3. 以組織任務及施政目標來衡量綜合發展計畫所提示的原則是否需修正，並說明修正或不修正的理由。
4. 依據上述之整理分析與研判來確定中（長）程計畫的適當類別及其名稱。
5. 確定計畫目標及計畫的服務範圍。
6. 將目標轉化成可衡量的標的。
7. 檢視綜合發展計畫所提供的資訊是否已足以設計中（長）程計畫，如有不足，應補充何種資訊。
8. 釐定幾個替選方案，並概略的說明各替選案的分年實施步驟。

9. 依組織目標發展出一套評估準則或評估方法，對各替選案進行評審。
10. 依據採選的方案，進一步衡量可用的人力、財力來釐定更細的分年實施步驟。
11. 說明該項中（長）程計畫與有關機關的協調、配合情形。
12. 製成長中程計畫文件（草案）。

註釋：

一、參見孫中山：地方自治開始實行法。國父遺教三民主義總輯（臺北：臺灣書店，民國 58 年 5 月），八三一頁。及王子蘭，現行中華民國憲法史綱（臺北：臺灣商務印書館，民國 70 年 6 月），五四至七二頁。

二、相關研究參見：鍾起岱（1984）「縣政計畫之研究——綜合發展計畫與中（長）程計畫探討」。研考月刊第 87 期，民國 73 年 5 月。鍾起岱（1984）「縣市綜合發展計畫與中（長）程計畫整合芻議——兼論空間系統與指導系統設計」。臺灣經濟第 89 期，民國 73 年 5 月。鍾起岱（1988）：縣（市）政計畫的發展與比較研究，研考月刊第一三六期，臺北：行政院研考會，民國 77 年 6 月）。鍾起岱（1985）：計畫方法學導論。臺北：楓城出版社，民國 74 年 12 月）。

三、鄧憲卿：中程計畫之精神與作業要領。臺灣經濟第八十期。55 頁。72 年 8 月。

四、參閱謝潮宜主持（1883）：縣市綜合發展計畫制度之研究。內政部營建署委託。中華民國都市計畫學會研究。民國 72 年 9 月。

五、依據該局構想分年協助九縣擬定縣綜合發展計畫，進度如下：1985 年度：雲林、臺南兩縣；1986 年度：高雄、彰化兩縣；1987 年度：苗栗、南投、宜蘭等縣；1988 年度：花蓮、臺東兩縣。

六、一般所稱的空間結構是指土地、建築物、動植物生態、水、景觀等實質因素隨著時間的演變在都市空間中所顯現出來的相對組成或排列方式上諸種特色的總稱。見謝潮儀、鍾起岱：都市空間結構理論簡介及其評估。中興大學法商學第十五期。69 年 6 月。

七、活動系統意指都會區及其相鄰地區中，住戶、廠商及機構為追求人類的需要和彼此間的互動，在時、空中組織其日常事務系統；開發系統主要是研究為了適合活動系統之土地使用，改變或再改變空間的作用；環境系統是指經由自然作用所產生的生物和非生物的空間分配狀況，可參閱：F. Sturt chap jr.and Edward J . Kaiser (1979): Urban Land Use Planning P.P. 26~68。

八：所謂空間解釋地圖意指將必要的發展潛力、限制、發展原則以描繪在地圖上，例如：為了洪水防治計畫所做的洪水平原制圖即為此種性質。

第十五章　空間計畫體系的變革

第一節　成長管理的興起

一、國土計畫體系的調整

國土的開發、土地的利用已成為臺灣非常重要的公共議題之一，傳統強調經濟效益、強調施工技術、強調土地最有價值利用的土地開發方式，逐漸受到衝擊與反省，土地的綜合管理、空間價值的重新定位、生活品質的強調，逐漸成為追尋理想家園的主流。1996 年的 9 月間，先是報紙媒體報導，我國國土空間規劃體系，將有所調整，同年 10 月前內政部長林豐正向國民黨中常會報告「國土規劃再造」(註一)，揭開了臺灣國土計畫體系改造的序幕。當時內政部提出國土綜合開發計畫欠缺法定功能、土地開發法制尚欠完備、敏感地區土地不當開發利用等問題，包括由內政部成立「土地政策審議委員會」，統籌土地政策；儘速制定國土綜合發展計畫法；規範國土綜合發展計畫、直轄市、縣市綜合發展計畫及城鄉計畫；健全國土綜合發展計畫體系等等議題也紛紛出現。在寸土寸金的時代裡，從荒煙蔓草中炒作起來的高樓大廈，像野火般的在臺灣的山邊、海岸延燒，由於缺乏週邊設施與整體規劃，許多別墅已成廢墟、大樓已變空城，一場土地的豪賭、掠奪式的開發搶建，也對國土造成了最深的斲傷（註二）。

二、成長管理的興起

過去的二十世紀包括都市計畫在內的空間規劃與管理技術，無論是在理論界或實務界都有很好的發展成績；二十世紀 60 年代之後，以「成長」為重心的成長管理（growth management）策略，逐漸受到規劃界的注意；成長管理這個名詞最早出現在 1975 年出版的成長管理與控制（Management & control of growth），其出現最早是與環境保護有關，之後又連結到人類生活品質之上，成長管理係政府利用種種的傳統及改良的技術、工具、計畫與方案，企圖指導地方上的土地使用形態，包括土地開發的態度、區位、速度及性質（註三）。

成長管理認為都市是一個動態的發展系統，土地開發、空間調整、實質建設、公共設施、環境保護、人口預測、土地權屬之間，皆有著密切的經濟與社會關係，這些因素關係著土地開發的時機、區位、總量、成本與品質。成長管理追求土地開發與公共設施提供之間、公共設施需求與財政能力之間、土地開發與環境生態保護之間、發展管理與經濟成長之間、有效土地利用與公平土地分配之間的的動態均衡。因此成長管理不只是要反映（react）成長，也希望能預應（proact）土地的開發，以便能提升人類的生活品質。

《成長管理能夠依據主客觀條件的需要，以搭配式的套裝管制規則，造就一個符合創意、經濟與環保的空間意象。》

為了達到這樣的目的，成長管理通常運用規劃與多樣管制的方法、策略與技術工具，來規範都市發展及土地開發的區位、時序、速度、總量及品質。行政院經建會於 2000 年完成的「國土綜合開發計畫」，基本上就是以成長管理的觀念所進行的國土規劃與管理（註四）。

三、成長管理的內涵

成長管理基本上是追求一個公平、效率與永續發展的生活空間，成長管理在技術運用上，主要仍以土地使用分區管制作為實施基礎，但為避免管制策略所可能產生之負面效果，多目標策略成為常用的選項，例如總量管制、階段成長等；在政策選擇上，成長管理希望在土地資源保護與經濟發展需求之間尋求可能的均衡，一方面避免破壞重要環境資源，另一方面，刺激經濟成長，在手段方面，為控制開發速度、總量與品質，成長管理採用使用者付費或污染者付費方式，企圖達到權利義務的公平效果；在執行層面，成長管理有走向中央化之傾向，以利於協調推動。

第二節　我國施政規劃制度

一、施政規劃制度的濫觴

自第二次世界大戰以來，世界各國無不相繼循計畫途徑來實施建設工作，一國之計畫就期程來說有屬長程者，有屬中程者，亦有屬短程者，就性質來說有屬經建計畫者，有屬科技計畫者，亦有屬行政計畫者，就位階來說，有屬全國性者，有屬區域性者，亦有屬地方性者，這些計畫在表面上似乎不相統屬，但究其實質卻是有脈絡可尋，相互因應。國父孫中山先生最早看出國家之計畫與國家計畫體系的重要性，他從 1918 年開始花了四年的時間，規劃出實業計畫一書，體系分明，層次明確，可說是我國最早的一部經濟計畫，聯同其他的三大計畫（心理建設、社會建設及政治建設）成為我國國家計畫體系的先河。此一計畫雖因種種原因未及一一實施，但仍對我國國家計畫體系產生深遠的影響。抗戰期間，當時的蔣委員長有感計畫是各項建設的原動力，1940 年 12 月在重慶中央訓練團提出『行政三聯制大綱』的構想，並在執政黨中央成立中央設計委員會，在國民政府中設立中央設計局，依據當時的『抗戰建國綱領』來設計各項國防、經濟及政治計畫，然後據以編列預算付諸實施，至此，我國施政規劃制度始初具雛形。

二、施政規劃制度的初建

1961 年，國民大會有鑒於動員戡亂時期的特殊需要，特授權總統設置動員勘亂機構，定名為『動員勘亂時期國家安全會議』，並研訂『動員勘亂計畫體系』，1969 年 6 月 25 日國家安全會議第二十次會議通過了一項名為『加強政治經濟工作效率計畫綱要』的方案，正式建立行政規劃，經建規劃及科技規劃三大計畫體系，分由行政院研考會，經建會及國科會負責，並由研考會總其成，從事整體性，前膽性，連貫性的政策規劃工作。其後在行政規劃方面，逐次推展至各級政府之行政機關，在經建規劃方面，容納原有屬空間規劃之臺灣地區綜合開發計畫，區域計畫，都市計畫等制度，至此，我國施政規到制度於焉大備（註五）。

這樣的一個計畫體系隨著時代的演變，在未來將有所調整，未來的國土綜合開發計畫，可能因「國土綜合發展計畫法」的制定而取得法律的位階，區域計畫可能被功能性的強調水資源、海岸地區、發展緩慢地區、生活圈計畫的特定目的計畫所取代，縣市綜合發展計畫也因此成為落實地方自治的最重要的願景計畫，城鄉計畫法也可能取代現行的都市計畫法，使都市土地與非都市土地的規劃能整合在同一個計畫架構之下。

三、政策導向的施政原則

政府為分配國家有限資源，有效推行政策與政令，常須將一定期間內必須推動的各項政策措施，預先加以有系統的整合成具體工作計畫，此即施政計畫的原意。為突破目前年度計畫侷限，1996 年行政院決推動「部會中程施政計畫制度」，將擬定計畫的權力，下授至各部會，讓各部會走出「年度計畫」進入「中程計畫」的領域，以提高施政計畫的執行率與完成度；同時地方政府也逐漸突破「蕭規曹隨」的傳統預算編制方式，改為政策導向，以利完成競選承諾（註六）。

在全面民選的時代，政府的政策受到選民更嚴苛的檢定與考驗，民選的首長，無論是為了自己的連任或是政黨的繼續執政，對於競選的承諾，會隨著時間的流逝而更見急迫感與焦慮感，但政府的施政預算制度，卻常令人感到無奈，想實現的政策如果通不過施政與預算的關卡，一切都是枉然。一般而言，政府的各項建設經緯萬端，在各部門的施政重點中，必須有一個共同的大原則、大目標，才能將計畫與計畫彼此間互相聯繫協調，避免彼此發生矛盾衝突或重被浪費，這一個大原則、大目標，以長期來看就是所謂的「目標體系（hierarchy of objectives）」，以短期來看就是年度施政目標、或稱為施政方針。也唯有如此，才能發揮協調一致，同步建設的效果。

四、施政計畫的功能

基本上，施政計畫的功用，主要有下列各項：(1)使機關平時施政活動，予以有系統的組織指導；(2)使計畫與資源密切配合；(3)使計畫與預算能持續配合執行；(4)使政府長程或中程計畫目標得以貫徹，(5)尊重市場機制，引進民間參予；(6)落實永續發展的精神。政府機關的施政措施，通常是多種計畫併行，互相關聯，密不可分，不但要講求橫面協調，也要求縱的連貫。所以行政機關在擬訂施政計畫時，必須要注意上、下的協調工作，也須注意到相關計畫的執行內容及執行進度，才能發揮施政計畫應有的功能（註七）。

第三節　空間規劃的特色

一、空間規劃強調過程

「計畫」一詞，對任何人來說，可能具有不同的意義，即使在都市及區域計畫學術領域，也有諸多的定義形式及內容。但很重要的一個觀念是：「計畫」是一種過程，是一種連續的活動或循環的工作。計畫當時我們常常無法完全了然全部現況，亦無法詳細考慮或預料未來之發展，因此隨著時間的進展，我們可能獲得更多的知識、經驗及資訊，進而檢討修訂原來的計畫。空間計畫亦如同行政計畫，為連續的過程，計畫目標、替選方案及行動的選擇，是不斷的依據新的情報，不斷地調整的一個過程。

二、空間規劃重視參與

西方早期的都市計畫注意於街道的安排方式，紀念物的建立，目的在於都市的美觀，都市計畫的推動多由市民團體以及有服務公眾事業精神的市民主持其事。今日都市面臨人口的增加，社會經濟的擴展，工業與人民職業分工的專門化，生活程度標準的提高，已使人們住在一起的都市產生了許多問題，如房屋、交通運輸、治安、衛生、文化教育娛樂以及各種公用事業公共設備等問題，均待解決，而這些業務與問題，決不是單由私人或個人企業去辦理供應，亦非由私人或團體所能解決，必須要由政府來負責整體的規劃，所以昔之都市發展由市民私人或團體來設計推行，已屬不復可能。

都市計畫的領域已與市政上的事業設施同其廣泛，這是因為都市計畫能使都市地面的實質建設有良好的發展，使市民能獲得生活的滿足。市政對於都市人們的福利已站在第一線的地位，而都市計畫又為指導市政設施的方針與方法。市政上各部門的行政分工，目的是為發揮其各自的效能，以服務社區民眾，期能得到都市生活的幸福，但常因為各部門職能間的重複，每致發生工作的牴觸或浪費，於是為求市政發揮最大的整體功能，需要相互的配合與調和，都市計畫就有此作用與功能。

三、空間規劃重視民意

都市計畫為指導都市地面實質建設的方針，提供市政設施的共同政策，使都市的發展有目標，使工作的方法與方向，皆有目標可循。在時代發展的過程中，二十世紀初期的花園都市設計成為一時典範，都市建設與社會及經濟的發展有其密切關係，都市計畫較以往更注重影響社會與經濟的因素，將來時代進步，可能又由社會經濟的觀點轉變到哲學的觀點。都市發展既不以地面上的實體工程建設為已足，而應注意實體建設與社會經濟發展的相關性，因此都市設計並不是建築師、工程師的專利，經濟學家、社會學家、政治學家也必然參與，同時又須顧及人民的反應和要求。

四、空間規劃強調功能

以土地使用的規劃而言，60 年代強調控制土地使用類別的分區使用管制，是以消極性的管制措施，來防止土地投機者的暴利；70 年代的管理觀念則強調積極引導未發展地區的開發或過度發展地區的更新，市地重劃、區段徵收的手段是最常被使用的兩種工具；80 年代則強調衝擊分析的土地使用管理，環境影響評估、財政衝擊分析、過度擁擠地區的適度控制、發展權移轉等等技術逐漸被採用，空間規劃具有以下功能：

1. 行政上協調配合功能，消極方面避免衝突、重複、浪費或矛盾，積極方面可收相輔相成，提高活動及措施之效果。此種協調包括：行政管理目標之協調、資源分配之協調、個別計畫方案之協調配合、公、私，以及政府各部門間活動及措施在空間上之協調配合。
2. 確認各部門權責或任務，以建立分工合作，分層負責，及行政授權的基礎。
3. 增進彼此之了解，改善關係，增強團結合作。
4. 計畫是一種持續循環性的工作，可促進資訊系統之改善及統一。
5. 有效組合及利用資源，提高資源使用效能，可發揮並利用社潛在資源。

第四節　空間計畫觀念的演變

臺灣空間計畫觀念的演變，主要有五：

第一，計畫觀念由藍圖（blue print）改變為過程（process）：傳統觀念中，所謂計畫（plan），乃是一張有待實現的藍圖，民國 50 年代中期以後，因受西方現代計畫理論之影響，逐漸視計畫（planning）為一種過程（planning being process）。所以研擬計畫逐漸重視彈性及定期檢討修訂。

第二，由「命令式」、「機密性」之計畫，改變為「為民計畫」，早期都市計畫被視為機密文件，計畫內容著重權威管制，民國 60 年代以來，強調「為民計畫」（planning for pepole），開始重視理性過程、民意調查。居民對於計畫得提出異議供審議之參考。另學術界更倡議進一步提昇「大眾參與」（public participation）計畫決策之層次，提昇「為民計畫」為「與民計畫」（planning with pepole）。

第三，由實質規劃轉變為綜合規劃，民國 53 年以前之都市計畫，主要是街道、土地使用之實質規劃（physical planning），民國 53 年以後，都市計畫之觀念開始有主要計畫與細部計畫層次之分，民國 60 年代更進而有綜合計畫之觀念。

第四，由文字分析轉為重視計量分析，傳統計畫除了一些規定的機械性數據外，主要是簡單的文字敘述及計畫圖（map），民國 50 年中期以後開始重視統計分析，民國 60 年以後因受到西方流行計畫方法之影響，開始應用計量模型，並趨向重視土地使用與交通運輸統合模型之研究應用，技術愈趨精巧。

第五，計畫體系由分散而益趨整合，臺灣由於土地資源有限，以適當的土地使用計畫合理分配土地資源，以應各時期各類使用活動發展之需要成為必要，隨著計畫觀念及技術的演變，臺灣逐漸發展出一系列地域性計畫政策及制度，包括最高層次的國土開發計畫，屬於目標性、指導性、政策性之長期發展構想與綱要。計畫範圍包括整個臺灣地區，第二層次的計畫，以「區域」為規劃單元，目的在分派及調和區域內各地方之建設及活動。基本上是基於地理、人口、資源、經濟活動等相互依賴及共同利益關係而制定之區域發展計畫，區域計畫上承國土綜合開發計畫，下繼以都市計畫及非都市土地使用之管制，在整個計畫體系中，佔居中協調之地位；第三層次的縣市綜合發展計畫，目前尚非屬法定計畫，為「區域計畫」與「都市計畫」間之橋樑，統合縣（市）各部門及轄區內之都市及非都市地區發展政策，為研擬或修訂都市計畫之政策指導方針，並為縣（市）研擬中程計畫之基礎。第四層次的都市計畫係在一定地區內有關都市生活之經濟、交通、衛生、保安、國防、文教、康樂等重要設施，作有計畫之發展，並對土地使用作合理之規劃，係屬於地方性計畫。此外，又有國家公園計畫，國家公園劃設之目的係為保護國家特有之自然風景、野生物及史蹟，並提供國民之育樂及研究。此一計畫體制，隨著成長管理的引進、法治規範的調整與地方的自主權的增強，可望有所調整。

註釋：

一、林豐正：國土規劃再造：有效促進土地開發利用。民國 85 年 10 月 23 日。中國國民黨中央常會報告。

二、鄭一青：荒煙蔓草中，高樓滿地起。1996 年 11 月天下雜誌。

三、http://gisapsrv01.cpami.gov.tw/cpis/cpclass/class02/07/sec2.h

四、蔡勳雄：成長管理的演變與衝突。研考雙月刊二十卷第五期。行政院研考會。民國 85 年 10 月。

五、參見鍾起岱：中國政府計畫制度。民國 79 年 8 月。

六、參見民國 85 年 9 月 11 日聯合報二版。

七、鍾起岱：「施政綱要與施政計畫籌編方法—以臺灣省為例」。研考報導季刊第二七期。南投：臺灣省研考會，民國 83 年 4 月。

第十六章　都市實例研究

第一節　中興新村研究

1955 年 5 月，遷台不久的中央政府，衡諸情勢，基於政治、軍事、經濟與交通的理由，同時因應台海國共的緊張局勢，命令臺灣省政府於六個月內疏遷至中部地區，目的為顧及安全需要，並加強行政效能，充實國力，這也開始了臺灣第一個現代化新市鎮的建設。首先成立「臺灣省政府遷委員會」，時任臺灣省政府主席的嚴家淦先生，特指派時任臺灣省政府秘書長的謝東閔先生主持籌建計畫，同時決定依據五項原則來選定新的行政中心：(1)交通方便，但不靠近縱貫鐵路；(2)避免徵收高等則農田，且不影響水田耕作；(3)不用遷移過多人口；(4)不影響當地安寧；(5)靠山可以興建方空避難室（註一）。依據這五大原則，在南投縣長李國楨先生的大力協助之下，選地小組最後決定在草屯南投交界貓羅溪側的虎山山麓營造新的省垣行政中心，定名為《中興新村》。當時中興新村都市計畫原則，包括：(1)自給自足，(2)鄰里單元模式，(3)歷史建築與空間景觀兼顧，(4)大型開放空間，(5)塑造花園城市意象，(6)方便民眾請願集會，(7)注意與大臺中都區之結合（註二）。

1956 年 6 月，一號（臺灣省政府大樓）大樓開始興建，象徵中興新村奠基肇始，籌建工作非常艱辛，1957 年 6 月，辦公大樓與員工宿舍陸續完成，各項公共興建措施也陸續完工，規模完備號稱冠於全省。當時及爾後十年陸陸續續參與建設的包括劉永懋、張金鎔、高啟明、倪世槐、何孝宜、黃南淵、吳梅興、黃啟顯、陳敏卿、張隆盛、蔡兆陽、林宗敏等都市計畫前輩，多有很大的貢獻（註三）。中興新村計畫區位於南投縣草屯鎮南方，東枕大虎山，西與南投營盤口相接，地形東西短、南北長，原分為中興新村與南內轆兩個都市計畫，1984 年合併成為一個都市計畫，總面積約為 706 公頃，計畫面積約為 223 公頃，計畫容納人口為

31000 人，居住密度每公頃約為 185 人，屬於中低密度發展。經四十餘年之用心營造，中興新村規模已具，1999 年歷經九二一大地震後，有多處辦公廳舍損毀，災後重新規劃並擬定「中興新村整體規劃」之計畫，在規劃上有配合產業發展政策、促進地方均衡發展、加速災區重建等原則，也希望未來中興新村能夠發展的更加美好。

中興新村位於草屯鎮和南投市之間，是一片大平原，佔地廣大，是臺灣省府所在地。大門口兩旁有整齊的椰子樹，直抵六角亭。鮮紅的六角亭前，假日民眾常在此野餐，椰子樹旁有荷花池，是中部地區賞荷好去處，每逢荷花盛開季節，總吸引無數的遊客佇足觀賞；由大門口沿柏油馬路直走，可達省政府辦公大樓。中正路旁高大的綠樹與員工宿社前的綠籬相輝映，頗有庭院深深的神秘感。省政府員工住宅分佈在區內，家家綠籬紅門，或種果樹、或闢小花園，沿街植行道樹，樹林成蔭，街道井然有序，使得中興新村宛如一座大花園，適合全家到此踏青郊遊。中興新村的主要特色就是公園綠地多，像個「花園都市」。村中有許多建設，例如：臺灣省政資料館、九二一地震資料展示陳列室、親情公園、中興會堂、兒童公園、內轆溪公園、國史館臺灣文獻館、以及九二一地震公園。此外，中興新村還有一特別的建築物，中興新村的中興中學，為修澤蘭設計，大尺度的幾何曲線設計立面，並形成遮陽板，是結合巴西 Oscar Niemeyer 與表現主義之作。相關的景觀設施包括：

1. 中興游泳池：中興游泳池位於景致優美的中興新村，內轆溪河濱公園內，佔地廣闊環境優美，是游泳運動、休閒的全新最佳娛樂場
2. 臺灣歷史文化園區：臺灣歷史文化園區裡的三棟造型特別的建築物，中西兩種不同的風格遙遙相對形成很特別的對比。
3. 五百戶宿舍區：是省府員工的宿舍，舊的平房宿舍已不敷使用，所以才又加建。

《1998 年精省以後，中興新村遊客如織，成為臺灣中部旅遊的必經之地。》

4. 親情公園：進入中興新村牌樓，往圓環右手邊就可見到一大片的綠草如茵，還有一座涼亭供遊客休憩，兩旁更有樹蔭供人乘涼，靠近中興堂更有水池及噴泉。
5. 光華公園：可愛的石雕像，好玩的遊樂設施以及熱鬧的氣氛，常是光華公園給人的第一印象。
6. 光明公園：樹蔭下的幾張椅子及脆綠樹藤，稀疏的人潮及老舊的兩旁建築是光明公園給人的深刻印象。
7. 長春公園：位在光榮東路上的長春公園是個很幽靜的地方。

中興新村各項公共設施完善，為臺灣地區首創仿英國新市鎮設計理念，規劃建設完善的辦公與住宅合一之田園式行政社區，社區內開先例之雨、污水分流下水道系統，使社區有最好的生活環保標準，社區內巷道採囊底路（cul-de-sac）設計，易形成敦親睦鄰守望相助的濃厚情誼，突顯強烈的社區意識。而機能齊全的花園式社區在全國更是無能出其右者，村內公園綠地處處、花木扶疏，漫遊其間，神清氣爽，怡然自得。

第二節　臺中市研究

臺中盆地原為巴布薩（貓霧束社）及拍宰海（岸裡大社）平埔族散居處，明末清初，漢人開始進行墾殖，清雍正年間屬彰化縣，當時較大的聚落主要有四：犁頭店、大墩、新莊仔、橋仔頭。康熙六十年，西元 1721 年，朱一貴之亂後，總兵藍廷珍在此招募漢人闢田灌溉。乾隆五十一年，1776 年，林爽文事件，全城被焚，兩年後，開使重建。光緒十一年，1885 年，中法戰役之後，清廷決定於臺灣建省，第一任巡府為劉銘傳，決定設省會於中部橋孜圖，即今天臺中南區橋頭仔一帶，設臺灣府於大墩，即今天柳川、綠川一帶，於是開始建設臺中城。為利於防禦，臺中城規劃時採用八卦型，以文王後天八卦的順序排列，光緒十五年，西元 1889 年 8 月動工，但僅完成一小部份，後因經費關係，遂告停頓。光緒十八年，邵友濂繼任臺灣巡撫，省會北移臺北。城市規劃遂告中斷。

臺中市第一份官方都市計畫，源於日治時代（註四），明治三十三年，西元 1900 年公佈，這也是日據時期公佈的第一個都市計畫，據稱是仿京都模式，由於明治維新之後，日人崇尚歐風，臺中市斯時的棋盤式道路系統，歐式的建築風格，非常突出。當時面積為九十九萬六千一百五十坪。1908 年，縱貫鐵路延長至此，修正都市計畫，稱為臺中街都市計畫。1920 年，改稱臺中市，隸屬臺中州管轄，沿用至今。光復後，民國 34 年 12 月，臺中縣長劉存忠奉命接收臺中市，並成立市政府，民國 35 年首任官派市長黃克立先生上任，將全市劃分為東、西、南、北、中五區，民國 36 年合併臺中縣南屯、西屯、北屯三區成為現在的規模，並將臺中市改制為省轄市，40 年舉行地方自治選舉，第一任民選市長由楊基先擔任。而日據時期都市計畫，亦於於民國 43 年（1954 年）5 月公佈實施，45 年 11 月修正。

第三節　鹿港鎮研究

鹿港興起於 17 世紀，主要為福建泉州移民，初設市街於北橋頭，原為平埔族馬芝遴社聚居之地，清雍正年間設馬芝遴堡及鹿仔港堡，其後合併為馬芝堡，清乾隆年間為臺灣中部僅有的港埠，船舶雲集，集居規模達十餘萬人，與艋甲、安平稱臺灣三大港口。日據時期，隸屬臺中縣鹿港支廳，後改為彰化廳鹿港支廳，民國 34 年光復後稱為鹿港鎮。行政區共分為二十八里。區內有一級古蹟龍山寺，三級古蹟文武廟、城隍廟、興安宮、三山國王廟、地藏王廟、天后宮等六處。此外，一、二百年的民宅有四、五十棟。

鹿港由於鄰近福興，都市計畫橫跨鹿港鎮與福興鄉，稱為鹿港福興都市計畫（註五），包括鹿港十七里與福興四個村，西距海岸約兩公里，東鄰秀水、和美，北接線西鄉，東北距離彰化市約十六公里，計畫面積 445.8 公頃。鹿港屬一般市鎮，福興鄉則為農村集居中心。鹿港福興都市計畫草擬於民國 18 年（1929 年），44 年經內政部重新公佈，民國 60 年辦理擴大都市計畫曾辦理三次通盤檢討及三次個案變更。

都市計畫目標年原為 1993 年底為目標年，計畫人口為六萬五千人，計畫密度為每公頃 310 人，但實際人口至 83 年底約為 46420 人。通盤檢討後目標年定為民國一百年，計畫人口為八萬人。土地使用計畫分為八個住宅鄰里單元，並配有商業區、工業區、農業區、漁會及貝類加工廠區、保存區等分區。本區都市計畫最大特色為保存區，是為保存歷史古蹟而劃定之地區，分為六種：第一種保存區為經內政部指定三級以上古蹟之地區，最大建蔽率為 60%，第二種保存區為有紀念性之建築區，建蔽率為 15%，第三種保存區為傳統店舖區，建蔽率為 60%，第四種保存區亦為傳統店舖、宗堂區；第五種保存區為沿街店舖文物區；第六種保存區為一至五以外之保存區，建蔽率均為 60%。

第四節　集集鎮研究

南投縣集集鎮於日據時期，其行政轄區原屬於臺中州新高郡，1919 年日本大正九年，為建造由二水通往水里之火車，以便輸運日月潭發電廠所需之材料。1922 年完工通車。1933 年車站改建成今貌。1999 年九二一集集大地震，毀損正修復中。集集都市計畫於民國 58 年由南投縣政府委託臺灣省公共工程局代編。61 年 11 月公告實施曾於民國 60.69.80.83.四次辦理個案變更，民國 78 年因應公共設施保留地辦理第一次通盤檢討，84 年 8 月辦理第二次通盤檢討（註六）。

集集都市計畫東西狹長，東至水源地、西至集集隧道，南至濁水溪，北至雞籠山，面積 415.98 公頃。計畫年期二十五年（民國 58-82 年）。計畫人口二萬人、每公頃密度 210 人。共分東、西、中三個鄰里單元，工業區劃設兩處，保留區劃設為農業區。

第五節　新竹科學園區研究

新竹科學工業園區之初期構想係設置以「研究」為主的研究園區為目標，目的在引進高級科技工業及科技人才，帶動我國工業技術之研究創新，促進高科技產業生根發展，以加速我國之經濟建設，1976 年 8 月納入六年經建計畫，當時基於新竹地區大學及研究機構林立，有清華大學、交通大學、精密儀器發展中心等，附近地區又有中央大學、中原大學、中正理工學院、中科院及交通部電信研究所等，具備設置科學工業園區的最佳條件，且交通便利，距離國際機場、港口及公路要道都在 2 小時車程之內，所以第一個科學工業園區即選在新竹。1979 年 7 月總統令公佈「科學工業園區設置管理條例」，隨即於 9 月 1 日成立「科學工業園區籌備處」，1980 年 12 月園區正式揭幕，高科技廠商開始入區設廠營運，由新竹科學工業園區管理局負責營運及管理。政府投入科學工業園區的經費，從 1978 年籌設至 2000 年 12 月底止，總投資估計達 347 億元（註七）。

行政院國科會於 1981 年發布實施「擬定新竹科學工業園區特定區主要計畫」，管理局依計畫展開土地徵收、公共設施規劃設計及開發工作，新竹地區三期土地總開發面積約 605 公頃，第一期開發面積約 210 公頃，闢建員工住宅、實驗中學、大型公園、綠地等公共設施；第二期面積約 167 公頃，於 1883 年完成土地取得，並進行開發工作；第三期土地計畫取得總面積約 530 公頃，包括新竹市 192 公頃及新竹縣 338 公頃，但徵收過程中因地主抗爭，開發因而落後，1997 年，行政院核定竹南及銅鑼基作為為新竹園區第四期發展用地，面積分別是 118 及 353 公頃。

第六節　巴塞隆納研究

西班牙巴塞隆那（Barcelona），已經有兩千年歷史，為西班牙僅次於首都馬德里（Madrid）的第二大都市，巴塞隆納為加太農尼亞（Catalonia）首府，人口約有 250 萬人（註八），二十世紀的五〇代佛朗哥執政時代全力發展工業造，成污染嚴重，污染問題成為 80 年代的重要議題，佛朗哥去世以後（Francisco Franco, 1892-1975），西班牙有了民主政治，從 1981-1992 巴塞隆納城市建設採取稱為針灸式的單點切入模式策略來從事建設與改造，公園、廣場、綠地、歷史建築、博物館、雕塑逐漸的佈滿都市。

新一代的都市建築師認為，都市係作為政治與公共事務的發展場所，因此巴塞隆納公園的設計充滿現代感，高品質取代高豪華，都市空間的兩個要素一是人二是建築物空間，因此空間設計的形式，應力求簡單、樸素、耐用，例如不用修剪卻能表四季特色的植栽，廢棄的車站、軍事基地、荒廢的土地、貧民區應改造成為公園，小廣場、小花園、小街道，成為巴塞隆納的居住特色。市中心的老舊地區以歷史街區、停車地下化、綠化，產生有綠地、有陽光、有生命的群體居住環境；地區經濟水準與所得自然提高。又如仿造羅馬造型的工業公園，街道家具的設計，採用不連續的韻律，形成居民喜歡的空間。

巴塞隆納在五任市長任內，創造了 450 個以上的公共空間，目標是每一戶居民在家的不遠處，都有公共空間；1992 奧運會讓，巴塞隆納有機會進行都市再造，甚至連 1929 年的世博會舊址，都被重新啟用。奧運結束後，這些公共設施轉化為觀光旅遊區，選手村則被規劃為住宅區，臨海（地中海）地區成為親水公園，舊工業都市成為新的現代商業都市。

以精細石塊雕刻造成的高第--哥德式聖家教堂，成為最重要的資產，也產生的所謂表現主義的風格，高第建築師這個未完志業，目前由蘇比拉克繼承，估計還需一百年才能完成，藝術家的才華與居民的感情、感覺、生活連結在一起，異議建築師可培羅於流亡紐約二十年後，回到西班牙，藝術與社區發展結合的觀念在佛朗哥於 1975 年去世後引進西班牙，公共藝術品與空共空間、居民認同結合在一起成為獨特的巴塞隆納典範。

註釋：

一、請參見謝東閔先生回憶錄《歸返》；張麗鶴：中興新村：臺灣第一個新市鎮。臺灣文獻第四十八期；及中興新村都市計畫通盤檢討。

二、中興新村之規劃設計係採用英國第一代新市鎮之規劃觀念、以鄰里單元（Neighborhood Unit）、職住分離方式、機能劃分道路系統以及囊底路（Cul-De-Sac）設計等為其特徵。

三、參見臺灣省文獻會（1998）：中興新村耆老口述歷史。南投：臺灣省文獻會。

四、請參見洪敏麟、屈慧麗（1994）犁頭店歷史的回顧。臺中市政府（1989）：臺中市綜合發展計畫。

五、參見彰化縣政府（1997）變更鹿港福興都市計畫。

六、參見南投縣政府（1995）：變更集集都市計畫第八次通盤檢討。

七、http://www.sipa.gov.tw/1/in1/index-in1.htm

八、http://www.spaintour.com/chinese/barcelona.html

參考文獻

一、中文部份

王濟昌（1988）：計畫的藝術。計畫經緯第 12 期。民國 77 年 6 月。

王曾才（2000）：世界通史。臺北。三民書局。民國 89 年 6 月。24 頁。

王斗明編譯（1983）：資料系統與實務。松崗電腦圖書資料有限公司。民國 72 年 2 月。

王子蘭（1981）：現行中華民國憲法史綱。臺灣商務印書館。民國 70 年 6 月。

行政院研考會（1983）：行政計畫之理論與實務。行政院研考會。民國 72 年 5 月。

行政院研考會（1981）：行政計畫設計論文集。行政院研考會。民國 70 年 6 月。

行政院研考會（1972）：目標管理的概念與實務。行政院研考會。民國 61 年月。

行政院研考會（1981）：行政計畫作業論文集。行政院研考會。民國 70 年 12 月。

中華叢書編審委員會（1969）：國父遺教三民主義總輯。臺灣書店。民國 58 年 5 月。

中央研究院近代史研究所（2000）都市計畫前輩人物訪問紀錄。民國 89 年 11 月。

行政院（1981）：行政院年度施政計畫編審辦法。民國 70 年 10 月。

行政院經建會（1981）：計畫評估方法。民國 70 年 11 月。

行政院經設會都市規劃處（1977）：臺灣地區區域範圍調整之研究。民國 66 年 11 月。

辛晚教（1979）主編：計畫理論名著選讀。臺北：中興大學都市計畫研究所，民國 68 年 3 月。
臺灣省文獻委員會編（1965）：臺灣省通志稿。卷八。民國 54 年 10 月。
臺灣省政府研考會（1986）：臺灣省政府中長程計畫作業手冊。民國 75 年元月。
李朝賢：農村綜合發展規劃（1986）——南投縣農村地區綜合發展規劃之構想。臺灣經濟第 79 期。
李瑞麟（1979,1980）：政策計畫的研究。土地改革月刊。民國 68 年 12 月。民國 69 年 1 月。民國 69 年 3 月。
李瑞麟（1977）：如何讓人民參與都市計畫。中國論壇第六卷第二期。民國 66 年 4 月。
李瑞麟、錢學陶（1982）：南投縣竹山鎮綜合發展計畫。中興大學都市計畫研究所研究。民國 71 年 3 月。
李瑞麟（1979）：都市及區域規劃學。作者自刊。民國 68 年 7 月。
李金桐（1980）：財政學。五南圖書出版公司。民國 69 年 10 月。
李鴻毅（1976）：土地法論。三民書局。民國 65 年 9 月。
辛晚教（1984）：都市及區域計畫。中國地政研究所。民國 73 年 2 月。
何兆清譯（1975）：邏輯之原理及現代各派之評述。臺灣商務印書館。民國 64 年 6 月。
杜政榮等（1998）：環境規劃與管理。臺北：國立空中大學。民國 87 年 1 月。
吳堯峰（1981）：行政機關策訂中長程計畫的要領。臺灣省政府研考會。民國 70 年 9 月。
易君博（1988）：政治理論與研究方法。臺北：三民書局。民國 77 年 5 月。
邢祖援（1980）：計畫理論與實務。幼獅文化公司。民國 69 年 8 月。
邢祖援（1985）：計畫週期作業方式與螺旋式規劃，研考月刊第 105 期。民國 74 年 11 月。

邢祖援（1984）：長程規劃。講稿。民國 73 年。

倪世槐（1978）：都市及區域系統規劃原理。民國 67 年。

周顏玲（1972）：人文區位學概念的發展史略。思與言第十卷第二期。民國 61 年 7 月。

林瑞穗（1980）：臺北都會區的區位因素分析。台大社會學刊第十四期。民國 69 年。

林錫俊（2001）地方財政管理要義。臺北：五南圖書公司。民國 90 年 6 月

林將財（1976）：論分期分區發展計畫。都市與計畫第二期。民國 65 年 9 月。

林水波、張世賢（1984）：公共政策。五南圖書出版公司。民國 73 年 10 月。

林麗芳（1987）：都會建設協調體制之研究（鍾起岱指導）。臺中：逢甲大學都市計畫系學士論文。民國 77 年 6 月。

林英彥、劉小蘭、邊泰明、賴宗裕（1999）：都市計畫與行政。臺北：國立空中大學。民國 88 年 8 月。

洪鎌德（1982）：現代社會學導論。臺灣商務印書館。民國 72 年 11 月。

徐韋曼譯（1975）：科學方法論（上、中、下冊）。臺灣商務印書館。民國 64 年 5 月。

梁漱溟（1968）：東西文化及其哲學。臺北；虹橋出版社，民國 57 年 6 月。

許行譯（1984）：社會學方法論。臺灣商務印書館。民國 73 年 4 月。

施建生（1968）：經濟政策。大中國圖書公司。民國 57 年 9 月。

茆美惠（1978）：影響臺灣審計人員抽樣法因素之研究。政大企管研究所碩士論文。民國 67 年 6 月。

高雄市政府（1982）：市政中長程計畫作業實務。民國 71 年元月。

陳明杰譯（1980）：成本效益分析。臺灣銀行經濟研究室。民國 69 年。

陳伯順（1979）：運輸系統影響都會空間結構之研究。中興大學都市計畫研究所碩士論文。民國 68 年 6 月。

陳小紅（1982）：時間預算研究。五南圖書出版公司。民國 71 年 8 月。

曹亮吉（199?）：微積分史話。科學月刊叢書。出版年月不祥。

曾國雄（1978）：多變量解析及其應用。華泰書局。民國 67 年 9 月。

曾國雄（1980）：多變量解析之實例應用。中興管理顧問公司。民國 69 年 3 月。

曾銘深（2003）：地方政府開闢自主財源之研究。臺北：行政院研考會委託。民國 92 年 5 月。

黃世孟（1987）：縣市綜合發展計畫與中程計畫整合之研究。臺灣省研考會。民國 76 年 3 月。

黃景彰、黃仁宏（1979）：資料處理。正中書局。民國 68 年 9 月。

黃萬翔（1984）：臺灣地區新市鎮土地開發方式之探討。中國文化大學實業計畫　研究所碩士論文。民國 73 年 6 月。

張富雄（1984）：電子計算機程式設計。松岡電腦圖書資料有限公司。民國 73 年 1 月。

張正修（2000）：地方制度法理論與實用。臺北：學林文化事業公司。

張麗堂（1991）：市政學上、下。臺北：華視文化公司。民國 80 年 3 月。

張隆盛、林益厚、許志堅（2001）：《都市更新魔法書—實現改造城市的夢想》。

侯怡泓（1989）：早期臺灣都市發展性質的研究。臺中：臺灣省文獻會。民國 78 年 6 月。

黃武達（1997）：日治時代臺灣都市計畫歷程基本史料之調查與研究。臺北：臺灣省政府住宅及都市發展局委託研究。

黃源銘（1999）：行政程序法釋義。編者自印。民國 88 年 7 月。

張德粹（1975）：土地經濟學。國立編譯館。民國 64 年 9 月。

楊維哲（1982）：微積分。臺北：三民書局。民國 71 年 8 月。

華昌宜（1981）：對臺灣綜合開發計畫規劃中實質計畫之意見。行政院經合會都市計畫小組。

劉玉山（1980）：電腦在都市及區域規劃上之應用。成大都市計畫系規劃師。民國 69 年。

劉錚錚（1974）：都市經濟學選論。中興大學法商學院。民國 63 年 5 月。

喬育彬（1984）：臺灣省政府行政機關組織型態之研究。法商學報 19 期。民國 73 年 7 月。

劉朝明（1983）：政府預算管理概要。臺灣省訓練團。民國 72 年元月。

廖永靜（1985）：臺灣地區區域發展政策規劃之研究（鄭興第指導）。臺北：中興大學公共政策研究所碩士論文。民國 74 年 6 月。

鄧憲卿（1984）：長中程計畫之特質與訂定過程。臺灣省訓練團。民國 73 年元月。

賴世培、丁庭宇、莫季雍（1990）：民意調查。空中大學。民國 89 年 10 月。

錢學陶（1978）：都市計畫學導論。茂榮圖書公司。民國 67 年 8 月。

楊國樞等（1975）：社會及行為科學研究法。東華書局。民國 64 年。

簡茂發（1978）：信度與效度。社會及行為科學研究法。民國 67 年。

蔣總統言論選集（1970）。中興山莊。民國 59 年 5 月。

趙捷謙（1978）：運輸經濟。正中書局。民國 67 年 10 月。

蔡勇美、郭文雄（1978）：都市社會發展之研究。巨流圖書公司，民國 67 年 8 月。

蔡添壁（1882）：都市計畫公共設施保留地取得方式之比較研究。南投：臺灣省政府研考會委託。民國 71 年 10 月。

蔡添壁（1986）：住宅與都市計畫特論上課講義。中國文化大學實業計畫研究所。

謝潮儀（1983）：計量方法與都市土地使用模型。茂榮圖書公司。民國 72 年 11 月。

謝潮儀，鍾起岱（1980）：都市空間結構理論簡介及其評估。中興大學法商學報第十五期。民國 69 年 6 月。

鍾起岱（1981）：都市居住空間模型之研究——以臺北市為例。中興大學都市計畫研究所碩士論文。民國 70 年 6 月。

鍾起岱（1984）：泛論計畫方案評估方法。研考月刊 83 期。民國 73 年 1 月。

鍾起岱（1984）：策訂政策計畫的方法。研考月刊 84 期。民國 73 年 2 月。

鍾起岱（1984）：縣政計畫的研究——綜合發展計畫與中（長）程計畫探討。研考月刊 87 期。民國 73 年 5 月。

鍾起岱（1984）：縣市綜合發展計畫與中(長)程計畫整合芻議——兼論空間系統與指導系統與指導系統設計。臺灣經濟 89 期。民國 73 年 5 月。

鍾起岱（1984）：因子生態模型的發展及其在都市分析的應用。臺灣經濟第 93 期。民國 73 年 9 月。

鍾起岱（1984）：規劃的資料處理分析與預測。研考月刊 91 期。民國 73 年 9 月。

鍾起岱（1985）：合理規劃方法及其應用。研考月刊 96 期。民國 74 年 2 月。

鍾起岱（1985）：計畫方法學導論。新竹：楓城出版社。民國 74 年 12 月。

鍾起岱（2003）：計畫方法學。臺北：五南圖書出版社。民國 92 年 11 月。

鍾起岱（1998）：從政府再造來談政管制的改革。臺灣經濟。南投：臺灣省政府研究發展與經濟建設委員會。民國 77 年 12 月。

鍾起岱（1987）：都會發展政策之比較研究。臺灣經濟第一二七期。

南投：臺灣省政府經動會。民國 76 年 6 月。三十七頁。
鍾起岱（1986）：我國都會發展課題與建設制度之研究，臺灣經濟第一一八期（南投：臺灣省政府經動會，民國 75 年 10 月），三頁。
魏鏞（1982）：社會科學的性質及發展趨勢。臺灣商務印書館。民國 71 年 11 月。
魏鏞（1978）：綜合規劃與中長程計畫。研考通訊第二卷第五期。民國 67 年 5 月。
羅子大（1981）：零基預算制度理論與實務。作者印行。民國 70 年。
張麗鶴（1998）：中興新村：臺灣第一個新市鎮。臺灣文獻第四十八期；及中興新村都市計畫通盤檢討。
臺灣省文獻會（1998）：中興新村耆老口述歷史。南投：臺灣省文獻會。
洪敏麟、屈慧麗（1994）犁頭店歷史的回顧。
臺中市政府（1989）：臺中市綜合發展計畫。
彰化縣政府（1997）變更鹿港福興都市計畫。
南投縣政府（1995）：變更集集都市計畫第八次通盤檢討。

二、網路資源

http://www.china-tide.org.tw/leftcurrent/currentpaper/paris.htm
http://www.ntat.gov.tw/chinese/13service/01.htm
http://www.geo.ntnu.edu.tw/geoedunet/junior/taiwan1/ch12/
http: //www.gousacanada.com/html/land.html
http://www.lcps.kh.edu.tw/office/leelin/gender/
http://e-info.org.tw/issue/sustain/sustain-00102701.htm
http://www.chaining.com.tw/chaining-3/ref/社區參與與社區設計.htm
http://www.cpami.gov.tw/law/law/law.htm
http://www.chiculture.net/0210/html/0210b10/0210b10.html

http://www.bp.ntu.edu.tw/cpis/cprpts/Keelung/html/
http://www.sipa.gov.tw/1/in1/index-in1.htm
http://www.redevelopment.taipei.gov.tw
http://www.spaintour.com/chinese/barcelona.html
http://www.cccss.edu.hk/geoweb1/central_place/
http://www.dof.taipei.gov.tw/statistics_1a.htm
http://sts.nthu.edu.tw/~medicine/html/history/publication/ArnoldE.htm
http://gisedu.geog.ntu.edu.tw/gisteach/GIS16/geogconcept.htm
http://lincad.epa.com.tw

三、英文部份

Andreas Faludi(ed) (1973) ; A Reader in Planning Theory. London Kergman.

Andreas Faludi(ed) (1969) : Planning Theory. London. Yergman.

Alonso William(1964), Location and Land Use : Toward a General Theory of Land Rent. Cambridge Mass : Harvard University.

Alonso William (1960) : Atheory of Urban Land Maiket.

Anthony J. Catenese (1972) ; Scientific Methods of Urban Analysis.

Albort O. Hirschman (1958) ; The Strategy of Economic Development.

Anthony, N. Robert (1965); Planning and Control System: A Framework for Analysis.

Burgess, Ernest W (1925) ; The Grouth of City " In R.E. Park et al eds The City Chicago : University of Chicago Press.

Burgess, Ernest W (1929) ：Urban Areas in T.V.

Berry, B. J. L (1973) : The Human Consegnences of Urbanization London Mac Millar.

Bdtor (1960) : The Questions of Government Spending.

Cattlell R. B. (1966) ; The Seree test for the Mumber of Factors,

Multivariate Behaviorial Rescarch.
Chapin F. Sturt Jr. and Kaiser Edward (1979) ; Urban Land Use Planning.
Dixon, Keith (1986) : Freedom and Eguality : the Horal Basio of Democratic socialism (London : Routledge & Kegan Paul).
Dror, D. Yeheshel (1963) : The Planning Process : A Facet Design in I.R.A.S.
Frnest Greenwood (1945) ; Experimental Sociology.
Harman, Harry H (1967) ; Modern Factor Analysis of Chicago.
Harris Chauncy D and Ullman, Edward L. (1945) ; The Nature of Cities Annuals of American Academy of Political and Social Science.
Hoyt Homer (1939) ; The Structure and Grouth of Residential Neighborhoods. in American Cities, Washington D C : Frederal Howsing Administration.
Kaiser H. F. (1958) : The Varimax Criterion For Analytic Rotation In Factor Analysis Psychometric. P187-200
Kaiser H. F. (1960) ; The Application of Electronic Computer to Factor Analysis. P141-151
Mac. Crimmon K. P. (1973) ; An Overvien of Multiple Decision Making.
Lichfield, Nathaniel (1966) ; Cost Benefit Analysis in Town Planning.
Lichfield, Nathaniel (1975) ; Evaluation in Planning Process Oxford : Pa Tgamon Press.
Lawson, Kay (1989) : The Human Polity -An Introduction to Political Science.(Boston : Houghton Mifflin Company)
Orwell, Geoye (1984) : Modes of Thougbt Impossible Impossible (New York ; New American Library)
Mcloghlim J.B.(1971) ; Urban and Regional Planning-A System approach.

Meier, R : chard. L. (1962) : Acommunihn cations Theory of Urban Grouth HIT. Press.

Melville C. Branch (1975) : Uban Planning theory.

Michael P. Todaro (1977) Economic for a Developing World.

Millerson G. (1964): The Qualifying Assouiations-Astudy in Professionalization London:Keyan Paul.

Murray Eisenbery (1975) ; Topology. Holt Pinehart and Winston Inc.

Pagna Nurkse (1961) : Problems of Capital Formation in Underdeveloped Country.

Pearcet D.W. (1971) ; Cost-Banifit Analysis.

Plano, Jack C. & Greenberg, Milton (1979) : The American Political Dictionary.

Michael Lipton (1962) ; Balanced and Unbalanced Grouth in Undlerdevelopes Countries.

Richard S. Baxter (1976) ; Computer and Statistical Techniques for Planners. Methear & Co Ltd London.

Rosenstein-Rodan (1963) ; Notes on the Theory of the Big Push.

Rudner, Ricard S. (1966) : philosophy of Social Science. New York: Prentice-Hall.

Rostow W.W. (1960) ; The Stages of Economic Grouth:A Non-communist Manifests.

Rosenthal, Arthur(1951) : History of Calculus. American Mathe metics Journal.

Singer, Hans W. (1964) International Development : Grouth and Change.

Steger W. A. (1950) ; Review of Analytic Technique for C. R. P.

Tenkins P.M(1974) ; An Application of Linear Programming : Methodlogy for Regional Strategy Making.

Wilson, A. G. (1975) "Urban and Regional Model in Geography and Planning.

Ullman, Edward L. (1962) : The Nature of Cities Reconsidered. Uniuersity of pemrsyluanier.

Welker, Melvin (1964) : The urban Place and Nonplace Urban Realm". Uniuersity of Pennsy Luanier.

Wingo, Lowdon Jr (1961) : Transportation and Urban Land. Washington.D.C.

Walter Isard（1975）: Introduction to regional science.University of Pennsylvania

附 錄

都市計畫法（民國91年12月11日修正）

第一章 總則

第1條 為改善居民生活環境，並促進市、鎮、鄉街有計畫之均衡發展，特制定本法。

第2條 都市計畫依本法之規定；本法未規定者，適用其他法律之規定。

第3條 本法所稱之都市計畫，係指在一定地區內有關都市生活之經濟、交通、衛生、保安、國防、文教、康樂等重要設施，作有計畫之發展，並對土地使用作合理之規劃而言。

第4條 本法之主管機關：在中央為內政部；在直轄市為直轄市政府；在縣（市）（局）為縣（市）（局）政府。

第5條 都市計畫應依據現在及既往情況，並預計二十五年內之發展情形訂定之。

第6條 直轄市及縣（市）（局）政府對於都市計畫範圍內之土地，得限制其使用人為妨礙都市計畫之使用。

第7條 本法用語定義如左：

一、主要計畫：係指依第十五條所定之主要計畫書及主要計畫圖，作為擬定細部計畫之準則。

二、細部計畫：係指依第二十二條之規定所為之細部計畫書及細部計畫圖，作為實施都市計畫之依據。

三、都市計畫事業：係指依本法規定所舉辦之公共設施、新市區建設、舊市區更新等實質建設之事業。

四、優先發展區：係指預計在十年內，必須優先規劃建設發展之都市計畫地區。

五、新市區建設：係指建築物稀少，尚未依照都市計畫實施建設發展之地區。

六、舊市區更新：係指舊有建築物密集、畸零破舊、有礙觀瞻，影響公共安全，必須拆除重建，就地整建或特別加以維護之地區。

第8條　都市計畫之擬定、變更，依本法所定之程序為之。

第二章　都市計畫之擬定、變更、發布及實施

第9條　都市計畫分為左列三種：

一、市（鎮）計畫。

二、鄉街計畫。

三、特定區計畫。

第10條　左列各地方應擬定市（鎮）計畫：

一、首都、直轄市。

二、省會、市。

三、縣（局）政府所在地及縣轄市。

四、鎮。

五、其他經內政部或縣（市）（局）政府指定應依本法擬定市（鎮）計畫之地區。

第11條　左列各地方應擬定鄉街計畫：

一、鄉公所所在地。

二、人口集居五年前已達三千，而在最近五年內已增加三分之一以上之地區。

三、人口集居達三千，而其中工商業人口占就業總人口百分之五十以上之地區。

四、其他經縣（局）政府指定應依本法擬定鄉街計畫之地區。

第12條　為發展工業或為保持優美風景或因其他目的而劃定之特定地區，應擬定特定區計畫。

第13條　都市計畫由各級地方政府或鄉、鎮、縣轄市公所依左列之規定擬定之：

一、市計畫由直轄市、市政府擬定，鎮、縣轄市計畫及鄉

街計畫分別由鎮、縣轄市、鄉公所擬定，必要時，得由縣（局）政府擬定之。

二、特定區計畫由直轄市、縣（市）（局）政府擬定之。

三、相鄰接之行政地區，得由有關行政單位之同意，會同擬定聯合都市計畫。但其範圍未逾越省境或縣（局）境者，得由縣（局）政府擬定之。

第 14 條　特定區計畫，必要時，得由內政部訂定之。

經內政部或縣（市）（局）政府指定應擬定之市（鎮）計畫或鄉街計畫，必要時，得由縣（市）（局）政府擬定之。

第 15 條　市鎮計畫應先擬定主要計畫書，並視其實際情形，就左列事項分別表明之：

一、當地自然、社會及經濟狀況之調查與分析。

二、行政區域及計畫地區範圍。

三、人口之成長、分布、組成、計畫年期內人口與經濟發展之推計。

四、住宅、商業、工業及其他土地使用之配置。

五、名勝、古蹟及具有紀念性或藝術價值應予保存之建築。

六、主要道路及其他公眾運輸系統。

七、主要上下水道系統。

八、學校用地、大型公園、批發市場及供作全部計畫地區範圍使用之公共設施用地。

九、實施進度及經費。

一〇、其他應加表明之事項。

前項主要計畫書，除用文字、圖表說明外，應附主要計畫圖，其比例尺不得小於一萬分之一；其實施進度以五年為一期，最長不得超過二十五年。

第 16 條　鄉街計畫及特定區計畫之主要計畫所應表明事項，得視實際需要，參照前條第一項規定事項全部或一部予以簡化，並得與細部計畫合併擬定之。

第17條　第十五條第一項第九款所定之實施進度，應就其計畫地區範圍預計之發展趨勢及地方財力，訂定分區發展優先次序。第一期發展地區應於主要計畫發布實施後，最多二年完成細部計畫，並於細部計畫發布後，最多五年完成公共設施。其他地區應於第一期發展地區開始進行後，次第訂定細部計畫建設之。未發布細部計畫地區，應限制其建築使用及變更地形。但主要計畫發布已逾二年以上，而能確定建築線或主要公共設施已照主要計畫興建完成者，得依有關建築法令之規定，由主管建築機關指定建築線，核發建築執照。

第18條　主要計畫擬定後，應先送由該管政府或鄉、鎮、縣轄市都市計畫委員會審議。其依第十三條、第十四條規定由內政部或縣（市）（局）政府訂定或擬定之計畫，應先分別徵求有關縣（市）（局）政府及鄉、鎮、縣轄市公所之意見，以供參考。

第19條　主要計畫擬定後，送該管政府都市計畫委員會審議前，應於各該直轄市、縣（市）（局）政府及鄉、鎮、縣轄市公所公開展覽三十天及舉行說明會，並應將公開展覽及說明會之日期及地點登報周知；任何公民或團體得於公開展覽期間內，以書面載明姓名或名稱及地址，向該管政府提出意見，由該管政府都市計畫委員會予以參考審議，連同審議結果及主要計畫一併報請內政部核定之。

前項之審議，各級都市計畫委員會應於六十天內完成。但情形特殊者，其審議期限得予延長，延長以六十天為限。

該管政府都市計畫委員會審議修正，或經內政部指示修正者，免再公開展覽及舉行說明會。

第20條　主要計畫應依左列規定分別層報核定之：

一、首都之主要計畫由內政部核定，轉報行政院備案。

二、直轄市、省會、市之主要計畫由內政部核定。

三、縣政府所在地及縣轄市之主要計畫由內政部核定。

四、鎮及鄉街之主要計畫由內政部核定。

五、特定區計畫由縣（市）（局）政府擬定者，由內政部核定；直轄市政府擬定者，由內政部核定，轉報行政院備案；內政部訂定者，報行政院備案。

主要計畫在區域計畫地區範圍內者，內政部在訂定或核定前，應先徵各該區域計畫機構之意見。

第一項所定應報請備案之主要計畫，非經准予備案，不得發布實施。但備案機關於文到後三十日內不為准否之指示者，視為准予備案。

第 21 條　主要計畫經核定或備案後，當地直轄市、縣（市）（局）政府應於接到核定或備案公文之日起三十日內，將主要計畫書及主要計畫圖發布實施，並應將發布地點及日期登報周知。

內政部訂定之特定區計畫，層交當地直轄市、縣（市）（局）政府依前項之規定發布實施。

當地直轄市、縣（市）（局）政府未依第一項規定之期限發布者，內政部得代為發布之。

第 22 條　細部計畫應以細部計畫書及細部計畫圖就左列事項表明之：

一、計畫地區範圍。

二、居住密度及容納人口。

三、土地使用分區管制。

四、事業及財務計畫。

五、道路系統。

六、地區性之公共設施用地。

七、其他。

前項細部計畫圖比例尺不得小於一千二百分之一。

第 23 條　細部計畫擬定後，除依第十四條規定由內政部訂定，及依第十六條規定與主要計畫合併擬定者，由內政部核定實施外，其餘均由該管直轄市、縣（市）政府核定實施。

前項細部計畫核定之審議原則，由內政部定之。

細部計畫核定發布實施後，應於一年內豎立都市計畫樁、計算坐標及辦理地籍分割測量，並將道路及其他公共設施用地、土地使用分區之界線測繪於地籍圖上，以供公眾閱覽或申請謄本之用。

前項都市計畫樁之測定、管理及維護等事項之辦法，由內政部定之。

細部計畫之擬定、審議、公開展覽及發布實施，應分別依第十七條第一項、第十八條、第十九條及第二十一條規定辦理。

第 24 條　土地權利關係人為促進其土地利用，得配合當地分區發展計畫，自行擬定或變更細部計畫，並應附具事業及財務計畫，申請當地直轄市、縣（市）（局）政府或鄉、鎮、縣轄市公所依前條規定辦理。

第 25 條　土地權利關係人自行擬定或申請變更細部計畫，遭受直轄市、縣（市）（局）政府或鄉、鎮、縣轄市公所拒絕時，得分別向內政部或縣（市）（局）政府請求處理；經內政部或縣（市）（局）政府依法處理後，土地權利關係人不得再提異議。

第 26 條　都市計畫經發布實施後，不得隨時任意變更。但擬定計畫之機關每三年內或五年內至少應通盤檢討一次，依據發展情況，並參考人民建議作必要之變更。對於非必要之公共設施用地，應變更其使用。

前項都市計畫定期通盤檢討之辦理機關、作業方法及檢討基準等事項之實施辦法，由內政部定之。

第 27 條　都市計畫經發布實施後，遇有左列情事之一時，當地直轄市、縣（市）（局）政府或鄉、鎮、縣轄市公所，應視實際情況迅行變更：

一、因戰爭、地震、水災、風災、火災或其他重大事變遭受損壞時。

二、為避免重大災害之發生時。

三、為適應國防或經濟發展之需要時。

四、為配合中央、直轄市或縣（市）興建之重大設施時。

前項都市計畫之變更，內政部或縣（市）（局）政府得指定各該原擬定之機關限期為之，必要時，並得逕為變更。

第 27-1 條 土地權利關係人依第二十四條規定自行擬定或變更細部計畫，或擬定計畫機關依第二十六條或第二十七條規定辦理都市計畫變更時，主管機關得要求土地權利關係人提供或捐贈都市計畫變更範圍內之公共設施用地、可建築土地、樓地板面積或一定金額予當地直轄市、縣（市）（局）政府或鄉、鎮、縣轄市公所。

前項土地權利關係人提供或捐贈之項目、比例、計算方式、作業方法、辦理程序及應備書件等事項，由內政部於審議規範或處理原則中定之。

第 27-2 條 重大投資開發案件，涉及都市計畫之擬定、變更，依法應辦理環境影響評估、實施水土保持之處理與維護者，得採平行作業方式辦理。必要時，並得聯合作業，由都市計畫主管機關召集聯席會議審決之。

前項重大投資開發案件之認定、聯席審議會議之組成及作業程序之辦法，由內政部會商中央環境保護及水土保持主管機關定之。

第 28 條 主要計畫及細部計畫之變更，其有關審議、公開展覽、層報核定及發布實施等事項，應分別依照第十九條至第二十一條及第二十三條之規定辦理。

第 29 條 內政部、各級地方政府或鄉、鎮、縣轄市公所為訂定、擬定或變更都市計畫，得派查勘人員進入公私土地內實施勘查或測量。但設有圍障之土地，應事先通知其所有權人或使用人。

為前項之勘查或測量，如必須遷移或除去該土地上之障礙物時，應事先通知其所有權人或使用人；其所有權人或使用人因而遭受之損失，應予適當之補償；補償金額由雙方協議之，協議不成，由當地直轄市、縣（市）（局）政府函請內政部予以核定。

第 30 條　都市計畫地區範圍內，公用事業及其他公共設施，當地直轄市、縣（市）（局）政府或鄉、鎮、縣轄市公所認為有必要時，得獎勵私人或團體投資辦理，並准收取一定費用；其獎勵辦法由內政部或直轄市政府定之；收費基準由直轄市、縣（市）（局）政府定之。

公共設施用地得作多目標使用，其用地類別、使用項目、准許條件、作業方法及辦理程序等事項之辦法，由內政部定之。

第 31 條　獲准投資辦理都市計畫事業之私人或團體在事業上有必要時，得適用第二十九條之規定。

第三章　土地使用分區管制

第 32 條　都市計畫得劃定住宅、商業、工業等使用區，並得視實際情況，劃定其他使用區域或特定專用區。

前項各使用區，得視實際需要，再予劃分，分別予以不同程度之使用管制。

第 33 條　都市計畫地區，得視地理形勢，使用現況或軍事安全上之需要，保留農業地區或設置保護區，並限制其建築使用。

第 34 條　住宅區為保護居住環境而劃定，其土地及建築物之使用，不得有礙居住之寧靜、安全及衛生。

第 35 條　商業區為促進商業發展而劃定，其土地及建築物之使用，不得有礙商業之便利。

第 36 條　工業區為促進工業發展而劃定，其土地及建築物，以供工業使用為主；具有危險性及公害之工廠，應特別指定工業區建築之。

第 37 條　其他行政、文教、風景等使用區內土地及建築物，以供其規定目的之使用為主。

第 38 條　特定專用區內土地及建築物，不得違反其特定用途之使用。

第 39 條　對於都市計畫各使用區及特定專用區內土地及建築物之使用、基地面積或基地內應保留空地之比率、容積率、基地內前後側院之深度及寬度、停車場及建築物之高度，以及有關交通、景觀或防火等事項，內政部或直轄市政府得依據地方實際情況，於本法施行細則中作必要之規定。

第 40 條　都市計畫經發布實施後，應依建築法之規定，實施建築管理。

第 41 條　都市計畫發布實施後，其土地上原有建築物不合土地使用分區規定者，除准修繕外，不得增建或改建。當地直轄市、縣（市）（局）政府或鄉、鎮、縣轄市公所認有必要時，得斟酌地方情形限期令其變更使用或遷移；其因變更使用或遷移所受之損害，應予適當之補償，補償金額由雙方協議之；協議不成，由當地直轄市、縣（市）（局）政府函請內政部予以核定。

第四章　公共設施用地

第 42 條　都市計畫地區範圍內，應視實際情況，分別設置左列公共設施用地：

一、道路、公園、綠地、廣場、兒童遊樂場、民用航空站、停車場所、河道及港埠用地。

二、學校、社教機關、體育場所、市場、醫療衛生機構及機關用地。

三、上下水道、郵政、電信、變電所及其他公用事業用地。

四、本章規定之其他公共設施用地。

前項各款公共設施用地應儘先利用適當之公有土地。

第 43 條　公共設施用地，應就人口、土地使用、交通等現狀及未來發展趨勢，決定其項目、位置與面積，以增進市民活動之便利，及確保良好之都市生活環境。

第 44 條　道路系統、停車場所及加油站，應按土地使用分區及交通情形與預期之發展配置之。鐵路、公路通過實施都市計畫之區域者，應避免穿越市區中心。

第 45 條　公園、體育場所、綠地、廣場及兒童遊樂場，應依計畫人口密度及自然環境，作有系統之布置，除具有特殊情形外，其占用土地總面積不得少於全部計畫面積百分之十。

第 46 條　中小學校、社教場所、市場、郵政、電信、變電所、衛生、警所、消防、防空等公共設施，應按閭鄰單位或居民分布情形適當配置之。

第 47 條　屠宰場、垃圾處理場、殯儀館、火葬場、公墓、污水處理廠、煤氣廠等應在不妨礙都市發展及鄰近居民之安全、安寧與衛生之原則下，於邊緣適當地點設置之。

第 48 條　依本法指定之公共設施保留供公用事業設施之用者，由各該事業機構依法予以徵收或購買；其餘由該管政府或鄉、鎮、縣轄市公所依左列方式取得之：

一、徵收。

二、區段徵收。

三、市地重劃。

第 49 條　依本法徵收或區段徵收之公共設施保留地，其地價補償以徵收當期毗鄰非公共設施保留地之平均公告土地現值為準，必要時得加成補償之。但加成最高以不超過百分之四十為限；其地上建築改良物之補償以重建價格為準。

前項公共設施保留地之加成補償標準，由當地直轄市、縣（市）地價評議委員會於評議當年期土地現值時評議之。

第 50 條　公共設施保留地在未取得前，得申請為臨時建築使用。

前項臨時建築之權利人，經地方政府通知開闢公共設施並限期拆除回復原狀時，應自行無條件拆除；其不自行拆除者，予以強制拆除。

都市計畫公共設施保留地臨時建築使用辦法，由內政部定之。

第 50-1 條　公共設施保留地因依本法第四十九條第一項徵收取得之加成補償，免徵所得稅；因繼承或因配偶、直系血親間之贈與而移轉者，免徵遺產稅或贈與稅。

第 50-2 條　私有公共設施保留地得申請與公有非公用土地辦理交換，不受土地法、國有財產法及各級政府財產管理法令相關規定之限制；劃設逾二十五年未經政府取得者，得優先辦理交換。

前項土地交換之範圍、優先順序、換算方式、作業方法、辦理程序及應備書件等事項之辦法，由內政部會商財政部定之。

本條之施行日期，由行政院定之。

第 51 條　依本法指定之公共設施保留地，不得為妨礙其指定目的之使用。但得繼續為原來之使用或改為妨礙目的較輕之使用。

第 52 條　都市計畫範圍內，各級政府徵收私有土地或撥用公有土地，不得妨礙當地都市計畫。公有土地必須配合當地都市計畫予以處理，其為公共設施用地者，由當地直轄市、縣（市）（局）政府或鄉、鎮、縣轄市公所於興修公共設施時，依法辦理撥用；該項用地如有改良物時，應參照原有房屋重建價格補償之。

第 53 條　獲准投資辦理都市計畫事業之私人或團體，其所需用之公共設施用地，屬於公有者，得申請該公地之管理機關租用；屬於私有無法協議收購者，應備妥價款，申請該管直轄市、縣（市）（局）政府代為收買之。

第 54 條　依前條租用之公有土地，不得轉租。如該私人或團體無力經營或違背原核准之使用計畫，或不遵守有關法令之規定者，直轄市、縣（市）（局）政府得通知其公有土地管理機關即予終止租用，另行出租他人經營，必要時並得接管經營。但對其已有設施，應照資產重估價額予以補償之。

第 55 條　直轄市、縣（市）（局）政府代為收買之土地，如有移轉或違背原核准之使用計畫者，直轄市、縣（市）（局）政府有按原價額優先收買之權。私人或團體未經呈報直轄市、縣（市）（局）政府核准而擅自移轉者，其移轉行為不得對抗直轄市、縣（市）（局）政府之優先收買權。

第 56 條　私人或團體興修完成之公共設施，自願將該項公共設施及土地捐獻政府者，應登記為該市、鄉、鎮、縣轄市所有，並由各市、鄉、鎮、縣轄市負責維護修理，並予獎勵。

第五章　新市區之建設

第 57 條　主要計畫經公布實施後，當地直轄市、縣（市）（局）政府或鄉、鎮、縣轄市公所應依第十七條規定，就優先發展地區，擬具事業計畫，實施新市區之建設。前項事業計畫，應包括左列各項：

一、劃定範圍之土地面積。

二、土地之取得及處理方法。

三、土地之整理及細分。

四、公共設施之興修。

五、財務計畫。

六、實施進度。

七、其他必要事項。

第 58 條　縣（市）（局）政府為實施新市區之建設，對於劃定範圍內之土地及地上物得實施區段徵收或土地重劃。

依前項規定辦理土地重劃時，該管地政機關應擬具土地重劃計畫書，呈經上級主管機關核定公告滿三十日後實施之。

在前項公告期間內，重劃地區內土地所有權人半數以上，而其所有土地面積超過重劃地區土地總面積半數者表示反對時，該管地政機關應參酌反對理由，修訂土地重劃計畫書，重行報請核定，並依核定結果辦理，免再公告。

土地重劃之範圍選定後，直轄市、縣（市）（局）政府得公告禁止該地區之土地移轉、分割、設定負擔、新建、增建、改建及採取土石或變更地形。但禁止期間，不得超過一年六個月。

土地重劃地區之最低面積標準、計畫書格式及應訂事項，由內政部訂定之。

第 59 條　新市區建設範圍內，於辦理區段徵收時各級政府所管之公有土地，應交由當地直轄市、縣（市）（局）政府依照新市區建設計畫，予以併同處理。

第 60 條　公有土地已有指定用途，且不牴觸新市區之建設計畫者，得事先以書面通知當地直轄市、縣（市）（局）政府調整其位置或地界後，免予出售。但仍應負擔其整理費用。

第 61 條　私人或團體申請當地直轄市、縣（市）（局）政府核准後，得舉辦新市區之建設事業。但其申請建設範圍之土地面積至少應在十公頃以上，並應附具左列計畫書件：

一、土地面積及其權利證明文件。

二、細部計畫及其圖說。

三、公共設施計畫。

四、建築物配置圖。

五、工程進度及竣工期限。

六、財務計畫。

七、建設完成後土地及建築物之處理計畫。

前項私人或團體舉辦之新市區建設範圍內之道路、兒童遊樂場、公園以及其他必要之公共設施等，應由舉辦事業人自行負擔經費。

第 62 條　私人或團體舉辦新市區建設事業，其計畫書件函經核准後，得請求直轄市、縣（市）（局）政府或鄉、鎮、縣轄市公所，配合興修前條計畫範圍外之關連性公共設施及技術協助。

第六章　舊市區之更新

第 63 條　轄市、縣（市）（局）政府或鄉、鎮、縣轄市公所對於窳陋或髒亂地區認為有必要時，得視細部計畫劃定地區範圍，訂定更新計畫實施之。

第 64 條　市更新處理方式，分為左列三種：

一、重建：係為全地區之徵收、拆除原有建築、重新建築、住戶安置，並得變更其土地使用性質或使用密度。

二、整建：強制區內建築物為改建、修建、維護或設備之充實，必要時，及建築物徵收、拆除及重建，改進區內公共設施。

三、維護：加強區內土地使用及建築管理，改進區內公共設施，以保持其良好狀況。

前項更新地區之劃定，由直轄市、縣（市）（局）政府依各該地方情況，及按各類使用地區訂定標準，送內政部核定。

第 65 條　新計畫應以圖說表明左列事項：

一、劃定地區內重建、整建及維護地段之詳細設計圖說。

二、土地使用計畫。

三、內公共設施興修或改善之設計圖說。

四、事業計畫。

五、財務計畫。

六、實施進度。

第 66 條　新地區範圍之劃定及更新計畫之擬定、變更、報核與發布，應分別依照有關細部計畫之規定程序辦理。

第 67 條　新計畫由當地直轄市、縣（市）（局）政府或鄉、鎮、縣轄市公所辦理。

第 68 條　理更新計畫，對於更新地區範圍內之土地及地上物得依法實施徵收或區段徵收。

第 69 條　新地區範圍劃定後，其需拆除重建地區，應禁止地形變更、建築物新建、增建或改建。

第 70 條　理更新計畫之機關或機構得將重建或整建地區內拆除整理後之基地讓售或標售。其承受人應依照更新計畫期限實施重建；其不依規定實施重建者，應按原售價收回其土地自行辦理，或另行出售。

第 71 條　轄市、縣（市）（局）政府或鄉、鎮、縣轄市公所為維護地區內土地使用及建築物之加強管理，得視實際需要，於當地分區使用規定之外，另 補充規定，報經內政部核定後實施。

第 72 條　行更新計畫之機關或機構對於整建地區之建築物，得規定期限，令其改建、修建、維護或充實設備，並應給予技術上之輔導。

第 73 條　民住宅興建計畫應與當地直轄市、縣（市）（局）政府或鄉、鎮、縣轄市公所實施之舊市區更新計畫力求配合；國民住宅年度興建計畫中，對於廉價住宅之興建，應規定適當之比率，並優先租售與舊市區更新地區範圍內應予徙置之居民。

第七章　組織及經費

第 74 條　內部、各級地方政府及鄉、鎮、縣轄市公所為審議及研究都市計畫，應分別設置都市計畫委員會辦理之。

都市計畫委員會之組織，由行政院定之。

第 75 條　內政部、各級地方政府及鄉、鎮、縣轄市公所應設置經辦都市計畫之專業人員。

第 76 條　因實施都市計畫廢置之道路、公園、綠地、廣場、河道、港灣原所使用之公有土地及接連都市計畫地區之新生土地，由實施都市計畫之當地地方政府或鄉、鎮、縣轄市公所管理使用，依法處分時所得價款得以補助方式撥供當地實施都市計畫建設經費之用。

第 77 條　地方政府及鄉、鎮、縣轄市公所為實施都市計畫所需經費，應以左列各款籌措之：
一、編列年度預算。
二、工程受益費之收入。
三、土地增值稅部分收入之提撥。
四、私人團體之捐獻。
五、中央或縣政府之補助。
六、其他辦理都市計畫事業之盈餘。
七、都市建設捐之收入。
都市建設捐之徵收，另以法律定之。

第 78 條　中央、直轄市或縣（市）（局）政府為實施都市計畫或土地徵收，得發行公債。
前項公債之發行，另以法律定之。

第八章　罰則

第 79 條　都市計畫範圍內土地或建築物之使用，或從事建造、採取土石、變更地形，違反本法或內政部、直轄市、縣（市）（局）政府依本法所發布之命令者，當地地方政府或鄉、鎮、縣轄市公所得處其土地或建築物所有權人、使用人或管理人新臺幣六萬元以上三十萬元以下罰鍰，並勒令拆除、改建、停止使用或恢復原狀。不拆除、改建、停止使用或恢復原狀者，得按次處罰，並停止供水、供電、封閉、強制拆除或採取其他恢復原狀之措施，其費用由土地或建築物所有權人、使用人或管理人負擔。
前項罰鍰，經限期繳納，屆期不繳納者，依法移送強制執行。
依第八十一條劃定地區範圍實施禁建地區，適用前二項之規定。

第 80 條　不遵前條規定拆除、改建、停止使用或恢復原狀者，除應依法予以行政強制執行外，並得處六個月以下有期徒刑或拘役。

第九章　附則

第 81 條　依本法新訂、擴大或變更都市計畫時，得先行劃定計畫地區範圍，經由該管都市計畫委員會通過後，得禁止該地區內一切建築物之新建、增建、改建，並禁止變更地形或大規模採取土石。但為軍事、緊急災害或公益等之需要，或施工中之建築物，得特許興建或繼續施工。

前項特許興建或繼續施工之准許條件、辦理程序、應備書件及違反准許條件之廢止等事項之辦法，由內政部定之。

第一項禁止期限，視計畫地區範圍之大小及舉辦事業之性質定之。但最長不得超過二年。

前項禁建範圍及期限，應報請行政院核定。

第一項特許興建或繼續施工之建築物，如牴觸都市計畫必須拆除時，不得請求補償。

第 82 條　直轄市及縣（市）（局）政府對於內政部核定之主要計畫、細部計畫，如有申請復議之必要時，應於接到核定公文之日起一個月內提出，並以一次為限；經內政部復議仍維持原核定計畫時，應依第二十一條之規定即予發布實施。

第 83 條　依本法規定徵收之土地，其使用期限，應依照其呈經核准之計畫期限辦理，不受土地法第二百十九條之限制。

不依照核准計畫期限使用者，原土地所有權人得照原徵收價額收回其土地。

第 83-1 條　公共設施保留地之取得、具有紀念性或藝術價值之建築與歷史建築之保存維護及公共開放空間之提供，得以容積移轉方式辦理。

前項容積移轉之送出基地種類、可移出容積訂定方式、可移入容積地區範圍、接受基地可移入容積上限、換算公式、移轉方式、作業方法、辦理程序及應備書件等事項之辦法，由內政部定之。

第 84 條　依本法規定所為區段徵收之土地，於開發整理後，依其核准之計畫再行出售時，得不受土地法第二十五條及第二百十八條規定之限制。但原土地所有權人得依實施都市平均地權條例之規定，於標售前買回其規定比率之土地。

第 85 條　本法施行細則，在直轄市由直轄市政府訂定，送內政部核轉行政院備案；在省由內政部訂定，送請行政院備案。

第 86 條　都市計畫經發布實施後，其實施狀況，當地直轄市、縣（市）（局）政府或鄉、鎮、縣轄市公所應於每年終了一個月內編列報告，分別層報內政部或縣（市）（局）政府備查。

第 87 條　本法自公布日施行。

國家圖書館出版品預行編目

打造城市夢想：都市規劃與管理／鍾起岱著.-- 一版.
臺北市：秀威資訊科技, 2004[民 93]
面； 公分.-- 參考書目：面
ISBN 978-986-7614-16-2（平裝）
1. 都市計劃

445.1 93001473

社會科學類 AF0006

打造城市夢想：都市規劃與管理

作 者 / 鍾起岱
發 行 人 / 宋政坤
執行編輯 / 林秉慧
圖文排版 / 張慧雯
封面設計 / 黃偉志
數位轉譯 / 徐真玉 沈裕閔
圖書銷售 / 林怡君
網路服務 / 徐國晉
出版印製 / 秀威資訊科技股份有限公司
台北市內湖區瑞光路 583 巷 25 號 1 樓
電話：02-2657-9211 傳真：02-2657-9106
E-mail：service@showwe.com.tw
經 銷 商 / 紅螞蟻圖書有限公司
台北市內湖區舊宗路二段 121 巷 28、32 號 4 樓
電話：02-2795-3656 傳真：02-2795-4100
http://www.e-redant.com

2006 年 7 月 BOD 再刷
定價：380 元

讀　者　回　函　卡

感謝您購買本書，為提升服務品質，煩請填寫以下問卷，收到您的寶貴意見後，我們會仔細收藏記錄並回贈紀念品，謝謝！

1.您購買的書名：＿＿＿＿＿＿＿＿＿＿＿＿＿＿

2.您從何得知本書的消息？

□網路書店　□部落格　□資料庫搜尋　□書訊　□電子報　□書店

□平面媒體　□ 朋友推薦　□網站推薦　□其他＿＿＿＿＿

3.您對本書的評價：(請填代號　1.非常滿意 2.滿意 3.尚可 4.再改進)

封面設計＿＿　版面編排＿＿　內容＿＿　文/譯筆＿＿　價格＿＿

4.讀完書後您覺得：

□很有收獲　□有收獲　□收獲不多　□沒收獲

5.您會推薦本書給朋友嗎？

□會　□不會，為什麼？＿＿＿＿＿＿＿＿＿＿＿＿＿＿＿＿

6.其他寶貴的意見：＿＿＿＿＿＿＿＿＿＿＿＿＿＿＿＿＿＿

＿＿＿＿＿＿＿＿＿＿＿＿＿＿＿＿＿＿＿＿＿＿＿＿＿＿＿

＿＿＿＿＿＿＿＿＿＿＿＿＿＿＿＿＿＿＿＿＿＿＿＿＿＿＿

＿＿＿＿＿＿＿＿＿＿＿＿＿＿＿＿＿＿＿＿＿＿＿＿＿＿＿

讀者基本資料

姓名：＿＿＿＿＿＿＿＿＿＿　年齡：＿＿＿　性別：□女　□男

聯絡電話：＿＿＿＿＿＿＿＿　E-mail：＿＿＿＿＿＿＿＿＿＿

地址：＿＿＿＿＿＿＿＿＿＿＿＿＿＿＿＿＿＿＿＿＿＿＿＿

學歷：□高中(含)以下　□高中　□專科學校　□大學

□研究所(含)以上　□其他＿＿＿＿＿＿＿＿

職業：□製造業　□金融業　□資訊業　□軍警　□傳播業　□自由業

□服務業　□公務員　□教職　□學生　□其他＿＿＿＿＿

請貼
郵票

To：114

台北市內湖區瑞光路 583 巷 25 號 1 樓

秀威資訊科技股份有限公司　　收

寄件人姓名：

寄件人地址：□□□

(請沿線對摺寄回,謝謝!)

秀威與 BOD

BOD（Books On Demand）是數位出版的大趨勢，秀威資訊率先運用 POD 數位印刷設備來生產書籍，並提供作者全程數位出版服務，致使書籍產銷零庫存，知識傳承不絕版，目前已開闢以下書系：

一、BOD 學術著作—專業論述的閱讀延伸
二、BOD 個人著作—分享生命的心路歷程
三、BOD 旅遊著作—個人深度旅遊文學創作
四、BOD 大陸學者—大陸專業學者學術出版
五、POD 獨家經銷—數位產製的代發行書籍

BOD 秀威網路書店：www.showwe.com.tw
政府出版品網路書店：www.govbooks.com.tw

永不絕版的故事・自己寫・永不休止的音符・自己唱